Bernd Klein

Prozessorientierte
Statistische Tolerierung
im Maschinen- und Fahrzeugbau

D1735192

Prof. Dr.-Ing. Bernd Klein

Prozessorientierte Statistische Tolerierung im Maschinen- und Fahrzeugbau

Mathematische Grundlagen –
Toleranzverknüpfungen – Prozesskontrolle –
Maßkettenrechnung – Praktische Anwendungen

2., neu bearbeitete Auflage

Mit 90 Bildern und 60 Tabellen

Haus der Technik Fachbuch Band 73

Herausgeber:
Prof. Dr.-Ing. Ulrich Brill · Essen

HAUS DER TECHNIK
Außeninstitut der RWTH Aachen
Kooperationspartner der Universitäten Duisburg-Essen
Münster - Bonn - Braunschweig

expert verlag®

Bibliografische Information Der Deutschen Bibliothek

Die Deutsche Bibliothek verzeichnet diese Publikation
in der Deutschen Nationalbibliografie;
detaillierte bibliografische Daten sind im Internet über
http://dnb.d-nb.de abrufbar.

Bibliographic Information published by Die Deutsche Bibliothek

Die Deutsche Bibliothek lists this publication
in the Deutsche Nationalbibliografie;
detailed bibliographic data are available on the Internet at
http://dnb.d-nb.de .

ISBN 978-3-8169-3050-1

2., neu bearbeitete Auflage 2011
1. Auflage 2007

Bei der Erstellung des Buches wurde mit großer Sorgfalt vorgegangen; trotzdem lassen sich Fehler
nie vollständig ausschließen. Verlag und Autoren können für fehlerhafte Angaben und deren Folgen
weder eine juristische Verantwortung noch irgendeine Haftung übernehmen.
Für Verbesserungsvorschläge und Hinweise auf Fehler sind Verlag und Autoren dankbar.

Haus der Technik Fachbuch

Herausgeber der Reihe
Prof. Dr.-Ing. Ulrich Brill
Geschäftsführendes Vorstandsmitglied des Hauses der Technik e.V.

Innovationen sind Antrieb für Wachstum und Konkurrenzfähigkeit. Voraussetzungen hierzu sind Wissen und Erfahrung, Motivation und Kreativität. Wissen und Bildung – somit auch Weiterbildung – werden längst als vierter Produktionsfaktor neben Arbeit, Boden und Kapital gewertet.

So steuern die in zahlreichen Tagungen, Seminaren und Workshops oder auch aus Fachzeitschriften oder Fachbüchern gewonnenen Erkenntnisse die Entscheidungen und die ständig erforderlichen Verbesserungen in kleinen Schritten. Auch im Zeitalter des Internet und dessen neuer Möglichkeiten sind die traditionellen Informations- und Lernformen nach wie vor aktuell und erfreuen sich sogar zunehmender Nachfrage.

Mit seiner interdisziplinären und praxisorientierten Zielrichtung war das Haus der Technik vor mehr als 75 Jahren die erste Einrichtung seiner Art; von Beginn an hatte Deutschlands führendes Institut qualitativ hoch stehende Weiterbildung in Wort und Schrift auf seine Fahnen geschrieben.

Die bewährten *Haus der Technik Fachbücher* befassen sich mit den wichtigen Themen der Technik, der Wirtschaft und angrenzender Gebiete, wie Medizintechnik, Biotechnik und neue Medien. Das Beste, das oft mühsam und mit viel Aufwand von den Veranstaltungsreferenten zusammengetragen wurde, wird damit einem größeren Fachpublikum zugänglich gemacht. Die *Haus der Technik Fachbücher* dienen den Teilnehmern als nützliches Nachschlagewerk und anderen Interessenten beim Selbststudium zu beruflichem Nutzen und Erfolg.

Vorwort zur 1. Auflage

Maßkontrolle, Toleranzfestsetzung und Maßkettenrechnung sind immer noch von vielen Konstrukteuren ungeliebte Tätigkeiten. Die eigentliche Ingenieurarbeit sieht man in der Schaffung von Innovationen. Aber die großen technischen Innovationen dieses Jahrhunderts waren nur möglich, weil Standards für Maß- und Geometrieabweichungen eingeführt wurden. Ein schönes Beispiel hierfür gibt der Automobilbau: Anfang der 1890er-Jahre baute die Pariser Maschinenfabrik Panhard et Levassor Holzbearbeitungsmaschinen und Autos auf Bestellung. Mit mehreren hundert Autos pro Jahr galt P & L als der führende Automobilbauer Europas. Die Arbeitskräfte waren überwiegend ausgebildete Handwerker, die in sorgfältiger Detailarbeit Autos zusammenbauten. An eine Serienproduktion war kaum zu denken, da alle Teile nachgearbeitet und aneinander angepasst werden mussten /WOM 97/. Kein Auto war daher maßlich mit einem anderen gleich, da man die „schleichende Maßwanderung" nicht beherrscht hat.

Auf diesen Erfahrungen baute Henry Ford auf, als er 1908 anfing, das legendäre T-Modell zu bauen. Dieses Auto war auf einfache Fertigung, Montage, Reparatur und Bedienung ausgelegt, weshalb es kostengünstig herstellbar war und in der Endstufe mit 1,8 Mio. Fahrzeugen/ Jahr eine breite Käuferschicht fand. Viele verbinden den Erfolg von Ford mit der Fließbandfertigung, die aber erst 1913 eingeführt wurde. Damit aber überhaupt mit der Serienfertigung begonnen werden konnte, war eine „Werknormung für Maße, Passungen, Oberflächen und Geometrie" notwendig. Dies war eine Leistung von Ford, die sich lange Zeit als wettbewerbsentscheidend erwiesen hat. So konnte er als einziger Automobilbauer einen Vierzylinder-Motorblock in einem Stück gießen und in Großserie montieren.

Diese Erkenntnis haben später viele amerikanische Unternehmen aufgegriffen und große Erfolge mit der Massenproduktion von Gütern aller Art erzielt. Hiermit hat sich auch das Prinzip von der *„vollständigen zur unvollständigen Austauschbarkeit"* weiterentwickelt. In der klassischen handwerklichen Tradition galt der Grundsatz Teile herzustellen, die absolut identisch und gegen jedes andere beliebig austauschbar sind. In der Serienproduktion treten hingegen Abweichungen auf, was sich in der Montage durch Variierbarkeit größtenteils wieder kompensieren lässt.

Eine Serientolerierung kann daher ganz anders sein als eine Einzeltolerierung, weil hier Wahrscheinlichkeitsgesetzmäßigkeiten vorteilhaft genutzt werden können. Unter Wahrscheinlichkeitsgesetzmäßigkeiten sind die gewöhnlichen Mini-Max-Betrachtungen unsinnig, weil das Aufeinandertreffen von extremen Maßen sehr unwahrscheinlich ist. Tatsächlich treffen Teile aufeinander, die mit bestimmten Verteilungen gefertigt worden sind, womit sich dann auch für das entscheidende Funktionsmaß eine Verteilung ergibt, deren Spannweite je nach Qualitätsvorgabe gut gesteuert werden kann.

Bei den Vorgaben steht heute die Vision SIX-SIGMA im Raum, welche als Ziel die „Null-Fehler-Strategie" verfolgt. Hierbei wird auch für die Toleranzen eine Spanne von $\pm 6 \cdot \text{SIGMA}$ angestrebt. Gegenüber den bisherigen Forderungen von $\pm 3 \cdot \text{SIGMA}$ oder $\pm 4 \cdot \text{SIGMA}$ bringt dies in der Gutteilrate zwar große Vorteile, welches jedoch mit einem exponentiellen Aufwand verbunden ist. Insofern muss man dies als strategisches Ziel aufnehmen, welches ein überarbeitetes Design und angepasste Prozesse erfordert. Der Nutzen liegt dann in kleinen Qualitätskosten und einer großen Kundenzufriedenheit. Dies wiederum führt zu einer verbesserten Marktstellung mit Rückwirkungen auf den Gewinn /HAR 00/.

Unter Gewichtung aller Randbedingungen lässt sich daher in der Klein- und Großserienfertigung das *statistische Tolerierungsprinzip* sehr zweckgerecht nutzen. Der Erfolg liegt dabei in einer Entfeinerung von Bauteilen, einer wirtschaftlicheren Prozessführung, einfacheren Qualitätsüberwachung und letztlich einer abgesicherten Montage. Diese Vorteile muss man sich jedoch mit einem geringfügigen Mehraufwand bei der Produktspezifizierung erkaufen, wozu das Manuskript eine Hilfestellung geben soll.

Entstanden ist das Manuskript aus einer Loseblatt-Sammlung, die in einer Vielzahl von Weiterbildungsseminaren entstanden und zusammengetragen worden sind. Die mühevolle Umsetzung in ein Manuskript hat dankenswerterweise Frau Marina Winter übernommen.

B. Klein

Vorwort zur 2. Auflage

Die 2. Auflage meines Arbeitsbuches ist nunmehr vergriffen. Von vielen Interessenten bin ich gedrängt worden, eine neue Auflage auf den Weg zu bringen. Ich habe diese Gelegenheit genutzt, einige Druckfehler zu beseitigen und für eine durchgängige Theorie zu sorgen. Hiermit verbinde ich wieder die Intention, Konstrukteuren den Weg zum „prozessorientierten Denken" zu weisen.

B. Klein

Inhaltsverzeichnis

1 Einleitung

Die immer höhere Komplexität technischer Produkte, die Einführung neuer Technologien und Verfahren sowie die Bestrebungen zur Kostensenkung durch Reduzierung der Fertigungstiefe haben in der Industrie zu einer fortschreitenden Arbeitsteilung /WOM 97/ geführt. Aus diesem Grunde ergab sich die Notwendigkeit zur Definition von Schnittstellen. Diese Schnittstellen bedingen Maß- und Geometrietoleranzen.

Hiermit wird berücksichtigt, dass jede industrielle Produktion mit Schwankungen behaftet ist, die Abweichungen von den vom Konstrukteur ermittelten Sollmaßen verursachen. In der Sprache des Qualitätsmanagements werden alle Abweichungen durch die „Fünf Ms" hervorgerufen, die letztlich ursächlich für Fehlerquellen sind. Wesentlichen Einfluss haben hiernach

- der Mensch,
- die Maschine und Vorrichtung,
- das Material,
- die Methode und
- die Mitwelt (Arbeitsumgebung) des Produktes.

Bild 1.1 visualisiert einen verallgemeinerten Produktionsprozess unter Einwirkung dieser Einflussgrößen.

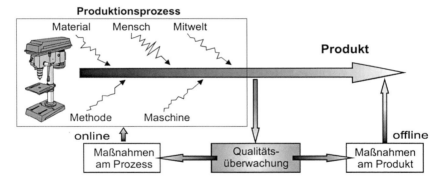

Bild 1.1: *Regelsystem eines Produktionsprozesses nach der SIX-Sigma-Philosophie*

Das stochastische Zusammenwirken der Einflüsse führt in einem Prozess zu schwer quantifizierbaren Streuungen, deren Größe sich in Geometrieabweichungen, d. h. realen „Toleranzen" wiederfindet. Die Toleranzen müssen so gewählt werden, dass die Erfüllung von Funktionsvorgaben und die Montage sicher gewährleistet wird. Andererseits darf der Toleranzrahmen aber nicht zu eng gewählt werden, da unnötig kleine Toleranzen erhöhte Produktions-, Werkzeug- und Prüfkosten zur Folge haben.

Die Einhaltung von Toleranzen ermöglicht auch die Austauschbarkeit /SZY 93/ serienmäßig hergestellter Bauteile, die wirtschaftliche Aufgliederung von Fertigungsabläufen sowie die Gewährleistung einer gleich bleibenden Produktqualität.

Daher ist die Festlegung von Toleranzen zwangsläufig eng mit

- der Wirtschaftlichkeit,
- der Qualität und Zuverlässigkeit,

oder insgesamt mit

- der Entsprechung[*]

eines Produktes verbunden.

Dem in Deutschland traditionell vorherrschenden Verfahren der Toleranzfestlegung liegt die unbedingte Austauschbarkeit aller Bauteile (handwerkliche Produktion) zugrunde. *In diesem Manuskript sollen jedoch Verfahren der Toleranzfestlegung unter Einbindung der Gesetzmäßigkeiten der Statistik und Wahrscheinlichkeit bei der Fertigung von Bauteilen betrachtet werden.* Dies wird auch als Methode der bedingten Austauschbarkeit (Serienfertigung) bezeichnet. Diese Methode kann die Toleranzwahl gegenüber der Methode der absoluten Austauschbarkeit bedeutend wirtschaftlicher gestalten /KLE 93a/. Viele Unternehmen auf der ganzen Welt setzen mittlerweile die *Statistische Tolerierung* ein, die in der DIN 7186[**] und teilweise in der ASME-Norm (Y 14.5M-1994) als geometrisches Definitionsverfahren festgeschrieben worden ist. Für die Einführung in dieses neuartige Prinzip wird ein aufbauendes Stufenkonzept verfolgt:

- In den *Kapiteln 2* und *3* werden zunächst die Randbedingungen und Definitionen von Toleranzen dargelegt und deren Übertragung auf das herkömmliche *arithmetische Tolerierungsprinzip* gezeigt.
- Im *Kapitel 4* werden die *Grundbeziehungen der Statistik* (Mittelwertsatz, Abweichungsfortpflanzungsgesetz, zentraler Grenzwertsatz) mit dem Fokus auf Toleranzberechnung entwickelt und im Anwendungszusammenhang gestellt.
- Das *Kapitel 5* dient der Darstellung von *Toleranzpotenzialen* an einem Spektrum unterschiedlicher Beispiele.
- Im *Kapitel 6* wird beispielhaft auf die *Toleranzsynthese*, d. h. das Runterbrechen einer Funktionstoleranz auf Einzeltoleranzen, eingegangen.
- Das *Kapitel 7* zeigt einen Ansatz zur *Toleranzoptimierung* unter Berücksichtigung von Fertigungsgegebenheiten.
- In den *Kapiteln 8* und *9* wird der Zusammenhang zwischen *Prozesslenkung, Tolerierung* und der *Sensitivität* von Prozessen dargestellt.
- Nachdem der theoretische Beweis der Vorteile der statistischen Tolerierung bis hier erbracht worden ist, soll im *Kapitel 10* mittels einer *realen Simulation* das Potenzial bestätigt werden.
- Die *Kapitel 11* und *12* zeigen noch einmal ein differenziertes Anwendungsspektrum von *linearen* und *nichtlinearen Problemstellungen* und deren Bearbeitungssystematik.
- Abschließend wird mit *Kapitel 13* beispielhaft die Serienfertigung von Kunststoffteilen diskutiert.

Alle Ausführungen sind für die Zielgruppe Ingenieurstudenten sowie Entwickler und Fertigungsplaner in der Praxis aufbereitet worden und setzen nur mathematische Grundkenntnisse voraus.

---

[*] Anmerkung: Entsprechung = Kundenerwartung von einem Produkt
[**] Anmerkung: Die DIN 7186 ist 1974 bzw. 1980 in zwei Teilen erschienen. Wegen zu vieler Einsprüche aus der Praxis ist die Norm 1985 wieder zurückgezogen worden.

2 Umfeld der Statistischen Tolerierung

2.1 Toleranzgerechte Konstruktion

In vielen Unternehmen finden bislang statistische Erkenntnisse und Gesetzmäßigkeiten in Bezug auf die Fertigung und die nachfolgende Montage von Baugruppen nur sehr wenig Berücksichtigung. Dies behindert im Zusammenspiel von Konstruktion, Fertigungsplanung, Fertigung und Qualitätssicherung eine wirtschaftlichere Herstellung der Produkte. Zurückzuführen ist dies weitgehend auf die in der Realität noch immer bestehende Trennung von Konstruktion und Fertigung, was oft auch eine mangelnde Kommunikation zwischen diesen beiden Bereichen zur Folge hat. Dies bewirkt, dass die Konstruktionsabteilungen der Unternehmen oft nur ungenügend über die fertigungstechnische Realisierbarkeit der Konstruktionsvorgaben (z. B. /JOR 01/) informiert sind.

Theoretisch lassen die heutigen Möglichkeiten von CAD/CAM, CAQ und DMU einen solchen Informationsaustausch ohne weiteres zu. Der Ausbau dieser Kommunikationswege dient letztlich auch dazu, die Fertigung zu optimieren. Dem Konstrukteur kommt dabei eine Schlüsselstellung zu. Die Konstruktion gibt die fertigungstechnischen Beschränkungen vor und hat damit den größeren Einfluss ($\approx$ 70 %) auf die wirtschaftliche Fertigung eines Produktes. Werden der Planung und Fertigung bei der Realisierung von Größe und Lage der Maß-, Form-, Profil- und Lagetoleranzen ein größerer Spielraum gelassen, so kann dieses im Rahmen der erforderlichen Arbeitsgänge zu einem insgesamt kürzeren Arbeitszyklus führen. Der enorm große Einfluss von Toleranzen auf die Fertigungszeit und somit auch auf eine wirtschaftliche Fertigung ist bereits belegt /VDI 2242/. Eine größere Toleranz bedeutet immer eine kostengünstigere Fertigung und Qualitätssicherung. Signifikante Toleranzerweiterungen sind jedoch nur bei einer Abkehr von der üblichen arithmetischen Toleranzsystematik möglich.

Die aufgezeigten mathematischen Zusammenhänge für die statistische Toleranzsimulation machen schnell deutlich, dass dies für den Konstrukteur einen etwas größeren Mehraufwand bedeutet. Dieser Aufwand war deshalb in der Vergangenheit das Motiv für die Nichtakzeptanz der Statistischen Tolerierung. Trotzdem zeigt sich, dass dieser Mehraufwand aufgrund des enormen Einsparungspotenzials in der Fertigung lohnend ist. Einfache und sinnvoller scheint allerdings der Einsatz entsprechender Software (siehe Liste im Anhang) in der Bauteilauslegung. Die Statistische Tolerierung trägt somit aufgrund ihrer höheren Praxisnähe zu einer Verbesserung der Qualitätsprävention im Nutzungsumfeld bei. Prävention umfasst im Engineeringbereich /KLE 94a/ alle Maßnahmen zur Stabilisierung der Produktmerkmale unter Einschluss geometrischer Abweichungen, weil dies Basismerkmale sind für die Simulation aller weiterer Gebrauchseigenschaften mittels

- Digital Mock-Up (DMU) bzw. Handhabung/Robotik,
- Design for Manufacture and Assembly (DFMA),
- Design of Experiments (DoE)

sowie

- FEM/Festigkeitsanalysen (CAE).

Statistische bzw. Sensitivitäts-Analysen spielen dabei eine immer größere Rolle und sind ein wichtiges Glied des Quality Engineerings im Produktentstehungsprozess.

2.2 Toleranzgerechte Fertigung

Statistische Methoden können heute in allen Bereichen der Produkt- und Prozessentwicklung sinnvoll angewandt werden, da die Statistik ein Mittel für Trendanalysen und die Erforschung von durch Zufallsgrößen beeinflusster Zusammenhänge ist. Statistik wird zudem bei jeder Art von Wiederholungen wie in der Klein- und Großserienfertigung /HER 94/ wirksam.

Die hieraus resultierenden Abweichungen sind auf eine Vielzahl (s. *Bild 2.1*) von Ursachen zurückzuführen, deren Hauptwirkungen in der Maschine, dem Werkzeug und dem Werkstoff zu suchen sind:

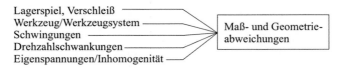

Bild 2.1: *Stochastische Einflüsse bei der Fertigung*

Diese Einflussgrößen /AUT 01/ sind alle miteinander verwoben und lösen daher bei Bauteilen und Baugruppen Zufallsereignisse aus, die zu Maßveränderungen oder -wanderungen führen. Normalerweise strebt die Fertigung danach, alle Sollmaße auf Mitte Toleranz zu fertigen. Da dies nicht haltbar ist, entsteht letztlich eine Verteilung der Istmaße. Im Idealfall des reinen Zufalls ist dies eine *Gauß'sche Normalverteilung*.

Die Fertigung ist jedoch nicht nur von zufälligen Einflüssen bestimmt, sondern es treten auch systematische Einflüsse (Bias) innerhalb von Fertigungsprozessen auf. Diese können zum einen durch einen proportionalen Verschleiß eines Werkzeugs oder zum anderen durch die stetige Erwärmung des Werkzeugs oder der Werkzeugmaschine ausgelöst werden. Diese systematischen Einflüsse auf die Fertigung lassen sich durch Werkzeugpositionsänderungen korrigieren. Dies gilt jedoch nicht für Reib-, Stanz-, Präge- oder Spritzgusswerkzeuge, da diese keine direkten Korrekturmöglichkeiten bieten. Bei diesen Fertigungsprozessen muss dann aufgrund der systematischen Einflussfaktoren für die Parameter der gefertigten Bauteile eine *gleichverteilte Häufigkeit* innerhalb des Toleranzfeldes angenommen werden.

Wünschenswert für eine prozessfähige Auslegung wäre, wenn der Konstrukteur über die Fertigungsstatistik und somit über die sich real ergebenden Verteilungen verfügen würde. Dies stellt im Allgemeinen für die Fertigung kein Problem dar, da die erforderlichen Informationen bereits heute schon mittels SPC ermittelt werden können. Voraussetzung ist allerdings, dass die Verteilung durch eine entsprechende Stückzahl abgesichert ist. Da dies bei einer modernen Prozessüberwachung von Klein- und Großserien rechnerunterstützt erfolgt, braucht kein großer Zusatzaufwand betrieben zu werden. Ein kurzer Abriss über die bestehenden Möglichkeiten der statistischen Prozesslenkung wird im *Kapitel 8* gegeben.

Statistisch ausgelegte Toleranzen wirken sich sowohl auf die Fertigung als auch auf die Montage von Bauteilen günstig aus. Durch ihre Anwendung ergeben sich insbesondere im Zeitalter der immer kleiner werdenden Bausysteme – der so genannten „Miniaturisierung" – sehr große Freiheiten. Durch sie können größtmögliche Einzeltoleranzen vorgegeben und dabei enge Schließmaßtoleranzen eingehalten werden. Die sich daraus ergebenden Kostenvorteile sind ohne Zusatzaufwand zu realisieren.

Mit der Statistischen Tolerierung eng verbunden sind weitere Produkt- und Prozessaspekte wie

- erweiterte Qualitätsfähigkeit nach SPC,
- Messmittelfähigkeit,
- Montagegerechtheit,
- minimiertes Ausschussrisiko,
- reduzierte Stückkosten,
- Austauschbarkeit von Bauteilen,
- Funktionssicherheit von Baugruppen.

Um diese Potenziale stetig zu nutzen, muss der Informationsfluss zwischen Produktnutzer, Entwickler und Fertiger /KLE 99/ verbessert werden. Dies ermöglicht letztlich eine optimale Toleranzauslegung bei verbesserter Kundenzufriedenheit und hoher Produktleistung.

2.3   Toleranzgerechte Qualitätssicherung

Die Qualitätssicherung ist heute neu ausgerichtet auf vermehrte *Prävention*, d. h. Vermeidung von Fehlern während der Produktentwicklung. *Kuration* am Prozess ist rückwärts orientiert und gewährleistet keinen hohen Qualitätsstandard. Dementsprechend werden in der japanischen QS-Philosophie die „Offline-Methoden" für E&K-Aufgaben stärker als die „Online-Methoden" zur Produktüberwachung ausgeprägt.

Diese Erkenntnis ist konform mit der so genannten „Verzehnfachungsregel" (Kostenfortpflanzung von der Idee bis zur Realisierung), die ausweist: Die Fehlerbehebungskosten verzehnfachen sich von Stufe zu Stufe über die Planung, Entwicklung, Arbeitsvorbereitung, Fertigung, Endprüfung bis zum Kunden. Ein frühes Erkennen von Abweichungen, die zu Fehlern führen, ist somit notwendig und wirtschaftlich.

In diesem Zusammenhang spielen die virtuelle *Toleranzsimulation* und der Nachweis über die Einhaltung von Toleranzen eine dominante Rolle. Mit engen Toleranzen wird eine Spirale zu hohen Kosten geformt, deren Segmente eine permanent überwachte Fertigung, einen erheblichen Qualitätssicherungsaufwand und dies alles mit qualifiziertem Personal erforderlich macht.

Kleine Toleranzen bewirken weiter einen großen Aufwand bei der Messsystem- und Messmittelfähigkeit[*] sowie deren Überwachung, da in Audits stets nachgewiesen werden muss, ob die Einrichtungen im Gebrauchsumfeld überhaupt die Toleranzen (Genauigkeit, Abweichungsspanne, Wiederholbarkeit usw.) sicher nachweisen können. Damit gilt natürlich auch der Umkehrschluss, dass weite Toleranzen die wenigsten Probleme in der Fertigung, Kontrolle und Montage /NUS 98/ bereiten. Hiermit wird also die Kostenspirale unterbrochen und der Weg zur Entfeinerung von Produkten geebnet. Das Ziel muss also sein:

„Toleranzen so *weit* wie möglich und nur so *eng* wie nötig"

festzulegen. Diese Erkenntnis gilt es in einem abgestimmten Konzept zu sichern, weshalb hierfür ein umfangreiches Richtlinienwerk wie GUM, DIN EN 13005, VDA 5 geschaffen worden ist.

---

[*] Anmerkung: Die Messsystem- und Prüfmittelfähigkeit verlangt, dass ein geeignetes Messgerät 10-30 % eines Toleranzfeldes sicher und reproduzierbar messen kann.

3 Berechnung von Maßketten

3.1 Grundbegriffe der Tolerierung

Im Rahmen der Produktgestaltung legt der Konstrukteur in technischen Zeichnungen eine Zielgröße für ein Maß fest. Dies ist das so genannte **Sollmaß**. Es beschreibt den geometrisch idealen Zustand eines Werkstücks. Von diesem Sollmaß soll das **Istmaß** eines Werkstücks so wenig wie möglich abweichen. Da eine konstante Fertigung aus technischen Gründen nicht möglich ist, müssen Abweichungen vom Sollmaß zugelassen werden. Hierbei wird die Größe der zulässigen Abweichungen, die **Toleranz**, durch Funktion und Herstellung des Werkstücks bestimmt. Dabei ist zu beachten, dass unnötig enge Toleranzen zu steigenden Kosten führen und meist nur eine geringfügige Verbesserung der Funktionalität bewirken. Jedes Werkstück ist demnach mit Abweichungen vom Sollmaß behaftet. Diese unterscheiden es von anderen Werkstücken aus gleichen oder ähnlichen Prozessen.

Diese Erkenntnis fließt mittlerweile in das System der „geometrischen Produktspezifizierung (GPS)" ein. In der ISO 14 660 ist die reale Folge beschrieben: ideales Werkstück, herge-stelltes Werkstück, messtechnisch erfasstes Werkstück und Vergleich mit dem Geometrie-ideal. Damit ist ein Realisierungsprozess transparent beschrieben.

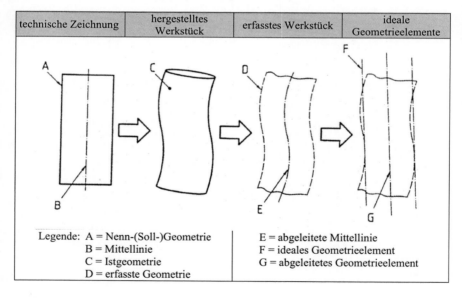

technische Zeichnung	hergestelltes Werkstück	erfasstes Werkstück	ideale Geometrieelemente

Legende: A = Nenn-(Soll-)Geometrie   E = abgeleitete Mittellinie
          B = Mittellinie   F = ideales Geometrieelement
          C = Istgeometrie   G = abgeleitetes Geometrieelement
          D = erfasste Geometrie

Bild 3.1: *Beschriebenes und hergestelltes Geometrieelement*

Nachfolgend wird hauptsächlich auf die geometrischen Eigenschaften eines Werkstücks ein-gegangen. Es ist mit den in diesem Skript vorgestellten Verfahren jedoch auch eine Betrach-tung von anderen mit Toleranzen behafteten Produktkenngrößen möglich.

Die geometrischen Eigenschaften eines Werkstücks /ISO 1101/ werden durch

- Maße,
- Form-, Richtungs-, Orts- und Lauftoleranzen
sowie
- Bezüge

beschrieben. Weichen diese unzulässig von einer Idealgestalt ab, so hat dies für gewöhnlich nicht nur Auswirkungen auf das Werkstück, sondern auch auf die Baugruppe und das System, das dann seine Leistungsziele nur unzureichend erfüllen kann. Meist führen diese zu Reklamationen, Nacharbeit und Unzufriedenheit bei Kunden.

Im Folgenden sollen zunächst an einem kleinen Beispiel die grundlegenden Begriffe zur Beschreibung von maßlichen Toleranzzonen kurz dargelegt werden.

3.2 Beschreibung der Maßtoleranzzone

Das Istmaß eines Werkstücks wird stets mittels einer Zweipunktmessung[*)] festgestellt. Das heißt, an einer bestimmten Stelle wird das Istmaß ermittelt und mit dem Sollmaß verglichen. Hierbei muss das Istmaß innerhalb eines Toleranzfeldes liegen, das von dem in der technischen Zeichnung angegebenen bzw. aus deren Angaben ermittelten Kleinst- und Größtmaß /ISO 286/ begrenzt wird.

Beispiel: Interpretation von Angaben

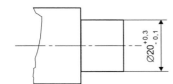

Das Maß für den Durchmesser dieses Bolzens ist mit M = ⌀20 + 0,3/-0,1 angegeben. Daraus ergeben sich die in der Tabelle aufgelisteten Grenzmaße:

N_o	Nennmaß	20,0
G_o	Größtmaß	20,3
G_u	Kleinstmaß	19,9
es	oberes Abmaß	+ 0,3
ei	unteres Abmaß	- 0,1
T	Toleranz (es − ei) (G_o − G_u)	+ 0,4

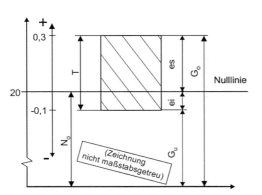

Maß: $$M_i = N_{oi}{}_{ei}^{es}$$

Bild 3.2: *Maßtolerierter Bolzen – Zeichnung und Abmaße*

[*)] Anmerkung: ISO 286 T1 bezüglich Längenmaße: „Ein Maß ist der Abstand zwischen zwei gegenüberliegenden Punkten." Die Maßtoleranz ist daher im Zweipunktmessverfahren zu prüfen.

Jedes am Werkstück gemessene Istmaß muss also im Toleranzfeld, das heißt zwischen 19,9 mm und 20,3 mm liegen, wenn die Zeichnungsangabe eingehalten werden soll.

Jede Messung ist mit einer Messunsicherheit behaftet, z. B. ist die zulässige Geräteabweichung $\pm u$ eines Messschiebers in der DIN 862 festgeschrieben. Die Ergebnisunsicherheit für ein Maß bei einer einmaligen Messung ist somit $M \pm u$. Bei n-Wiederholungsmessungen ist hingegen

$$\pm u = (t_n \cdot s)/\sqrt{n}, \quad t_n = \text{Quantile der t-Verteilung, } s = \text{Messstreuung}$$

Muss ein Maß in einer Serienfertigung nachgewiesen werden, so ist die Messmittelfähigkeit

$$C_g = (k \cdot T)/(6 \cdot s), \quad k = 0{,}10\text{-}0{,}3 \text{ (je nach Industrievereinbarung)}$$

zu gewährleisten.

3.3 Entstehung von Maßketten

Maße und Toleranzen von Bauteilen stehen meistens nicht für sich allein, sondern hängen in Form von Maßketten zusammen. Derartige Verhältnisse ergeben sich immer bei Zusammenbauten (ZSB) mit funktionellen Abhängigkeiten. Hierbei betrachtet man zwei grundsätzliche Möglichkeiten der Entstehung von Maßketten:

• **Zusammenfügen von Bauteilen zu einer Baugruppe**

  In diesem Fall treten zwangsläufig immer Maßketten auf, da in jedem Fall die geometrischen Eigenschaften miteinander verknüpft sind. Die Einzelmaße sind hierbei gewöhnlich unabhängig voneinander.

• **Verknüpfung mehrerer geometrischer Eigenschaften am Einzelteil**

  Auch an einzelnen Bauteilen sind oft geometrische Eigenschaften miteinander verknüpft. Dies kann zum Beispiel die Verknüpfung zweier Maße oder eines Maßes mit einer Form- und Lagetoleranz sein.

Zur Vermeidung von Anpassarbeiten müssen Einzelmaße bzw. die zusammenhängenden Maßketten über mehrere Bauteile /SYM 93/ stets miteinander abgestimmt werden.

3.4 Bedeutung des Schließmaßes und der Schließmaßtoleranz

Einzelmaße M_i, die sich bei einem Zusammenbau in eine Richtung erstrecken, bilden eine lineare Maßkette. In diesem Sinne schließt das Schließmaß M_0 Anfang und Ende einer Maßkette. Dieses Schließmaß hat gewöhnlich eine Toleranz, die sich aus den Einzeltoleranzen T_i aller Einzelteile bestimmt. Je nach Art der Ermittlung dieser Toleranz wird sie als

- arithmetische Schließtoleranz T_A

oder

- statistische Schließtoleranz T_S

bezeichnet. Dies drückt bereits die Art ihrer rechnerischen Ermittlung aus, die entweder aus einfacher Addition oder statistischer Überlagerung entsteht.

Neben linearen Maßketten haben *ebene* und *räumliche* Maßketten bei vielen Anwendungen (z. B. DMU im Fahrzeugbau) eine noch größere Bedeutung. Ihre Bestimmung führt auf nicht-lineare Zusammenhänge /TRU 97/, auf die später noch ausführlich eingegangen wird. Darüber hinaus gibt es zwei weitere Möglichkeiten der Toleranzkettenbehandlung. In der Anwendung sind dies:

- **Toleranzanalyse**

  Man berechnet aus den Einzeltoleranzen die Schließmaßtoleranz. Dieses Verfahren wird bei der Untersuchung der Funktionsfähigkeit einer Maßkette bei angegebenen Toleranzen der Einzelbauteile eingesetzt. Es dient zudem als Hilfsmittel bei der Funktionskontrolle.

- **Toleranzsynthese**

  Zur Sicherung der Funktionsfähigkeit einer Baugruppe gibt man eine Schließtoleranz vor. Diese wird dann auf die Einzeltoleranzen der Bauteile aufgeteilt. Dieses Verfahren wird bei der konstruktiven Ableitung eines Bauteils angewandt.

Im Folgenden soll zuerst auf die arithmetische Berechnung von Maßketten eingegangen werden, da sie die Grundlage zur statistischen Maßkettenberechnung bildet.

3.5 Arithmetische Berechnung von Toleranzketten

Gewöhnlich wird bei der Überprüfung von Toleranzketten das so genannte Mini-Max-Prinzip angewandt. International hat sich hierfür die Bezeichnung *worst case* (dt. schlechtester Fall) durchgesetzt. Hierbei wird angenommen, dass einmal alle Maximalmaße und einmal alle Minimalmaße ein Schließmaß bilden.

Da die Auswirkung der Maße auf das Schließmaß betrachtet wird, müssen die Maximalmaße nicht immer nur die Größtmaße der einzelnen Bauteile bzw. die Minimalmaße nicht immer nur die Kleinstmaße der entsprechenden Bauteile sein, da zusätzlich noch geometrische Toleranzen auftreten können. Mit diesen Maßen müssen alle Montierbarkeitsprüfungen hinsichtlich Spiel oder Übermaß /KLE 99/ durchgeführt werden.

Der einfachen Toleranzkettenberechnung liegt somit eine Addition bzw. Subtraktion der Einzelmaße zugrunde, weswegen auch von der arithmetischen Maß- oder Toleranzkettenberechnung gesprochen wird.

Schrittfolge zur Ermittlung des Schließmaßes:

1. Zählrichtung für Einzelmaße festlegen
2. Maßplan erstellen
3. Tabelle der benötigten Maße erstellen
4. Nennschließmaß N_0 bestimmen
5. Höchstschließmaß P_O bestimmen
6. Mindestschließmaß P_U bestimmen
7. Schließmaß M_0 mit Toleranz zusammenstellen
8. Kontrolle

Beispiel zur arithmetischen Toleranzkettenrechnung:

An einer lokalen Einbausituation soll der lineare Ansatz zunächst gezeigt werden. Das Beispiel nach *Bild 3.3* zeigt eine Axialfixierung an einem Stirnradantrieb eines Lkw-Vorgeleges. Die Maßeintragungen sind aus der Montage- bzw. Fertigungszeichnung übernommen worden.

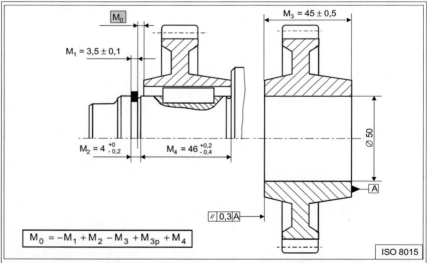

$$M_0 = -M_1 + M_2 - M_3 + M_{3p} + M_4$$

ISO 8015

Anmerkung: Nach der ISO 8015 (Unabhängigkeitsprinzip) sind die Maßtoleranzen und die F+L-Toleranzen unabhängig voneinander einzuhalten. Gemäß der DIN 7167 (Hüllprinzip) müssen die Formtoleranzen und die Parallelitätstoleranz in einer Hülle liegen. Die Hülle wird aus dem Maximum-Material-Maß gebildet und kann gegebenenfalls durch F+L-Toleranzen aufgeweitet werden.

Bild 3.3: *Schematische Einbausituation eines Stirnradantriebs in einem Vorgelegegetriebe (Annahme: Es wirkt nur die Parallelitätstoleranz, weil die Bohrung absolut rechtwinkelig ist.)*

Bei diesem Fallbeispiel ist das Spiel zwischen Stirnrad und Sicherungsring funktionswichtig. Wird dieses Spiel $M_0 < 0$, dann kann der Sicherungsring nicht mehr aufgebracht werden und das Zahnrad ist dann axial nicht mehr gesichert. Im Weiteren soll nun die Toleranzanalyse nach den zuvor beschriebenen Schritten beschrieben werden, wobei die Lagetoleranz als eigenständiges Maß (s. Definitionen in der ISO 8015 und /KLE 06/) mit seiner funktionellen Wirkung zu berücksichtigen ist.

1. Zählrichtung für Einzelmaße festlegen

Die Festlegung erfolgt entsprechend ihrer Auswirkung auf das Schließmaß M_0.

Maße, bei denen eine **Vergrößerung der Maßabweichung** eine **Vergrößerung des Schließmaßes** bewirkt, werden als **positiv** angenommen.
Die Vektoren dieser Maße zeigen im Maßplan in die **positive Zählrichtung**.

Maße, bei denen eine **Vergrößerung der Maßabweichung** eine **Verringerung des Schließmaßes** bewirkt, werden als **negativ** angenommen.
Die Vektoren dieser Maße zeigen im Maßplan in die **negative Zählrichtung**.

---

2. Maßplan erstellen

Im Maßplan werden *alle* Maße (einschließlich F+L-Toleranzen) aufgenommen. Die Kette wird durch das Schließmaß M_0 geschlossen. Bei einer Geometrietoleranz ist zu untersuchen, ob sie die Montage begünstigt oder behindert. Im vorliegenden Fall fällt die Parallelitätstoleranz nach innen, womit sie „positiv" wirkt.

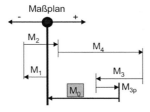

Bild 3.4: Maßplan aller wirksamen Einzelmaße (d. h. inklusive Lagetoleranz)

3. Tabelle der benötigten Maße erstellen

Maß	Nennmaße	Bezeichnung	Nennmaß N_i /[mm]	Größtmaß G_{oi} /[mm]	Kleinstmaß G_{ui} /[mm]	Toleranz T_i /[mm]
$-M_1$	N_1	Sicherungsring	3,5	3,6	3,4	0,2
$+M_2$	N_2	Nutbreite	4,0	4,0	3,8	0,2
$-M_3$	N_3	Zahnradbreite	45,0	45,5	44,5	1,0
$+M_{3p}$	N_{3p}	Parallelitäts- toleranz	0	0,3	0	0,3
$+M_4$	N_4	Wellenabsatz	46,0	46,2	45,6	0,6

Tabelle 3.1: Tabelle der benötigten Maße für die Arithmetische Tolerierung

4. Nennschließmaß N_0 bestimmen

Das Nennschließmaß N_0 berechnet sich entsprechend dem Maßplan:

$$N_0 = \sum N_{i+} - \sum N_{i-} \, . \tag{3.1}$$

Beispiel

$$N_0 = \left(N_2 + N_4 + N_{3p}\right) - \left(N_1 + N_3\right)$$
$$= 4,0 + 46,0 + 0 - 3,50 - 45,00 = 1,5 \text{ mm}$$

---

5. Höchstschließmaß P_O bestimmen

Das Höchstschließmaß P_O wird nach folgender Gleichung berechnet:

$$P_O = \sum G_{o_i +} - \sum G_{u_{i-}} \, . \tag{3.2}$$

(Summe der Größtmaße der positiven Maße minus Summe der Kleinstmaße der negativen Maße)

Beispiel

$$P_O = \left(G_{o2} + G_{o4} + G_{o3p}\right) - \left(G_{u1} + G_{u3}\right)$$
$$= 4,0 + 46,2 + 0,3 - 3,4 - 44,5 - 0 = 2,6 \text{ mm}$$

---

6. Mindestschließmaß P_U bestimmen

Das Mindestschließmaß P_U wird nach folgender Gleichung berechnet:

$$P_U = \sum G_{u_i +} - \sum G_{o_{i-}} \, . \tag{3.3}$$

(Summe der Kleinstmaße der positiven Maße minus Summe der Größtmaße der negativen Maße)

Beispiel

$$P_U = \left(G_{u2} + G_{u4} + G_{u3p}\right) - \left(G_{o1} + G_{o3}\right)$$
$$= 3,8 + 45,6 + 0 - 3,6 - 45,5 = 0,3 \text{ mm}$$

---

7. Schließmaß M_0 zusammenstellen

Oberes Abmaß einen Innenmaßes

$$ES \equiv T_{A1} \quad = P_O - N_0 \tag{3.4}$$

Unteres Abmaß eines Innenmaßes

$$EI \equiv T_{A2} \quad = P_U - N_0 \tag{3.5}$$

Normgerechtes Schließmaß mit Abmaßen

$$M_0 = N_0 \,^{T_{A1}}_{T_{A2}}$$

Toleranzbestimmung:

$T_{A1} = P_O - N_0 = 2,6 - 1,5 = 1,1 \text{ mm},$
$T_{A2} = P_U - N_0 = 0,3 - 1,5 = -1,2 \text{ mm}$

Daraus folgt für M_0:

$$M_0 = N_0 \,^{T_{A1}}_{T_{A2}} = 1,5^{+1,1}_{-1,2} \text{ mm}.$$

Im vorliegenden Fall sorgt die auftretende Parallelitätsabweichung für ein zusätzliches Montagespiel und wirkt damit insgesamt positiv.

---

8. Kontrolle

Jede Montagesituation sollte noch einmal kontrolliert werden! Die Summe der einzelnen Toleranzen des Schließmaßes T_i muss gleich der Gesamttoleranz T_A sein:

$$T_A = P_O - P_U . \tag{3.6}$$

Die Schließmaßtoleranz T_A entspricht der arithmetischen Toleranzsumme

$$T_A = \sum T_i . \tag{3.7}$$

Beispiel für Maßkontrolle

$$\begin{aligned} T_A = P_O - P_U \\ = 2,6 - 0,3 = 2,3 \text{ mm} \end{aligned} \quad \equiv \quad \begin{aligned} \sum T_i = 0,2 + 0,2 + 1,0 + 0,6 + 0,3 \\ = 2,3 \text{ mm} \end{aligned}$$

---

4 Grundlagen der Statistischen Tolerierung

4.1 Mathematische Grundlagen

4.1.1 Allgemeine Statistik

Die in den folgenden Abschnitten erläuterten Gesetzmäßigkeiten kann man als die Grundbeziehungen der Statistik /PAP 97/ bezeichnen. Diese Beziehungen sind zunächst abstrakt und werden durch die Übertragung auf die „Toleranzrechnung" sehr konkret.

Grundbeziehungen der Statistik:

- der Mittelwertsatz,
- der Zusammenhang zwischen Standardabweichung und Toleranz,
- das Abweichungsfortpflanzungsgesetz sowie
- der zentrale Grenzwertsatz.

Wenn man dies im Gesamtzusammenhang sieht, so ist ein wichtiges Teilgebiet der Mathematik die *Stochastik*, welche in die Wahrscheinlichkeitstheorie und die Statistik unterteilt werden kann. Die Wahrscheinlichkeitstheorie befasst sich mit den theoretischen Grundlagen der Erklärung zufälliger Ereignisse, während die Statistik sich mit der praktischen Auswertung der Häufigkeit von Ergebnissen beschäftigt.

C. F. Gauß (1777-1855) hat die Anwendung der Stochastik wesentlich erweitert. Bei der Auswertung von astronomischen Messungen hat er erkannt, dass sich nicht die Fehler von Messwerten fortpflanzten, sondern deren Varianzen, welches zu völlig neuen Einsichten geführt hat.

Das Verständnis für Zufallsereignisse erschließt zunächst die Wahrscheinlichkeitsrechnung, z. B. mit der Bestimmung der Wahrscheinlichkeit des Eintritts eines bestimmten Ereignisses. Solange man keine physikalischen oder mathematischen Zusammenhänge kennt, die den Eintritt eines bestimmten Ereignisses auf eine bestimmte Weise beeinflussen, betrachtet man das Auftreten **n** möglicher Ereignisse stets als gleich wahrscheinlich und ordnet jedem Ereignis die Wahrscheinlichkeit **p** zu.

Als Beispiel soll hier das Würfeln mit einem Würfel (Laplace-Experiment) angeführt werden:

Es können die Zahlen 1 bis 6 erwürfelt werden, wobei es n = 6 mögliche Ereignisse gibt

$$p = \frac{\text{Anzahl der günstigen Fälle}}{\text{Anzahl der möglichen Fälle}} = \frac{1}{n} \, .$$

Die **Wahrscheinlichkeit** des Erscheinens einer bestimmten Zahl beträgt demnach **p = 1/6**.

Um Stochastik betreiben zu können, benötigt man also ein Experiment. Hierbei gibt es Zufallsvariable, die nur diskrete Werte annehmen können, d. h., sie sind nur endlich oder abzählbar unendlich. Zwischenzustände treten nicht auf. Diese sind z. B.

- das Würfeln mit einem Würfel, hier können nur die Werte 1...6 auftreten (nicht 3 ½),
- ein Münzwurf (nur Wappen oder Zahl)

oder

- Funktion in Ordnung oder nicht in Ordnung.

In der Maßtheorie werden hingegen nur stetige Zufallsvariable behandelt. Eine stetige Zufallsvariable kann jeden beliebigen Wert, meist innerhalb eines gegebenen Intervalls annehmen. Eine typische stetige Zufallsvariable ist zum Beispiel ein streuender Wellendurchmessers als Folge von Fertigungsabweichungen (Werkzeug und Maschine). Die Wahrscheinlichkeit gibt dann an, wie viele Ereignisse im Mittel bei einer großen Gesamtzahl zu dem betrachteten Ergebnis (z. B. einen bestimmten Wellendurchmesser) führen.

Man ermittelt die Wahrscheinlichkeit empirisch aus der so genannten *relativen Häufigkeit* des Auftretens eines Ereignisses. Diese ist definiert als das Verhältnis des Eintretens eines bestimmten Ereignisses im Verhältnis zur Anzahl aller Möglichkeiten. Die Wahrscheinlichkeit des Eintretens eines bestimmten Ereignisses ist der Grenzwert für dieses Verhältnis bei unendlich vielen Beobachtungen.

Als Beispiel sei hier wieder das Würfeln mit einem homogenen Würfel aufgeführt. Dabei ist das Auftreten von sechs verschiedenen Ereignissen, nämlich das Werfen einer bestimmten Augenzahl von 1...6, gleich wahrscheinlich.

Die mathematisch ausgedrückte Wahrscheinlichkeit beträgt also p = 1/6 = 0,166, welches das nachfolgende Experiment belegt.

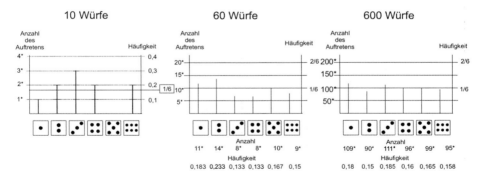

Bild 4.1: *Gesetz der großen Zahl beim Würfelexperiment*

Bild 4.1 zeigt die Verteilung der Zahlen eins bis sechs bei einer Simulation von 10, 60 und 600 Würfen mit einem Würfel. Je mehr Würfe durchgeführt werden, desto näher liegt die Häufigkeit des Auftretens einer bestimmten Zahl bei 1/6.

Durch das Würfeln erhält man diskrete Werte; bei der Ermittlung der Wahrscheinlichkeit des Auftretens eines stetigen Wertes, z. B. eines Wellendurchmessers geht man hingegen anders vor. Ein Bauteil wird dann hinsichtlich eines relevanten Merkmals (Istwert) messtechnisch geprüft und erhält nach der Prüfung eine Wertigkeit, durch den Vergleich des Prüfergebnisses mit einem Vergleichswert. Dieser kann sein:

- ein Nennwert,
- ein Sollwert,

oder

- ein Grenzwert.

Streuende Abweichung hiervon bezeichnet man als Toleranz (Plus/Minus).

Die Anzahl *aller* gefertigten Bauteile (größere Produktionsmenge) einer vorgesehenen Ausführung nennt man Grundgesamtheit. Geprüft wird gewöhnlich aber anhand einer kleinen Stichprobe (50 Stück), die dieser Grundgesamtheit entnommen wird.

Man unterscheidet somit in der Statistik zwischen

- einer „wirklichen Großgesamtheit $(\overline{x}, s)$" mit endlichem Umfang

und

- einer „gedachten Grundgesamtheit (μ, σ)" mit unendlichem Umfang.

Eine Stichprobe besteht somit immer aus einer begrenzten Anzahl von Werten aus der Grundgesamtheit, beispielsweise die real gefertigten Durchmesser einer Welle im Vergleich mit dem Nennmaß oder die wirklichen Widerstandswerte eines elektrischen Widerstands im Vergleich mit dem Sollwert. Der Umfang der Stichprobe sollte nicht zu klein (n $\geq$ 6-8 Werte) gewählt werden, da hieraus eine direkte Auswirkung auf die Aussagekraft resultiert.

Aus einer Stichprobe mit dem Umfang n der Zufallsvariablen x ergibt sich dann eine Anzahl von Werten x_i mit i = 1..n. Aus diesen Werten x_i lassen sich dann die erforderlichen statistischen Kenngrößen /BRO 95/ bestimmen. Es sind dies

- der **arithmetische Mittelwert** $\overline{x}$,
- die **Standardabweichung s**

und

- die **Varianz** s^2.

Der arithmetische Mittelwert berechnet sich nach der bekannten Formel:

$$\overline{x} = \frac{1}{n} \sum_{i=1}^{n} x_i \quad (i = 1, ..., n) \tag{4.1}$$

und soll im Weiteren auch mit *Erwartungswert* benannt werden. Das ist der Wert, der am häufigsten auftreten wird.

Die Streuung der Werte x_i um den arithmetischen Mittelwert $\overline{x}$ wird als Standardabweichung s[*] bezeichnet. Dies ist die Wurzel aus der mittleren quadratischen Abweichung der Stichprobenwerte vom Mittelwert. Sie wird nach folgender Formel berechnet:

---

[*] Anmerkung: Bei großen Stichproben wird als Vorfaktor 1/n und bei kleinen Stichproben 1/(n-1) angesetzt.

$$s = \sqrt{\frac{1}{n-1} \sum_{i=1}^{n} (x_i - \overline{x})^2} \, .$$ (4.2)

Die Varianz ist entsprechend

$$s^2 = \frac{1}{n-1} \sum_{i=1}^{n} (x_i - \overline{x})^2 \, .$$ (4.3)

Das arithmetische Mittel und die Standardabweichung charakterisieren die jeweilige Stichprobe und die Form der Verteilung.

Beispiel: Ermittlung der NV-Kenngrößen

In einer Abfüllanlage für Bierflaschen soll die tatsächliche Menge des Bieres in der Flasche im Vergleich mit dem Sollwert $V = 0{,}5$ l abgeglichen werden. Der Tagesausstoß beträgt 10.000 Flaschen.

Deshalb entnimmt man an einem Tag jede 200. Flasche und überprüft die tatsächliche Füllmenge. Man erhält so eine Stichprobe mit der Anzahl $n = 50$ Flaschen und kann die Füllmengen für die Flaschen Nr. 1 bis 50 bestimmen.

Fl.Nr.	Füllung/[l]	Fl.Nr.	Füllung/[l]	Fl.Nr.	Füllung/[l]	Fl.Nr.	Füllung/[l]	Fl.Nr.	Füllung/[l]
1	0,49	11	0,51	21	0,53	31	0,54	41	0,56
2	0,51	12	0,51	22	0,54	32	0,49	42	0,51
3	0,55	13	0,56	23	0,52	33	0,50	43	0,51
4	0,51	14	0,57	24	0,55	34	0,58	44	0,57
5	0,55	15	0,58	25	0,49	35	0,53	45	0,49
6	0,50	16	0,49	26	0,49	36	0,51	46	0,57
7	0,56	17	0,54	27	0,57	37	0,56	47	0,57
8	0,54	18	0,48	28	0,51	38	0,55	48	0,56
9	0,51	19	0,54	29	0,53	39	0,53	49	0,58
10	0,52	20	0,54	30	0,52	40	0,53	50	0,55

Mittelwert $\overline{x}$ /[l]:	Standardabweichung s/[l]:	Varianz s^2/[l]:
0,53	0,02800	0,00078

Tabelle 4.1: *Ermittlung von Mittelwert und Standardabweichung bei einer Abfüllanlage zur Einstufung deren Genauigkeit*

Im Durchschnitt werden also alle Flaschen mit 0,53 l gefüllt, wobei die Streuung 0,028 l beträgt. Die Füllmenge ist also zufallsbedingt und insofern normalverteilt. Füllmengen bzw. deren Häufigkeit können somit über die Gaußfunktion abgeschätzt werden.

4.1.2 Ermittlung von Verteilungen

Jede industrielle Fertigung hat mehr oder weniger Zufallscharakter. Um die Gesetzmäßigkeit zu erkennen, muss die Verteilung eines Prozesses bzw. eines Arbeitsganges ermittelt werden. Dazu muss ein hinreichend großes Los von Messgrößen ausgewertet werden. Die Verteilung kann dann wie folgt ermittelt werden:

Man teilt die Toleranzspanne der Messgröße in gleiche Intervalle ein. Diese Intervalle bezeichnet man als Klassen. Dann entnimmt man der Fertigung eine hinreichend große Stichprobe und sortiert diese in die Klassen ein.

Für den Idealfall (infinitesimal kleine Intervalle) kann man über die Anzahl *n* der Istmaße pro unabhängigem Messwert x_i eine Verteilungskurve ermitteln.

Gewöhnlich werden viele Messwerte in der Mitte der Toleranzspanne liegen und die Anzahl der Messwerte wird zu den Rändern hin abnehmen. Dies ist das typische Zeichen eines Häufigkeitszentrums wie bei der Normalverteilung (NV).

Das folgende Beispiel zeigt im *Bild 4.2* die Ermittlung der Häufigkeitsverteilung einer Stichprobe aus 50 Messungen bei der Fertigung eines Wellenzapfens /FOR 85/.

Beispiel: Herstellung eines Wellenzapfen bzw. Auswertung der Drehoperation

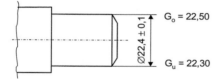

$G_o = 22,50$

$\varnothing 22,4 \pm 0,1$

$G_u = 22,30$

Messwerte von 50 Wellen:
(Angegeben sind nur die Nachkommastellen, d. h. 48 entspricht 22,48 mm)

Nr.	Wert	Nr.	Wert	Nr.	Wert	Nr.	Wert	Nr.	Wert	Nr.	Wert	Nr.	Wert
1	48	9	40	17	32	25	46	33	52	41	37	49	38
2	37	10	35	18	40	26	41	34	41	42	43	50	43
3	38	11	43	19	39	27	38	35	44	43	45		
4	45	12	42	20	41	28	43	36	45	44	41		
5	43	13	51	21	40	29	35	37	42	45	39		
6	41	14	40	22	38	30	42	38	36	46	42		
7	42	15	39	23	41	31	39	39	38	47	44		
8	36	16	43	24	43	32	41	40	40	48	40		

Ergebnis:
angenommen: 48   verworfen: 2 (grau unterlegt)

Bild 4.2: Wellenzapfen-Messwerte eines Außendurchmessers

Auswertung der Klassenhäufigkeit

	Klassen		Anzahl	%
1	22,30 ≤ d < 22,32		0	0
2	22,32 ≤ d < 22,34	/	1	2
3	22,34 ≤ d < 22,36	//	2	4
4	22,36 ≤ d < 22,38	////	4	8
5	22,38 ≤ d < 22,40	/////////	9	18
6	22,40 ≤ d < 22,42	//////////////	14	28
7	22,42 ≤ d < 22,44	///////////	11	22
8	22,44 ≤ d < 22,46	/////	5	10
9	22,46 ≤ d < 22,48	//	2	4
10	22,48 ≤ d < 22,50		0	0

Mittelwert:
$\bar{x}$ = 22,41 mm

Standardabweichung:
s = 0,03 mm

2 Stück = 4 %
wurden verworfen.

Daraus ergibt sich die folgende **Häufigkeit** und **Verteilung**:

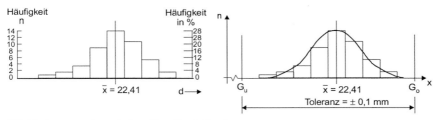

Bild 4.3: *Auswertung der vorherigen Messreihe als Verteilung*

Die umseitige *Tabelle 4.2* zeigt verschiedene Möglichkeiten von Verteilungen, die sich bei unterschiedlichen Fertigungsverfahren einstellen können.

Bild 4.3 zeigt die verschiedenen Entwicklungsstufen bis zur Erstellung der Verteilung. In diesem Beispiel erhält man eine **Gauß'sche Normalverteilung**. Diese wird sich bei jeder Art von Serienfertigung (d. h. bei hinreichend großen Losen n ≥ 60-100 Teile) einstellen. Eine Normalverteilung repräsentiert immer den Zufall, sie erfasst also keine systematischen Effekte. (Zur Beschreibung der Normalverteilung *siehe Kapitel 4.1.3*)

Bei einer Fertigung mit systematischen Einflussfaktoren (Werkzeugverschleiß, Änderung von Prozessparametern) stellt sich in der Regel eine **Rechteckverteilung** ein. Die Rechteckverteilung kann auch als die Einhüllende einer wandernden Normalverteilungen interpretiert werden.

Bei einer Kleinserienfertigung (< 50 Teile) tritt hingegen meistens eine **Dreiecksverteilung** auf, da bei kleinen Stückzahlen in der Regel überwacht auf Istmaß produziert wird.

Die **Trapezverteilung** stellt sich real nicht ein, d. h., sie ist eine Simulationsverteilung für die Rechteckverteilung mit einer abgeschwächten Randbewertung. Man unterscheidet Trapezverteilungen nach der Breite des horizontalen Bereichs der Verteilungskurve. Sie tritt auch bei der Verknüpfung zweier Rechteckverteilungen (*siehe Kapitel 4.3*) auf.

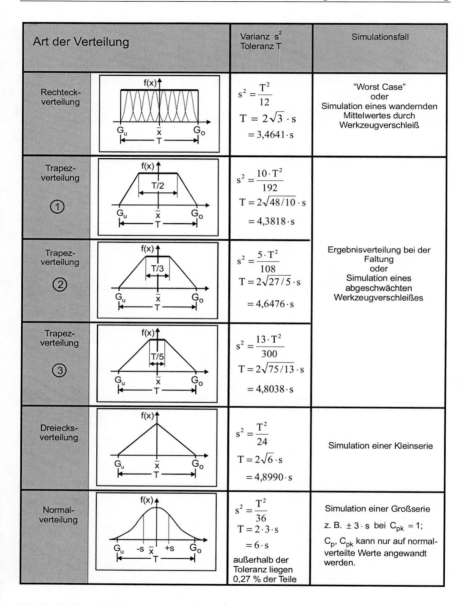

Art der Verteilung		Varianz s^2 Toleranz T	Simulationsfall
Rechteck-verteilung		$s^2 = \dfrac{T^2}{12}$ $T = 2\sqrt{3} \cdot s$ $= 3,4641 \cdot s$	"Worst Case" oder Simulation eines wandernden Mittelwertes durch Werkzeugverschleiß
Trapez-verteilung ①		$s^2 = \dfrac{10 \cdot T^2}{192}$ $T = 2\sqrt{48/10} \cdot s$ $= 4,3818 \cdot s$	Ergebnisverteilung bei der Faltung oder Simulation eines abgeschwächten Werkzeugverschleißes
Trapez-verteilung ②		$s^2 = \dfrac{5 \cdot T^2}{108}$ $T = 2\sqrt{27/5} \cdot s$ $= 4,6476 \cdot s$	
Trapez-verteilung ③		$s^2 = \dfrac{13 \cdot T^2}{300}$ $T = 2\sqrt{75/13} \cdot s$ $= 4,8038 \cdot s$	
Dreiecks-verteilung		$s^2 = \dfrac{T^2}{24}$ $T = 2\sqrt{6} \cdot s$ $= 4,8990 \cdot s$	Simulation einer Kleinserie
Normal-verteilung		$s^2 = \dfrac{T^2}{36}$ $T = 2 \cdot 3 \cdot s$ $= 6 \cdot s$ außerhalb der Toleranz liegen 0,27 % der Teile	Simulation einer Großserie z. B. $\pm 3 \cdot s$ bei $C_{pk} = 1$; C_p, C_{pk} kann nur auf normalverteilte Werte angewandt werden.

Tabelle 4.2: Kenngrößenauswertung verschiedener Verteilungen für ein Produktionslos

4.1.3 Großserienverteilung

4.1.3.1 Allgemeine Beschreibung von stetigen Verteilungen

Eine zufällig veränderliche Variable *x* kann durch eine stetige Verteilungsfunktion $F(x)$ (auch Summenfunktion genannt) beschrieben werden, wenn eine nicht negative Funktion $f(x)$ existiert, sodass das Integral $F(x)$ beschrieben werden kann:

$$F(x) = \int\limits_{-\infty}^{x} f(x)dx .$$ (4.4)

Die Funktion f(x) wird als Dichte oder Dichtefunktion der Verteilung bezeichnet. Sie ist wie folgt definiert:

$$F(\infty) = \int\limits_{-\infty}^{+\infty} f(x)dx = 1 \text{ oder } 100 \text{ \%.}$$ (4.5)

Diese Dichtefunktion beschreibt, mit welcher Wahrscheinlichkeit eine zufällige Variable in einem bestimmten Intervall (z. B. [-∞, x)) auftritt /PFA 68/.

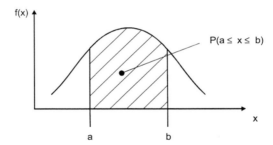

Bild 4.4: *Geometrische Darstellung der Wahrscheinlichkeit P für die Variable x*

Die schraffierte Fläche im *Bild 4.4* stellt die Häufigkeitswahrscheinlichkeit *P* für das Auftreten der Variablen *x* zwischen den festen Grenzen *a* und *b* dar:

$$P(a \le x \le b) = F(b) - F(a) = \int\limits_{a}^{b} f(x)dx .$$ (4.6)

Für viele Dichtefunktionen ist dieses Integral tabelliert (siehe Seite 171) und zu beliebigen Grenzen ausgewertet, womit die Wahrscheinlichkeiten sofort gegeben sind.

4.1.3.2 Beschreibung der Gauß'schen Normalverteilung

Die Normalverteilung ist die wohl am häufigsten auftretende Verteilung. Sie wurde erstmals von De Moivre entdeckt und von Laplace, Gauß und Galton weiterentwickelt. Man findet sie bei der Beschreibung von Zufallsgrößen in der Sozialstatistik, bei Verteilungen von Merkmalen im Bereich der Medizin und Biologie sowie der Technik /LEH 00/.

Eine Normalverteilung bildet sich dann aus, wenn mehrere Einflussfaktoren rein zufallsbedingte Abweichungen verursachen. Nicht zufallsbedingte Ereignisse (z. B. Alterung, Verschleiß) können somit nicht abgebildet werden, dies ermöglicht hingegen die universellere Weibull-Verteilung.

Eine Zufallsgröße heißt normalverteilt, wenn ihre Wahrscheinlichkeitsdichte durch die folgende Funktion beschrieben werden kann:

$$f(x) = \frac{1}{s\sqrt{2\pi}} e^{-\frac{(x-\bar{x})^2}{2\,s^2}} . \tag{4.7}$$

Die Verteilungsfunktion ist dann

$$F(x) = \frac{1}{s\sqrt{2\pi}} \int_{-\infty}^{x} e^{-\frac{(x-\bar{x})^2}{2\,s^2}} \, dx . \tag{4.8}$$

Diese Funktion hat eine glockenförmige Gestalt (*siehe Bild 4.5*), weshalb sie auch als Gauß'sche Glockenkurve bezeichnet wird. Im Mittelwert $\bar{x}$ liegen sowohl das Maximum als auch das Symmetriezentrum. Unterhalb und oberhalb liegen jeweils 50 % an Flächenanteil der Verteilungskurve.

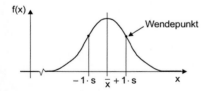

Bild 4.5: *Gauß'sche Glockenkurve bzw. Normalverteilung*

Die Position der Standardabweichung $\pm 1 \cdot s$ beschreibt die Wendepunkte der Wahrscheinlichkeitsdichtefunktion. Mit Vielfachen von s lassen sich somit Flächenanteile eingrenzen.

Da s und $\bar{x}$ beliebige Werte annehmen können, gibt es auch beliebig viele Normalverteilungen. Zur Herstellung der Vergleichbarkeit verwendet man daher die Transformation

$$u = \frac{x - \bar{x}}{s} \tag{4.9}$$

und überführt damit die Dichtefunktion in die Standardfunktion

$$f(u) = \frac{1}{\sqrt{2\pi}} e^{-\frac{u^2}{2}}$$ (4.10)

mit $\bar{x} = 0$ und $s = 1$.

Die dazugehörige Summenfunktion lautet dann:

$$F(u) = \frac{1}{\sqrt{2\pi}} \int_{-\infty}^{u} e^{-\frac{u^2}{2}} dx .$$ (4.11)

Es gelten nun die folgenden Zusammenhänge unterhalb der NV:

$u < 0$	$F(-u)$	Flächenanteil der Verteilung im Bereich	$-\infty \leq x \leq -u$
$u \geq 0$	$F(u)$	Flächenanteil der Verteilung im Bereich	$-\infty \leq x \leq u$
	$Q(u)$	Flächenanteil der Verteilung im Bereich	$u \leq x \leq \infty$
	$F(u)-Q(u)$	Flächenanteil der Verteilung im Bereich	$-u \leq x \leq u$
	$F(-u) = 1 - F(u) = Q(u)$		

Tabelle 4.3: Funktionelle Zusammenhänge des Flächenanteils bei der Normalverteilung

Da die rechnerische Auswertung dieser Beziehungen aufwändig ist, liegt die standardisierte Normalverteilung (N(0, 1)) gewöhnlich tabelliert[*] vor (siehe hier Seite 171 ff.). Die eingegrenzten Flächenanteile zeigt *Bild 4.6*.

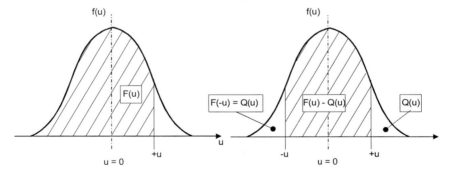

Bild 4.6: Funktionelle Zusammenhänge der Flächenanteile bei der Normalverteilung

Zu einem Maß mit den zugehörigen Toleranzgrenzen lassen sich also die Gut- und Schlechtanteile recht sicher abschätzen.

---

[*] Anmerkung: Die Dichtefunktion ist regelmäßig nur für positive u-Werte tabelliert. Weil die NV symmetrisch ist, gilt: $1 - F(u) = Q(u)$.

4.1.4 Zusammenhang zwischen Standardabweichung und Toleranz

Die Toleranzweite eines Maßes wird bei der Statistischen Tolerierung durch eine Spanne beschrieben, die in Vielfachen von der Standardabweichung (z. B. $T_i = 6 \cdot s_i$) angegeben wird. Man nennt diese Angabe auch Streugrenze.

Die Vorgabe für einen beherrschten Prozess liegt heute teilweise noch bei $\bar{x} \pm 3 \cdot s$, erst bei Einhaltung dieser Streugrenzen gilt ein Prozess als fähig /MER 91/ (*siehe Kapitel 8.3.4*). Diese Streugrenzen (auch natürliche Streuung genannt) geben an, dass mindestens 99,73 % aller Merkmalswerte innerhalb der vorgegebenen Toleranz liegen. Im Zuge des *Total Quality Management* wird weitgehend schon die Forderung nach $\bar{x} \pm 4 \cdot s$ gestellt (z. B. seitens „Ford" und „VW" an deren Zulieferern). In diesem Fall müssen 99,994 % aller Merkmalswerte innerhalb der Toleranz liegen. Es gibt jedoch auch schon Forderungen nach einer Spanne von $\bar{x} \pm 5 \cdot s$ oder gemäß der SIX-SIGMA-Philosophie /MAG 01/ nach $\bar{x} \pm 6 \cdot s$ [*)].

Über die Angabe dieser Spanne kann somit bestimmt werden, wie viel Prozent der Maßgrößen bei einer Normalverteilung im Toleranzbereich erwartet werden können und wie groß die Wahrscheinlichkeit für die Überschreitung des Toleranzbereiches ist. Das folgende *Bild 4.7* zeigt, wie viel Prozent der Istmaße im Gutbereich in Abhängigkeit von der Toleranzspanne liegen.

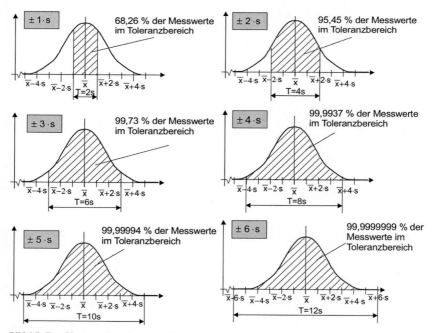

Bild 4.7: *Einschluss von Gutteilen unterhalb der Gauß'schen Normalverteilung*

4.2 Verknüpfung mehrerer Maße

4.2.1 Maßketten

In den vorhergehenden Abschnitten wurde die Beschreibung eines einzelnen Ereignisses (eines einzelnen Messwertes oder Maßes) mit statistischen Methoden geklärt. Die folgenden Kapitel sollen auf die Verknüpfung von mehreren Ereignissen (Messwerten/Maßen) mit statistischen Methoden eingehen. Diese Beziehungen sind weitestgehend grundlegend bei der Behandlung von Problemen, die sich bei der linearen und nichtlinearen Verknüpfung zu Maßketten mit statistischen Gesetzmäßigkeiten /BOS 93/ ergeben. Alle statistischen Grundgleichungen werden auf die zu bearbeitenden Tolerierungsaufgaben zugeschnitten.

4.2.2 Mittelwertsatz

Dieser Satz ist maßgebend zur Bestimmung des Mittelwertes bzw. des Erwartungswertes des Schließmaßes M_0 einer Maßkette, die sich gewöhnlich als Verteilungsmittelwert einstellt.

Der **Mittelwertsatz** sagt aus: Mittelwerte aus verschiedenen Verteilungen werden vorzeichenbehaftet addiert, wie

$$\overline{x}_0 = \sum_{i=1}^{n} \overline{x}_i \, ,$$

$$\overline{x}_0 \equiv N_1 + N_2 + \ldots + N_n \quad \text{(bei Fertigung auf Nennwert)}$$

bzw. $\hspace{10cm}$ (4.12)

$$\overline{x}_0 \equiv C_1 + C_2 + \ldots + C_n \quad \text{(bei Fertigung auf Toleranzmitte)}.$$

Hierin sind:

$\overline{x}_i$ der Mittelwert der einzelnen Maßbestandteile der Montagebaugruppe (entspricht den Nennmaßen N_i mit symmetrischen Abmaßen bzw. den Mittenwerten C_i bei unsymmetrischen Abmaßen)

$\overline{x}_0$ der Gesamtmittelwert (entspricht dem mittleren Schließmaß)

N_i die Nennmaße der Einzelbauteile

Bei unsymmetrischen Abmaßen gilt

$$\overline{x}_i = \frac{G_{oi} + G_{ui}}{2} \; : = C_i \, , \; (\text{mit } C_i = \text{Mittenwert}) \hspace{3cm} (4.13)$$

d. h., es muss die Mitte des Toleranzfeldes berücksichtigt werden. Als Beispiel hierzu dient die Betrachtung der Ermittlung des Schließmaßes einer linearen Maßkette nach *Kapitel 3.5.*

4.2.3 Abweichungsfortpflanzungsgesetz

Einer der wichtigsten Erkenntnisse von Gauß ist, dass sich bei so genannten direkten Größen (d. h. statistisch unabhängig) **nicht die Abweichungen addieren, sondern die Varianzen** /VDI 2620/. Insofern ist die Schließtoleranz einer Maßkette über das Abweichungsfortpflanzungsgesetz zu ermitteln.

Das universelle Fehler- oder **Abweichungsfortpflanzungsgesetz** lautet somit für einen beliebigen funktionellen Zusammenhang

$$f(x_1, ..., x_n),$$

wobei die einzelnen x_i voneinander unabhängig sein müssen:

$$s_0^2(f(x_1, ... x_n)) = \sum_{i=1}^{n} \left(\frac{\partial f}{\partial x_i} \bigg|_{x=\bar{x}} \right)^2 \cdot s_i^2. \tag{4.14}$$

Der Hinweis in der Klammer besagt:

Die Ableitungen aller Größen x sind am Mittelwert $\bar{x}$ zu bilden.
Das allgemeine Abweichungsfortpflanzungsgesetz wird für die **nichtlineare Maßkettenrechnung** benötigt.

Das **Abweichungsfortpflanzungsgesetz** bei der **linearen Maßkettenrechnung** sagt aus:

„Die Varianz des Schließmaßes ergibt sich als Summe der Varianzen der Einzelmaße", d. h.

$$s_0^2 = \sum_{i=1}^{n} s_i^2. \tag{4.15}$$

Dies stellt einen Sonderfall der Gl. (4.14) dar.

Aus der Analogie zwischen der Größe des Toleranzfeldes und der Varianz bzw. Streuung leitet sich dann die Schließmaßtoleranz her, z. B.

$$T_S = 2 \cdot u \cdot s_0$$

bzw. für u = 3

$$T_S = 6 \cdot s_0.$$

Die folgenden kleinen Beispiele sollen die Anwendung des Abweichungsfortpflanzungsgesetzes und des Mittelwertsatzes auf typische Fälle zeigen.

4.2.4 Anwendung des Abweichungsfortpflanzungsgesetzes und des Mittelwertsatzes

4.2.4.1 Behandlung linearer Maßketten

Angenommen seien Maßketten, bei denen das Schließmaß (y_0) aus der Addition zweier Einzelmaße $(x_1 + x_2)$ und alternativ der Subtraktion zweier Einzelmaße $(x_1 - x_2)$ gebildet wird.

	Addition	Subtraktion
Maßfunktion	$y = f(x_1, x_2) = x_1 + x_2$	$y = f(x_1, x_2) = x_1 - x_2$
	mit bekannten s_1, s_2	
Erwartungswert	$\overline{y}_0 = \overline{x}_1 + \overline{x}_2$	$\overline{y}_0 = \overline{x}_1 - \overline{x}_2$
Varianz s_0^2	$\begin{aligned} s_0^2 &= f'(\overline{x}_1)^2 \cdot s_1^2 + f'(\overline{x}_2)^2 \cdot s_2^2 \\ &= 1^2 \cdot s_1^2 + 1^2 \cdot s_2^2 \\ &= s_1^2 + s_2^2 \end{aligned}$	$\begin{aligned} s_0^2 &= f'(\overline{x}_1)^2 \cdot s_1^2 + f'(\overline{x}_2)^2 \cdot s_2^2 \\ &= 1^2 \cdot s_1^2 + (-1)^2 \cdot s_2^2 \\ &= s_1^2 + s_2^2 \end{aligned}$

4.2.4.2 Behandlung ebener Maßketten

Angenommen sei ein ebener Fall, bei dem ein Maßabstand unter Nutzung des Satzes von *Pythagoras* zu bestimmen ist. Der funktionelle Zusammenhang sei

$$y = f(x_1, x_2) = \sqrt{x_1^2 + x_2^2} \quad \text{mit bekannten } s_1, \ s_2,$$

dann folgt für das Schließmaß (y_0) und die Varianz $\left(s_0^2\right)$

Erwartungswert des Schließmaßes	Gesamtvarianz des Schließmaßes
$y_0 = \sqrt{\overline{x}_1^2 + \overline{x}_2^2} \quad \left[\begin{array}{l} y_0 \equiv \sqrt{u} \text{ oder } u^{\frac{1}{2}} \\ \text{mit } u = \overline{x}_1^2 + \overline{x}_2^2 \end{array} \right]$	$\begin{aligned} s_0^2 &= f'(\overline{x}_1)^2 \cdot s_1^2 + f'(\overline{x}_2)^2 \cdot s_2^2 \\ &= \frac{\overline{x}_1^2}{\overline{x}_1^2 + \overline{x}_2^2} s_1^2 + \frac{\overline{x}_2^2}{\overline{x}_1^2 + \overline{x}_2^2} s_2^2 \end{aligned}$

Die partiellen Ableitungen werden wie folgt gebildet:

$$f'(\overline{x}_1) = \frac{\partial y_0}{\partial \overline{x}_1} = \frac{\partial y_0}{\partial u} \cdot \frac{\partial u}{\partial \overline{x}_1} = \left(\frac{1}{2} u^{-\frac{1}{2}} \right) \cdot 2\overline{x}_1 = \frac{1}{2} \cdot \frac{2\overline{x}_1}{\sqrt{\overline{x}_1^2 + \overline{x}_2^2}} = \frac{\overline{x}_1}{\sqrt{\overline{x}_1^2 + \overline{x}_2^2}},$$

analog dazu gilt für

$$f'(\overline{x}_2) = \frac{\partial y_0}{\partial \overline{x}_2} = \frac{\overline{x}_2}{\sqrt{\overline{x}_1^2 + \overline{x}_2^2}}.$$

4.2.4.3 Elektrische Schaltung als Maßkette

In industriell hergestellten Messsystemen kommt beispielsweise die im *Bild 4.8* gezeigte Spannungsteilerschaltung mit einem Vorwiderstand vor. Von Interesse ist die Größe des Gesamtwiderstandes bei streuenden Einzelwiderständen.

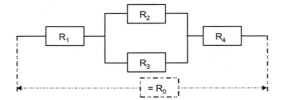

Bild 4.8: *Schaltung von Ohm'schen Widerständen*

Es wird angenommen, dass die Widerstände einer überwachten Großserie entstammen und die Werte über den Toleranzbereich normalverteilt sind. Die Fertigungsstreuung soll mit $\pm 3 \cdot s$ eingegrenzt werden.

Daraus folgt für die normalverteilte Standardabweichung

$$s_{R_i} = \frac{T_i}{6} \text{ mit } T_{R_i} = \sum \pm \Delta R_i \,.$$

Für die Widerstände ergeben sich damit die tabellierten Parameter:

	Nennwert/$[\Omega]$	Toleranz	$\Delta R / [\Omega]$	Standardabw. $s_R / [\Omega]$	Varianz $s_R^2 / [\Omega^2]$
R_1	270	±10 %	54	9,00	81,00
R_2	100	±5 %	10	1,67	2,78
R_3	150	±20 %	60	10,00	100,00
R_4	330	±5 %	33	5,50	30,25

Tabelle 4.4: *Datensatz der Widerstände*

Bei in Reihe geschalteten Widerständen wird der Gesamtwiderstand durch Addition der Einzelwiderstände ermittelt. *Bei parallel geschalteten Widerständen addieren sich die Leitwerte.* Der Leitwert ist der Kehrwert des Ohm'schen Widerstands. Daher ist der Gesamtwiderstand zweier parallel geschalteter Ohm'scher Widerstände der Kehrwert des Gesamtleitwerts. Somit wird R_0 berechnet zu

$$\begin{aligned} R_0 &= R_1 + \left(\frac{1}{R_2} + \frac{1}{R_3} \right)^{-1} + R_4 \\ &= R_1 + \frac{R_2 \cdot R_3}{R_2 + R_3} + R_4 \,. \end{aligned}$$

(4.16)

Für den mittleren Gesamtwiderstand $\overline{R}_0$ folgt:

$$\overline{R}_0 = \overline{R}_1 + \frac{\overline{R}_2 \cdot \overline{R}_3}{\overline{R}_2 + \overline{R}_3} + \overline{R}_4 = 270\ \Omega + \frac{100\ \Omega \cdot 150\ \Omega}{100\ \Omega + 150\ \Omega} + 330\ \Omega = 660\ \Omega.$$

Nun soll die Gesamtvarianz der Schaltung ermittelt werden. Nach dem Abweichungsfortpflanzungsgesetz gilt für die Varianz von nichtlinear verbundenen Fehlergrößen:

$$s_0^2(f(x)) = \sum_{i=1}^{n} \left(\frac{\partial f}{\partial x_i}\bigg|_{x=\overline{x}} \right)^2 \cdot s_i^2.$$

Übertragen auf die Varianz des Gesamtwiderstandes folgt daraus:

$$s_{\overline{R}_{ges}}^2 \approx \sum_{i=1}^{4} \left(\frac{\partial \overline{R}_{ges}}{\partial \overline{R}_i}\bigg|_{\overline{R}} \right)^2 \cdot s_{R_i}^2.$$

Nun müssen die Ableitungen nach den einzelnen Widerständen R_i bestimmt werden. Es gilt für R_1 und R_4 (hier gezeigt für R_1):

$$\frac{\partial \overline{R}_{ges}}{\partial \overline{R}_1} = \left(\frac{\partial \left(\overline{R}_1 + \frac{\overline{R}_2 \cdot \overline{R}_3}{\overline{R}_2 + \overline{R}_3} + \overline{R}_4 \right)}{\partial \overline{R}_1} \right) = \frac{\partial \overline{R}_1}{\partial \overline{R}_1} + \frac{\partial \frac{\overline{R}_2 \cdot \overline{R}_3}{\overline{R}_2 + \overline{R}_3}}{\partial \overline{R}_1} + \frac{\partial \overline{R}_4}{\partial \overline{R}_1} = 1 + 0 + 0.$$

Für R_2 und R_3 gilt (hier explizit gezeigt für R_2):

$$\frac{\partial \overline{R}_{ges}}{\partial \overline{R}_2} = \left(\frac{\partial \left(\overline{R}_1 + \frac{\overline{R}_2 \cdot \overline{R}_3}{\overline{R}_2 + \overline{R}_3} + \overline{R}_4 \right)}{\partial \overline{R}_2} \right) = \frac{\partial \overline{R}_1}{\partial \overline{R}_2} + \frac{\partial \frac{\overline{R}_2 \cdot \overline{R}_3}{\overline{R}_2 + \overline{R}_3}}{\partial \overline{R}_2} + \frac{\partial \overline{R}_4}{\partial \overline{R}_2} = 0 + \frac{\overline{R}_3^2}{\left(\overline{R}_2 + \overline{R}_3 \right)^2} + 0$$

Anmerkungen zur Mathematik:

Hier wurden die folgenden Ableitungsregeln angewandt:

Ableitung einer Konstanten k: $f(x) = k \Rightarrow f'(x) = 0$ \qquad Ableitung: $f(x) = x \Rightarrow f'(x) = 1$

Kettenregel: $\qquad f(x) = \frac{u}{v} \Rightarrow f'(x) = \frac{u' \cdot v - u \cdot v'}{v^2}$

---

analog dazu gilt für

$$\frac{\partial \overline{R}_{ges}}{\partial \overline{R}_3} = 0 + \frac{\overline{R}_3{}^2}{\left(\overline{R}_2 + \overline{R}_3\right)^2} + 0.$$

Wie zuvor herausgestellt, müssen im Abweichungsfortpflanzungsgesetz die Widerstände am Nennwert berücksichtigt werden:

$$s_{\overline{R}_{ges}}{}^2 \approx 1^2 \cdot s_{R_1}{}^2 + \left(\frac{\overline{R}_3{}^2}{\left(\overline{R}_2 + \overline{R}_3\right)^2}\right)^2 \cdot s_{R_2}{}^2 + \left(\frac{\overline{R}_2{}^2}{\left(\overline{R}_2 + \overline{R}_3\right)^2}\right)^2 \cdot s_{R_3}{}^2 + 1^2 \cdot s_{R_4}{}^2$$

$$\approx 81\,\Omega^2 + \left(\frac{(150\,\Omega)^2}{(150\,\Omega + 100\,\Omega)^2}\right)^2 \cdot 2{,}78\,\Omega^2 + \left(\frac{(100\,\Omega)^2}{(150\,\Omega + 100\,\Omega)^2}\right)^2 \cdot 100\,\Omega^2 + 30{,}25\,\Omega^2$$

$$\approx 81\,\Omega^2 + 0{,}130 \cdot 2{,}78\,\Omega^2 + 0{,}026 \cdot 100\,\Omega^2 + 30{,}25\,\Omega^2$$

$$\approx 114{,}17\,\Omega^2.$$

Daraus ergibt sich für die Standardabweichung des Gesamtwiderstandes

$$s_{\overline{R}_{ges}} \approx 10{,}68\,\Omega.$$

Das heißt, bei dieser Schaltung ist in 68,27 % aller Fälle mit Widerstandsschwankungen in der Größe von

$$R_{ges} = \overline{R}_0 \pm 1 \cdot s_{R_{ges}} = 660\,\Omega \pm 10{,}68\,\Omega$$

zu rechnen.

Andere Streubereiche können einfach über die Spannweite der standardisierten Normalverteilung bestimmt werden, so wie vorher schon mehrfach gezeigt wurde.

Anmerkung zur Ableitung der Funktion:

$$f = \frac{R_2 \cdot R_3}{R_2 + R_3} = \frac{u}{v} \quad \text{mit } f' = \frac{\partial(f)}{\partial R_2} \text{ als Beispiel}$$

$$f' = \frac{u' \cdot v - v' \cdot u}{v^2} = \frac{R_3 \cdot (R_2 + R_3) - R_2 \cdot R_3 \cdot 1}{(R_2 + R_3)^2} = \frac{R_2 \cdot R_3 + R_3{}^2 - R_2 \cdot R_3}{(R_2 + R_3)^2} = \frac{R_3{}^2}{(R_2 + R_3)^2}$$

4.2.5 Zentraler Grenzwertsatz

Für beliebige Zufallsvariablen gilt nach Gauß[*]:

> Werden n unabhängige Werte x_i aus *derselben Grundgesamtheit* oder aus *verschiedenen Grundgesamtheiten* zusammengefasst, so ist die Summe *normalverteilt* auch dann, wenn die einzelnen Grundgesamtheiten nicht normalverteilt sind.

Dies tritt ab *drei* Werte schwach und ab *vier* Werte sicher ein, welches sich über die Faltung von Verteilungen exakt beweisen lässt.

4.2.5.1 Nachweis des zentralen Grenzwertsatzes

Als Beispiel für die Verknüpfung mehrerer Werte diene hier vereinfacht die Verteilung von Ergebnissen beim Würfelexperiment:

Beim Würfeln mit einem Würfel erhält man bekanntlich eine Rechteckverteilung, d. h., alle Ereignisse (die Zahlen 1-6) sind gleich wahrscheinlich. Beim Würfeln mit zwei Würfeln sind aber nicht alle Ereignisse gleich wahrscheinlich, man erhält eine Dreiecksverteilung.

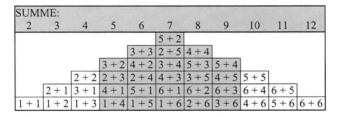

SUMME:										
2	3	4	5	6	7	8	9	10	11	12
					5+2					
				3+3	2+5	4+4				
			3+2	4+2	3+4	5+3	5+4			
		2+2	2+3	2+4	4+3	3+5	4+5	5+5		
	2+1	3+1	4+1	5+1	6+1	6+2	6+3	6+4	6+5	
1+1	1+2	1+3	1+4	1+5	1+6	2+6	3+6	4+6	5+6	6+6

Tabelle 4.5: Ergebnismöglichkeiten mit zwei Würfeln

Bereits bei drei Würfeln stellt sich die Form einer Glockenkurve und ab vier Würfeln eine gute ausgeprägte Normalverteilung ein.

4.2.5.2 Beispiel für die Verknüpfung mehrerer Maße

Nun soll eine Kombination aus vier „rechteckverteilten Maßen" betrachtet werden. Dieser Fall zeigt, dass bei der Verknüpfung von gleich oder mehr als vier unterschiedlich verteilten Maßen die Verteilung des Schließmaßes tatsächlich einer Normalverteilung entspricht.

Als Beispiel dienen hier Distanzscheiben mit dem Breitenmaß b = 2±0,05 mm zur Einstellung eines Anschlags. Da die Fertigung dieser Scheiben unter Inkaufnahme von Werkzeugverschleiß geschieht, sind die Maße der Distanzscheiben *rechteckverteilt* anzunehmen. Der Anschlag soll nun auf b_{ges} = 8 mm eingestellt werden. Dazu benötigt man vier Distanzscheiben hintereinander.

---

[*] Anmerkung: Für die Toleranzsimulation ist dies eine wichtige Erkenntnis, da man für die Schließmaßbildung eine „Normalverteilung annahmen kann.

In der Tabelle ist die Verteilung der Maße für den Anschlag b_{ges} aufgestellt worden, die wiederum aus vier Serien mit rechteckverteilten Maßen vom Umfang elf Werte aus dem Toleranzraum generiert wurden.

Wert Nr.	Serie 1	Serie 2	Serie 3	Serie 4
1	1,95	1,95	1,95	1,95
2	1,96	1,96	1,96	1,96
3	1,97	1,97	1,97	1,97
4	1,98	1,98	1,98	1,98
5	1,99	1,99	1,99	1,99
6	2,00	2,00	2,00	2,00
7	2,01	2,01	2,01	2,01
8	2,02	2,02	2,02	2,02
9	2,03	2,03	2,03	2,03
10	2,04	2,04	2,04	2,04
11	2,05	2,05	2,05	2,05

Tabelle 4.6: Vier systematisierte rechteckverteilte Bauteile bzw. Serien

Aus diesen Serien werden mittels einer Tabellenkalkulation zweihundert zufällige Kombinationen aus den Serien 1 bis 4 erzeugt. Der folgende Verlauf im *Bild 4.9* zeigt die Verteilung dieser Werte.

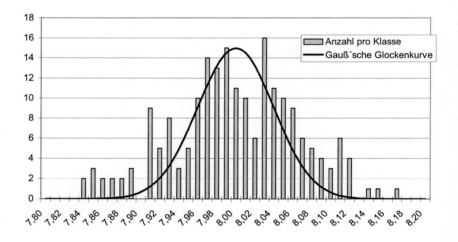

Bild 4.9: Häufigkeitsverteilung der Messwerte bei der Montagesimulation

Mit der Höhe der Balkenpiks sind die Häufigkeiten des sich einstellenden Abstandsmaßes aufgetragen. Die in das Diagramm eingefügte Gauß'sche Normalverteilung hat die Parameter:

Mittelwert: $\bar{x}_0 = 8,00$ mm, Standardabweichung: $s_0 = 0,04$, Varianz: $s_0^2 = 0,0016$.

4.3 Die Faltung

Durch die mathematische Operation der Faltung ist es möglich, die Verteilungskurve von mehreren miteinander verknüpften aber voneinander unabhängigen Einzelmaßen zu ermitteln. Demnach beinhaltet die Faltung die Addition zweier oder mehrerer Verteilungsfunktionen. Dies geschieht durch die Kombination eines jeden Punktes des ersten Toleranzfeldes mit allen Punkten der übrigen Toleranzfelder unter Berücksichtigung der an den entsprechenden Punkten vorliegenden Häufigkeit. Die Verteilungsfunktionen können dabei unterschiedliche Formen aufweisen, d. h., eine Dreiecksverteilung kann beispielsweise mit einer Rechteckverteilung gefaltet werden. Das Ergebnis einer solchen Faltoperation bezeichnet man als Faltprodukt. Es stellt die Wahrscheinlichkeitsverteilung der Überlagerung dar.

Für zwei diskrete Verteilungen F_1 und F_2 ergibt sich folgendes Faltprodukt:

$$F(x) = \sum_{i=-\infty}^{\infty} F_1(i) \cdot F_2(x-i). \qquad (4.17)$$

Somit ist die diskrete Verteilung der Summe bekannt.

Für stetige Verteilungen wird die Verteilungsdichte $F(x)$ aus den Verteilungen der Summanden $F_1(x)$ und $F_2(x)$ gebildet:

$$F(x) = \int_{y=-\infty}^{\infty} F_1(x-y) \cdot F_2(y) \, dy. \qquad (4.18)$$

Soll aus n Einzelverteilungen die Verteilungsfunktion gebildet werden, so muss über (n-1) Parameter integriert bzw. summiert werden, sodass sich in der Ausführung dieser Rechnung praktisch ein iteratives Verfahren ergibt:

$$F(x)_{ges} = \{[(F_1(x) * F_2(x)) * F_3(x)] * F_4(x)\} * \dots \quad \text{mit} \quad *: \text{ Faltoperation} \qquad (4.19)$$

Obige Gleichung ist unter der Berücksichtigung des Kommutativ- und des Assoziativ-Gesetzes anzuwenden:

$$F_1(x) * F_2(x) = F_2(x) * F_1(x) \qquad \text{Kommutativgesetz}$$

$$[F_1(x) * F_2(x)] * F_3(x) = F_1(x) * [F_2(x) * F_3(x)] \qquad \text{Assoziativgesetz}$$

Der Mittelwert μ eines Faltproduktes setzt sich linear aus den Mittelwerten der Ausgleichsverteilungen nach Gl. (4.12) zusammen:

$$\overline{x}_{ges} = \sum_{i=1}^{n} \overline{x}_i .$$

Die Faltoperationen beschränken sich nicht nur auf die Faltung von Wahrscheinlichkeitsverteilungen, sondern es ist auch möglich, Häufigkeitsverteilungen zu falten.

Nachfolgend sind einige typische Verteilungen charakterisiert. Man erkennt, dass

- die Faltung zweier Rechteckverteilungen mit gleichen Spannweiten eine Dreiecksverteilung ergibt;
- die Faltung zweier Rechteckverteilungen mit unterschiedlichen Spannweiten eine Trapezverteilung ergibt;
- die Faltung einer Rechteck- mit einer Dreiecksverteilung und die Faltung zweier Dreiecksverteilungen ergeben eine Glockenkurve1;
- die Faltung zweier Dreiecksverteilungen ergibt ebenfalls eine Glockenkurve

und

- die Faltung zweier Normalverteilungen ergibt wieder eine Normalverteilung.

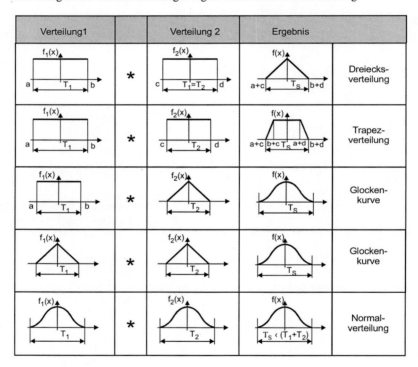

Tabelle 4.7: Verschiedene Verteilungen und deren Faltprodukte (siehe auch Seite 20)

Als Ergebnis der Kombination der Normalverteilung mit einer anderen Verteilung kann ebenfalls eine Normalverteilung angenommen werden.

---

[1] Anmerkung: Eine Glockenkurve wird mathematisch wie eine Normalverteilung behandelt.

5 Analyse von Grundproblemen bei der Maßketten-Verknüpfung

In den nachfolgenden Beispielen sollen verschiedene Montageprobleme nachgebildet und dabei das Potenzial der *Statistischen Tolerierung* offen gelegt werden. Ziel der Beispiele ist es auch, exemplarisch zu zeigen, wie mit bestimmten Problemsituationen umzugehen ist.

Für die Diskussion wurde eine „Bauklötzchen-Methode" gewählt, die den Blick auf das Wesentliche lenken soll. In realen technischen Zeichnungen oder Fertigungssituationen kommen die gezeigten Fälle tatsächlich sehr häufig vor. Mit den Beispielen soll exemplarisch auch die Behandlung von Passungsspiel sowie Form- und Lagetoleranzen gezeigt werden. Zusätzlich wurde der Sonderfall „theoretisch genaue Maße" (nach ISO 1101:TED) aufgenommen.

Tolerierungsbeispiele:

- Symbolische Montage mit rechteckig verteilten Sollmaßen
- Symbolische Montage mit dreieckig verteilten Sollmaßen
- Symbolische Montage mit normal- und dreieckig verteilten Sollmaßen
- Symbolische Montage mit normalverteilten Sollmaßen
- Exemplarische Toleranzsynthese mit Bauteilfestlegung
- Symbolische Montage normalverteilter Sollmaße mit Spiel
- Symbolische Montage von Sollmaßen mit Form- und Lagetoleranz
- Symbolische Maßabstimmung in einer Baugruppe

Bei den durchgerechneten Beispielen wird mit einem Streubereich von $\pm 3 \cdot s$ (entspricht 99,73 % Gutteile bzw. 2.700 ppm) bei den Einzelteiltoleranzen und auch bei der Schließmaßtoleranz gearbeitet. In der Mathematik bezeichnet man dies als den „natürlichen Streubereich". Mit diesem Streubereich korrespondiert der Prozessfähigkeitsindex $C_{pk} = 1,0$, der wiederum als untere Grenze der Prozessfähigkeit angesehen wird.

Der Prozessfähigkeitsindex[1] lässt sich durch Veränderung des Streubereichs nach Vorgabe des Qualitätsziels beeinflussen. Im *Six-Sigma-Engineering* strebt man im übertragenen Sinne $\pm 6 \cdot s$ bei der Schließmaßtoleranz an. Dies bedingt eine Fehlerrate (Teil passt/passt nicht) von 6,8 Fällen pro Lose von 1 Million Teilen. Hierin ist eine Mittelwertwanderung von $1,5 \cdot s$ eingearbeitet, die in Großserienfertigung durch systematische Effekte eintreten kann. Damit bezieht sich die Forderung letztlich auf $\pm 4,5 \cdot s$. In der Praxis ist belegt, dass eine derartige Fehlerrate eingehalten werden kann.

Die statistische Tolerierung ist in diesem Umfeld ein effektives Mittel, diese Zielsetzung durch Abstimmung der Einzelteile zu erreichen. Hierfür stehen auch die nachfolgenden Beispiele.

---

[1] Anmerkung: $\pm 3 \cdot s$ entspricht $C_{pk} = 1,0$

$\pm 4 \cdot s$ entspricht $C_{pk} = 1,33$

$\pm 5 \cdot s$ entspricht $C_{pk} = 1,67$

$\pm 6 \cdot s$ entspricht $C_{pk} = 2,0$

5.1 Symbolische Montage von rechteckig verteilten Sollmaßen

Gewöhnlich werden bei einer Einzelteilfertigung die Maße rechteckvereilt angenommen. Die Ergebnisverteilung von zwei beliebigen Rechteckverteilungen ist eine Trapezverteilung.

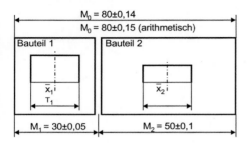

Bild 5.1: *Rechteckverteilte Istmaße*

5.1.1 Tolerierungsparameter

Die dargestellten Bauteile weisen die folgenden Fertigungsgrößen auf:

Nennmaße: $N_1 = 30$ mm, $N_2 = 50$ mm
Größe der Toleranzfelder: $T_1 = 0,1$ mm, $T_1 = 0,2$ mm
Erwartungswerte[1]: $\overline{x}_1 = 30$ mm, $\overline{x}_2 = 50$ mm

5.1.2 Tabellarische Ergebnisübersicht

Bezeichnung	Formel-zeichen	Formel	Ergebnis	Bemerkung
Nennschließmaß	N_0	$N_0 = N_1 + N_2$	80 mm	
Arithmetische Toleranz	T_A	$T_A = \sum_{i=1}^{n} T_i = T_1 + T_2$	$0,3 = \pm0,15$ mm	
Erwartungswert	$\overline{x}_0$	$\overline{x}_0 = \overline{x}_1 + \overline{x}_2$	80 mm	$\hat{=} N_0$
Fertigungsstreuung	s_0	$s_i = T_i / \sqrt{12}$ $s_0 = \sqrt{\dfrac{5 \cdot T^2}{108}}$	$s_1 = 0,02887$ mm $s_2 = 0,05774$ mm $s_0 = 0,06454$ mm	$s_{1/2}$: Rechteck-verteilung s_0: Trapez-verteilung 2
Statistische Toleranz	T_S		$0,2853$ mm $= \pm0,14$ mm	
Statistisch toleriertes Schließmaß	M_0	$M_0 = \overline{x}_0 \pm (T_s / 2)$	$80 \pm 0,14$ mm	

Tabelle 5.1: *Verknüpfung zweier rechteckverteilter Bauteile*

---

[1] Anmerkung: Falls keine symmetrischen Abmaße vorliegen, sind die $\overline{x}_i$ als Mittenwerte C_i zu bilden.

5.1.3 Toleranzanalyse

a) Arithmetische Toleranzrechnung

Bestimmung des Nennschließmaßes

$$N_0 = N_1 + N_2 = 30 \text{ mm} + 50 \text{ mm} = 80 \text{ mm}$$

Bestimmung der arithmetischen Schließmaßtoleranz

$$T_A = \sum_{i=1}^{n} T_i = T_1 + T_2 = \pm(0,05 \text{ mm} + 0,1 \text{ mm}) = \pm 0,15 \text{ mm}$$

b) Statistische Toleranzrechnung

Bestimmung des Verteilungsmittelwertes des Schließmaßes

$$\bar{x}_0 = \bar{x}_1 + \bar{x}_2 = 30 \text{ mm} + 50 \text{ mm} = 80 \text{ mm}$$

Hierbei ist angenommen, dass man in der Fertigung immer Mitte Toleranz anstrebt. Der Verteilungsmittelwert ist insofern der *Erwartungswert* des Schließmaßes.

c) Verteilungen

Eine *Rechteckverteilung* drückt aus, dass jedes Maß mit der gleichen Wahrscheinlichkeit im Toleranzraum vorkommt. In der herkömmlichen arithmetischen Toleranzrechnung stellt dies der so genannte „worst case" (der insgesamt „ungünstigste Fall") dar. Das Ergebnis der Faltung von zwei *Rechteckverteilungen* mit ungleichen Spannweiten ist bekanntlich eine *Trapezverteilung*.

Die Auswertung über das Faltprodukt würde bei nur zwei Maßen das identische Ergebnis wie die reine Toleranzaddition zeigen. Hier soll aber nach Möglichkeit ein statistischer Vorteil ausgenutzt werden, und zwar derart, dass die Spannweite des Trapezes nur zu 99,73 % ausgenutzt wird. Dies ist etwa gleichbedeutend wie $\pm 3 \cdot s$ bei einer Normalverteilung.

Umseitig ist der durchzuführende Faltprozess sichtbar gemacht worden. Zweckmäßig ist es, mit variablen Toleranzgrenzen (a, b; c, d) zu operieren und diese dann zu spezialisieren. Hierbei ist es ausreichend, nur mit den absoluten Toleranzgrenzfeldern (z. B. a = 0, b = T) zu kalkulieren, wodurch die Rechnung vereinfacht wird. Innerhalb der Trapezspannweite kann dann die statistische Toleranz abgesteckt werden.

Bei einer Maßkette aus vielen Einzelmaßen lässt sich jedoch auch mit der insgesamt ungünstigen Rechteckverteilung ein kleiner fertigungstechnischer Vorteil herausholen.

d) Toleranzfelder und Faltung

Die bauteilspezifischen Toleranzfelder sind mit ihren Wahrscheinlichkeitsdichten dargestellt.

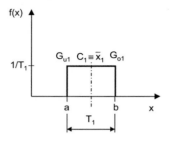 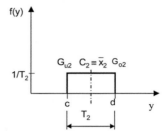

Bild 5.2: *Die zwei Rechteckverteilungen der Bauteile*

Zur Berechnung des resultierenden Toleranzfeldes müssen die beiden vorstehenden Rechteckverteilungen überlagert werden. Dies geschieht durch eine so genannte Faltoperation:

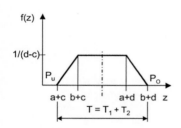

$$Z = X * Y \tag{5.1}$$

Um die weitere Rechnung zu vereinfachen, kann hier gesetzt werden:

$$C_1 = (a + b) \cdot 0{,}5, \qquad C_2 = (c + d) \cdot 0{,}5$$
$$a = 0,\ b = 0{,}1, \qquad c = 0,\ d = 0{,}2.$$

Bild 5.3: *Faltergebnis der beiden Rechteckverteilungen*

Die Summenfunktion für den Bereich $(a + c) \le z_s \le (b + c)$ ist anzusetzen als

$$F(z) = \frac{0{,}0027}{2} = \frac{1}{(b-a)(d-c)}\left[\left(\frac{z_s^2}{2} - \frac{(a+c)^2}{2}\right) - (c \cdot z_s - c(a+c)) - (a \cdot z_s - a(a+c))\right].\tag{5.2}$$

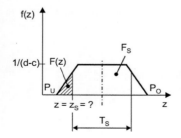

Anmerkung:
$F_T = 100\ \%$ (Fläche unterhalb des Trapezes)
$F(z) = 0{,}135\ \%$ (einseitige Fehlerfläche)
$F_s = 100\ \% - 2 \cdot 0{,}135\ \% = 99{,}73\ \%$

Bild 5.4: *Intervalldarstellung der Flächenanteile*

Der Vorteil besteht nun darin, dass über z_s ein Mittelbereich F_s ausgewiesen ist, in dem in 99,73 % aller Fälle die Schließmaße liegen werden.

Für das eingegrenzte Intervall $(a + c) \leq z_s \leq (b + c)$ gilt somit mit den speziellen Werten:

$$F(z) = 0,00135 = \frac{1}{b \cdot d} \frac{\left(z_s^2\right)}{2} = \frac{z_s^2}{2\,b \cdot d}. \tag{5.3}$$

Daraus folgt:

$$z_s = \sqrt{2F(z) \cdot b \cdot d} = \sqrt{2 \cdot 0,00135 \cdot 0,1\ \text{mm} \cdot 0,2\ \text{mm}} = 0,0073485\ \text{mm} \tag{5.4}$$

und die statistische Toleranz

$$T_S = T - 2 \cdot z_s = 0,3\ \text{mm} - 2 \cdot 0,0073485\ \text{mm} = 0,2853\ \text{mm}.$$

e) Statistisch toleriertes Schließmaß

Aus vorhergehender Rechnung bestimmt sich

$$M_0 = \bar{x}_0 \pm \frac{T_S}{2} = 80\ \text{mm} \pm 0,14\ \text{mm}$$

gegenüber dem ermittelten arithmetischen Schließmaß

$$M_0 = N_0 \pm \frac{T_A}{2} = 80\ \text{mm} \pm 0,15\ \text{mm}.$$

Ein nahe liegender Schluss wäre, aus dieser geringen Differenz auf einen nur kleinen Vorteil durch die Statistische Tolerierung zu schließen. Wie zuvor schon ausgeführt wurde, werden größere Effekte aber erst sichtbar bei einer Vielzahl von Maßen oder bei Zugrundelegung von Normalverteilungen, wie die weiteren Beispiele zeigen sollen.

5.2 Symbolische Montage von dreieckig verteilten Sollmaßen

Dreiecksverteilungen dienen der Simulation von Kleinserien. Die Ergebnisverteilung von zwei beliebigen Dreiecksverteilungen ist näherungsweise eine Normalverteilung.

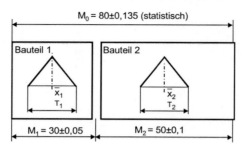

Bild 5.5: *Dreieckig verteilt anfallende Istmaße*

5.2.1 Tolerierungsparameter

Nennmaße: $N_1 = 30$ mm, $N_2 = 50$ mm
Größe der Toleranzfelder: $T_1 = 0,1$ mm, $T_2 = 0,2$ mm
Erwartungswerte: $\bar{x}_1 = 30$ mm, $\bar{x}_2 = 50$ mm

5.2.2 Tabellarische Ergebnisübersicht

Bezeichnung	Formel-zeichen	Formel	Ergebnis	Bemerkung
Nennschließmaß	N_0	$N_0 = N_1 + N_2$	80 mm	
Arithmetische Toleranz	T_A	$T_A = \sum_{i=1}^{n} T_i = T_1 + T_2$	0,3/±0,15 mm	
Erwartungswert	$\bar{x}_0$	$\bar{x}_0 = \bar{x}_1 + \bar{x}_2$	80 mm	
Fertigungsstreuung	s_0	$s_i = T_i/(2\sqrt{6})$ $s_0 = \sqrt{\sum_{i=1}^{2} s_i^2}$	$s_1 = 0,02041$ mm $s_2 = 0,04082$ mm $s_0 = 0,0456$ mm	$s_{1/2}$: Dreiecks-verteilung s_0: Normal-verteilung
Statistische Toleranz	T_S	$T_S = 6 \cdot s_0$	0,2736 mm = ±0,135 mm	für $\pm 3 \cdot s$
Statistisch toleriertes Schließmaß	M_0	$M_0 = \bar{x}_0 \pm (T_S/2)$	80 ± 0,135 mm	

Tabelle 5.2: *Verknüpfung zweier dreieckig verteilter Bauteile*

5.2.3 Toleranzanalyse

a) Arithmetische Toleranzrechnung

Bestimmung des Nennschließmaßes

$$N_0 = N_1 + N_2 = 30 \text{ mm} + 50 \text{ mm} = 80 \text{ mm}$$

Bestimmung der arithmetischen Schließmaßtoleranz

$$T_A = \sum_{i=1}^{n} T_i = T_1 + T_2 = \pm(0,05 \text{ mm} + 0,1 \text{ mm}) = \pm 0,15 \text{ mm}$$

b) Statistischer Mittelwert

Bestimmung des Erwartungswertes bzw. Schließmaßes

$$\overline{x}_0 = \overline{x}_1 + \overline{x}_2 = 30 \text{ mm} + 50 \text{ mm} = 80 \text{ mm}$$

c) Statistische Toleranzrechnung

Für die zwei Dreiecksverteilungen gilt:

$$s_1 = \frac{T_1}{2\sqrt{6}} = \frac{0,1 \text{ mm}}{2\sqrt{6}} = 0,02041 \text{ mm}, \quad s_2 = \frac{T_2}{2\sqrt{6}} = \frac{0,2 \text{ mm}}{2\sqrt{6}} = 0,04082 \text{ mm}.$$

Nach dem Abweichungsfortpflanzungsgesetz bildet sich eine angenäherte Normalverteilung aus

$$s_0 = \sqrt{\sum_{i=1}^{2} s_i^2} = \sqrt{(0,02041 \text{ mm})^2 + (0,04082 \text{ mm})^2} = 0,0456 \text{ mm}.$$

d) Statistische Toleranz

Für die Streuweite der Schließmaßtoleranz soll hier $\pm 3 \cdot s_0$ angesetzt werden. Damit ergibt sich die statistische Toleranz zu

$$T_S = 6 \cdot s_0 = 6 \cdot 0,0456 \text{ mm} = 0,2736 \text{ mm}.$$

e) Statistisch toleriertes Schließmaß

$$M_0 = \overline{x}_0 \pm \frac{T_S}{2} = 80 \text{ mm} \pm 0,135 \text{ mm}$$

5.3 Symbolische Montage von normal- und dreieckig verteilten Sollmaßen

In der Praxis kommt oft die Montage von in Eigenfertigung hergestellten Kleinserienteilen mit Großserienteilen (z. B. Normteile) vor. Die Überlagerung führt im Ergebnis zu einer Normalverteilung.

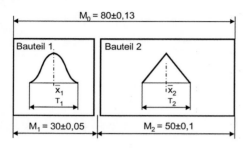

Bild 5.6: *Normal- und dreieckig verteilte Istmaße*

5.3.1 Tolerierungsparameter

Nennmaße: $\quad N_1 = 30 \text{ mm}, \ N_2 = 50 \text{ mm}$
Größe der Toleranzfelder: $\quad T_1 = 0{,}1 \text{ mm}, \ T_2 = 0{,}2 \text{ mm}$
Erwartungswerte: $\quad \bar{x}_1 = 30 \text{ mm}, \ \bar{x}_2 = 50 \text{ mm}$

5.3.2 Tabellarische Ergebnisübersicht

Bezeichnung	Formel-zeichen	Formel	Ergebnis	Bemerkung
Nennschließmaß	N_0	$N_0 = N_1 + N_2$	80 mm	
Arithmetische Toleranz	T_A	$T_A = \sum_{i=1}^{n} T_i = T_1 + T_2$	±0,15 mm	
Erwartungswert	$\bar{x}_0$	$\bar{x}_0 = \bar{x}_1 + \bar{x}_2$	80 mm	
Fertigungsstreuung	s_0	$s_1 = T_1 / 6$ $s_2 = T_2/(2\sqrt{6})$ $s_0 = \sqrt{\sum_{i=1}^{2} s_i^2}$	$s_1 = 0{,}01667$ mm $s_2 = 0{,}04082$ mm $s_0 = 0{,}04409$ mm	$s_{1/2}$: Normal- und Dreiecks-verteilung s_0: Normal-verteilung
Statistische Toleranz	T_S	$T_S = 6 \cdot s_0$	0,2645 mm = ±0,13 mm	für $\pm 3 \cdot s$
Statistisch toleriertes Schließmaß	M_0	$M_0 = \bar{x}_0 \pm (T_S/2)$	80 ± 0,13 mm	

Tabelle 5.3: *Verknüpfung eines normal- und eines dreiecksverteilten Bauteils*

5.3.3 Toleranzanalyse

a) Arithmetische Toleranzrechnung

Bestimmung des Nennschließmaßes

$$N_0 = N_1 + N_2 = 30 \text{ mm} + 50 \text{ mm} = 80 \text{ mm}$$

Bestimmung der arithmetischen Schließmaßtoleranz

$$T_A = \sum_{i=1}^{n} T_i = T_1 + T_2 = \pm(0,05 \text{ mm} + 0,1 \text{ mm}) = \pm 0,15 \text{ mm}$$

b) Statistischer Mittelwert

Bestimmung des Erwartungswertes

$$\overline{x}_0 = \overline{x}_1 + \overline{x}_2 = 30 \text{ mm} + 50 \text{ mm} = 80 \text{ mm}$$

c) Statistische Toleranzrechnung

Für die Normalverteilung und die Dreiecksverteilung gilt:

$$s_1 = \frac{T_1}{6} = \frac{0,1 \text{ mm}}{6} = 0,01667 \text{ mm},$$

$$s_2 = \frac{T_2}{2\sqrt{6}} = \frac{0,2 \text{ mm}}{2\sqrt{6}} = 0,04082 \text{ mm}.$$

Als Ergebnis kann eine Normalverteilung angenommen werden:

$$s_0 = \sqrt{\sum_{i=1}^{2} s_i^2} = \sqrt{(0,01667 \text{ mm})^2 + (0,04082 \text{ mm})^2} = 0,04409 \text{ mm}.$$

d) Statistische Toleranz

Unter Annahme von $\pm 3 \cdot s_0$ ist anzusetzen:

$$T_S = 6 \cdot s_0 = 6 \cdot 0,04409 \text{ mm} = 0,2645 \text{ mm}.$$

e) Statistisch toleriertes Schließmaß

$$M_0 = \overline{x}_0 \pm \frac{T_S}{2} = 80 \text{ mm} \pm 0,13 \text{ mm}$$

5.4 Symbolische Montage von normalverteilten Sollmaßen

Die Montage von zwei normalverteilten Großserienbauteilen führt im Ergebnis wieder zu einer Normalverteilung.

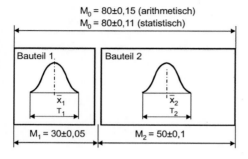

$M_0 = 80 \pm 0{,}15$ (arithmetisch)
$M_0 = 80 \pm 0{,}11$ (statistisch)

Bild 5.7: *Normalverteilt anfallende Ist-maße*

5.4.1 Tolerierungsparameter

Nennmaße:	$N_1 = 30$ mm, $N_2 = 50$ mm
Größe der Toleranzfelder:	$T_1 = 0{,}1$ mm, $T_2 = 0{,}2$ mm
Erwartungswerte:	$\bar{x}_1 = 30$ mm, $\bar{x}_2 = 50$ mm

5.4.2 Tabellarische Ergebnisübersicht

Bezeichnung	Formel-zeichen	Formel	Ergebnis	Bemerkung
Nennschließmaß	N_0	$N_0 = N_1 + N_2$	80 mm	
Arithmetische Toleranz	T_A	$T_A = \sum_{i=1}^{n} T_i = T_1 + T_2$	$\pm 0{,}15$ mm	
Erwartungswert	$\bar{x}_0$	$\bar{x}_0 = \bar{x}_1 + \bar{x}_2$	80 mm	
Fertigungsstreuung	s_0	$s_i = T_i/6$ $s_0 = \sqrt{\sum_{i=1}^{2} s_i^2}$	$s_1 = 0{,}01667$ mm $s_2 = 0{,}0333$ mm $s_0 = 0{,}0373$ mm	$s_{1/2}$: Normal-verteilungen s_0 : Normal-verteilung
Statistische Toleranz	T_S	$T_S = T_q = 6 \cdot s_0$	0,2238 mm $= \pm 0{,}11$ mm	für $\pm 3 \cdot s$
Statistisch toleriertes Schließmaß	M_0	$M_0 = \bar{x}_0 \pm (T_S/2)$	$80 \pm 0{,}11$ mm	

Tabelle 5.4: *Verknüpfung zweier normalverteilter Bauteile*

5.4.3 Toleranzanalyse

a) Arithmetische Toleranzrechnung

Bestimmung des so genannten Nennschließmaßes und der arithmetischen Toleranz

$$N_0 = N_1 + N_2 = 30 \text{ mm} + 50 \text{ mm} = 80 \text{ mm}$$

$$T_A = \sum_{i=1}^{n} T_i = T_1 + T_2 = \pm(0,05 \text{ mm} + 0,1 \text{ mm}) = \pm 0,15 \text{ mm}$$

b) Statistischer Mittelwert

Der statistische Mittelwert entspricht dem Erwartungswert (= häufigsten Wert)

$$\bar{x}_0 = \bar{x}_1 + \bar{x}_2 = 30 \text{ mm} + 50 \text{ mm} = 80 \text{ mm}$$

c) Statistische Toleranzrechnung

Für die beiden Normalverteilungen ist bei $C_{pk} = 1,0$ ($\hat{=} 2.700$ ppm) anzusetzen:

$$s_1 = \frac{T_1}{6} = \frac{0,1 \text{ mm}}{6} = 0,01667 \text{ mm}, \quad s_2 = \frac{T_2}{6} = \frac{0,2 \text{ mm}}{6} = 0,0333 \text{ mm}.$$

Die Gesamtstreuung kann hier wieder über das Abweichungsfortpflanzungsgesetz bestimmt werden:

$$s_0 = \sqrt{\sum_{i=1}^{2} s_i^2} = \sqrt{(0,01667 \text{ mm})^2 + (0,0333 \text{ mm})^2} = 0,0373 \text{ mm}.$$

d) Statistische Toleranz bzw. Größe des Toleranzfeldes

$$T_S = 3 \cdot u_0 \cdot s_0 = 6 \cdot s_0 = 6 \cdot 0,0373 \text{ mm} = 0,2238 \text{ mm}$$

e) Statistisch toleriertes Schließmaß

$$M_0 = \bar{x}_0 \pm \frac{T_S}{2} = 80 \text{ mm} \pm 0,11 \text{ mm}$$

Interpretation: Obwohl für die beiden Einzelteile 2.700 ppm vereinbart wurde, liegt das Schließmaß mit 99,68 % innerhalb von T_S (weil $u_0 = 0,11/0,0373 = 2,95$ ist), d. h. nur 0,32 % der Montageeinheiten überschreiten T_S.

5.5 Symbolische Montage von normalverteilten Sollmaßen

Als Ergebnis von vier normalverteilten Großserienteilen kann für das Schließmaß (M_0) eine sehr gut ausgeprägte Normalverteilung erwartet werden.

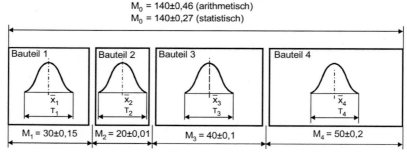

$$M_0 = 140 \pm 0,46 \text{ (arithmetisch)}$$
$$M_0 = 140 \pm 0,27 \text{ (statistisch)}$$

Bild 5.8: *Vier normalverteilte Serienbauteile*

5.5.1 Tolerierungsparameter

Nennmaße: $N_1 = 30$ mm, $N_2 = 20$ mm, $N_3 = 40$ mm, $N_4 = 50$ mm

Toleranzfelder: $T_1 = 0,3$ mm, $T_2 = 0,02$ mm, $T_3 = 0,2$ mm, $T_4 = 0,4$ mm

Erwartungswerte: $\bar{x}_1 = 30$ mm, $\bar{x}_2 = 20$ mm, $\bar{x}_3 = 40$ mm, $\bar{x}_4 = 50$ mm

5.5.2 Tabellarische Ergebnisübersicht

Bezeichnung	Formelzeichen	Formel	Ergebnis	Bemerkung
Nennschließmaß	N_0	$N_0 = \sum\limits_{i=1}^{n} N_i$	140 mm	
Arithmetische Toleranz	T_A	$T_A = \sum\limits_{i=1}^{n} T_i$	$\pm 0,46$ mm	
Erwartungswert	$\bar{x}_0$	$\bar{x}_0 = \sum\limits_{i=1}^{n} \bar{x}_i$	140 mm	
Fertigungsstreuung	s_0	$s_i = T_i/6$ $$s_0 = \sqrt{\sum_{i=2}^{4} s_i{}^2}$$	$s_1 = 0,05$ mm $s_2 = 0,0333$ mm $s_3 = 0,0333$ mm $s_4 = 0,0667$ mm $s_0 = 0,0898$ mm	$s_{1/2/3/4}$: Normalverteilungen s_0: Normalverteilung
Statistische Toleranz	T_S	$T_S = T_q = 6 \cdot s_0$	0,5388 mm $= \pm 0,27$ mm	für $\pm 3 \cdot s$
Statistisch toleriertes Schließmaß	M_0	$M_0 = \bar{x}_0 \pm (T_S/2)$	$140 \pm 0,27$ mm	

Tabelle 5.5: *Verknüpfung von vier normalverteilten Istmaßen*

5.5.3 Toleranzanalyse

a) Arithmetische Toleranzrechnung

Bestimmung des Nennschließmaßes

$$N_0 = N_1 + N_2 + N_3 + N_4 = 30 \text{ mm} + 20 \text{ mm} + 40 \text{ mm} + 50 \text{ mm} = 140 \text{ mm}$$

Bestimmung der arithmetischen Schließmaßtoleranz

$$T_A = \sum_{i=1}^{n} T_i = T_1 + T_2 + T_3 + T_4 = \pm(0,15 \text{ mm} + 0,01 \text{ mm} + 0,1 \text{ mm} + 0,2 \text{ mm}) = \pm 0,46 \text{ mm}$$

b) Statistischer Mittelwert

Bestimmung des Erwartungswertes nach dem Mittelwertsatz

$$\bar{x}_0 = \bar{x}_1 + \bar{x}_2 + \bar{x}_3 + \bar{x}_4 = 30 \text{ mm} + 20 \text{ mm} + 40 \text{ mm} + 50 \text{ mm} = 140 \text{ mm}$$

c) Statistische Toleranzrechnung

Für die Normalverteilungen ist anzusetzen:

$$s_1 = \frac{T_1}{6} = \frac{0,3 \text{ mm}}{6} = 0,05 \text{ mm}, \qquad s_2 = \frac{T_2}{6} = \frac{0,02 \text{ mm}}{6} = 0,00333 \text{ mm},$$

$$s_3 = \frac{T_3}{6} = \frac{0,2 \text{ mm}}{6} = 0,0333 \text{ mm}, \qquad s_4 = \frac{T_4}{6} = \frac{0,4 \text{ mm}}{6} = 0,0667 \text{ mm}.$$

Die Gesamtstreuung wird über das Abweichungsfortpflanzungsgesetz gebildet zu

$$s_0 = \sqrt{\sum_{i=1}^{4} s_i^2} = \sqrt{(0,05 \text{ mm})^2 + (0,00333 \text{ mm})^2 + (0,0333 \text{ mm})^2 + (0,0667 \text{ mm})^2} = 0,0898 \text{ mm}.$$

d) Statistische Toleranz

$$T_S = 3 \cdot u_0 \cdot s_0 = 6 \cdot s_0 = 6 \cdot 0,0898 \text{ mm} = 0,5388 \text{ mm}$$

e) Statistisch toleriertes Schließmaß

$$M_0 = \bar{x}_0 \pm \frac{T_S}{2} = 140 \text{ mm} \pm 0,27 \text{ mm}$$

5.5.4 Sensitivitätsanalyse

Das Schließmaß über die dargestellten vier Bauteile wird durch die lineare Funktion

$$x_0 = x_1 + x_2 + x_3 + x_4 \equiv f(x)$$

gebildet. Nach Gauß (bzw. entsprechend nach Taylor) kann die Sensitivität einer Funktion über das Abweichungsfortpflanzungsgesetz getestet werden, d. h., die Bewertung erfolgt über die Varianzanteile

$$s_0{}^2 = s_1{}^2 + s_2{}^2 + s_3{}^2 + s_4{}^2 = 2{,}5 \cdot 10^{-3} + 1{,}12 \cdot 10^{-5} + 1{,}09 \cdot 10^{-3} + 4{,}45 \cdot 10^{-3} = 8{,}05 \cdot 10^{-3}.$$

In dieser Gleichung erkennt man natürlich, dass die Gesamtstreuung nur auf große Toleranzen reagiert und kleine Toleranzen faktisch vernachlässigbar sind.

Als pragmatischen Begriff hierfür hat man in der Praxis den Ansatz der „Beitragsleister" für die Auswirkung einer Toleranz auf die Gesamttoleranz geprägt. Für das vorstehende Beispiel sind die Verhältnisse wie folgt zu bilden:

$$B_{T_n} = \frac{s_n{}^2}{s_0{}^2} \cdot 100 \ [\%]$$

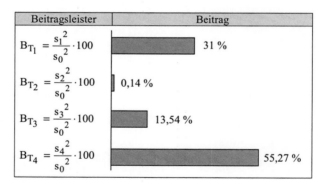

Beitragsleister	Beitrag
$B_{T_1} = \dfrac{s_1{}^2}{s_0{}^2} \cdot 100$	31 %
$B_{T_2} = \dfrac{s_2{}^2}{s_0{}^2} \cdot 100$	0,14 %
$B_{T_3} = \dfrac{s_3{}^2}{s_0{}^2} \cdot 100$	13,54 %
$B_{T_4} = \dfrac{s_4{}^2}{s_0{}^2} \cdot 100$	55,27 %

Tabelle 5.6: *Übersicht über die Beitragsleister*

Erkenntnis hieraus ist: Toleranzen sollten in einer Montage etwa die gleiche Größenordnung besitzen. Kleine Toleranzen werden numerisch „ausgelöscht". Die Toleranz des Bauteils 2 sollte daher überprüft werden. Diese kann mit großer Wahrscheinlichkeit ohne Einfluss auf die Funktion vergrößert werden.

5.6 Symbolische Montage normalverteilter Sollmaße mit Spiel

Oft müssen Bauteile mit Spiel montiert werden. Zweckmäßig ist es dann, Längenmaße und Spiel getrennt zu behandeln.

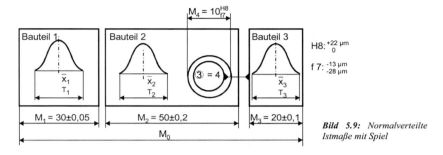

Bild 5.9: *Normalverteilte Istmaße mit Spiel*

5.6.1 Tolerierungsparameter

Nennmaße: $N_1 = 30$ mm, $N_2 = 50$ mm, $N_3 = 20$ mm

Toleranzfelder: $T_1 = 0,1$ mm, $T_2 = 0,4$ mm, $T_3 = 0,2$ mm

Erwartungswerte: $\bar{x}_1 = 30$ mm, $\bar{x}_2 = 50$ mm, $\bar{x}_3 = 20$ mm

5.6.2 Tabellarische Ergebnisübersicht

Bezeichnung	Formel-zeichen	Formel	Ergebnis	Bemerkung
Nennschließmaß	N_0	$N_0 = \sum\limits_{i=1}^{n} N_i$	100 mm	
Arithmetische Toleranz	T_A	$T_A = \sum\limits_{i=1}^{n} T_i$	±0,375 mm	
Arithmetisches Schließmaß	M_0		$100^{\pm 0,375}$ mm	
Erwartungswert der Längenmaße	$\bar{x}_{0L}$	$\bar{x}_{0L} = \sum\limits_{i=1}^{n} \bar{x}_i$	100 mm	
Verteilungsmittelwert des Passungsspiels	$\bar{x}_{0SP}$	$\bar{x}_{0SP} = \bar{T}_{SP}/2$	0,01575 mm	
Gesamtmittelwert der Maßkette	$\bar{x}_0$	$\bar{x}_0 = \bar{x}_{0L} + \bar{x}_{0SP}$	100,01575 mm	
Fertigungsstreuung	s_0	$s_i = T_i/6$ $s_0 = \sqrt{\sum\limits_{i=1}^{4} s_i^2}$	$s_1 = 0,01667$ mm $s_2 = 0,06667$ mm $s_3 = 0,03334$ mm $s_{4B} = 0,003667$ mm $s_{4W} = 0,0025$ mm $s_0 = 0,0765$ mm	$s_{1/2/3}$: Längen-maße s_4: Passung

Bezeichnung	Formel-zeichen	Formel	Ergebnis	Bemerkung
Statistische Toleranz	T_S	$T_S = 6 \cdot s_0$	0,4591 mm = ±0,23 mm	für ± 3 · s
Statistisch toleriertes Schließmaß	M_0	$M_0 = \bar{x}_0 \pm T_S/2$	100,01575 ± 0,23 mm	

Tabelle 5.7: *Verknüpfung normalverteilter Istmaße mit Spiel*

5.6.3 Toleranzanalyse

a) Arithmetische Toleranzrechnung

Bestimmung des Nennschließmaßes

$$N_0 = N_1 + N_2 + N_3 + N_4 = 30 \text{ mm} + 50 \text{ mm} + 20 \text{ mm} + 0 \text{ mm} = 100 \text{ mm}$$

Für ein Spiel ist im Allgemeinen anzusetzen:

$$M_i = 0^{\pm T/2} = 0^{\pm 0,05/2}, \text{ d. h. } N_i \equiv N_4 = 0.$$

Arithmetische Toleranz unter Berücksichtigung einer Mini-/Max-Betrachtung in der Passung

$$T_{Ao} = \sum_{i=1}^{n} T_{io} = T_{1o} + T_{2o} + T_{3o} + T_{4o} = (0{,}05 \text{ mm} + 0{,}2 \text{ mm} + 0{,}1 \text{ mm} + 0{,}05\text{mm}/2) = +0{,}3750\text{mm}$$

$$T_{Au} = \sum_{i=1}^{n} T_{iu} = T_{1u} + T_{2u} + T_{3u} + T_{4u} = (-0{,}05 \text{ mm} - 0{,}2 \text{ mm} - 0{,}1 \text{ mm} - 0{,}05\text{mm}/2) = -0{,}3750\text{mm}$$

Damit erhält man für das arithmetische Schließmaß

$$M_0 = 100^{\pm 0,375}, \quad M_{Go} = 100{,}375 \text{ mm}, \quad M_{Gu} = 99{,}625 \text{ mm}.$$

b) Statistische Mittelwerte

Die Erwartungswerte der Längenmaße und des Spiels werden zweckmäßigerweise getrennt ermittelt.

– Erwartungswerte der Längenmaße:

$$\bar{x}_{0L} = \bar{x}_1 + \bar{x}_2 + \bar{x}_3 = 30 \text{ mm} + 50 \text{ mm} + 20 \text{ mm} = 100 \text{ mm}$$

– Erwartungswert des Passungsspiels:

$$\overline{T}_{SP} = \left(\frac{G_{oBohr.} + G_{uBohr.}}{2}\right) - \left(\frac{G_{oWelle} + G_{uWelle}}{2}\right)$$

$$= \left(\frac{10,022 \text{ mm} + 10 \text{ mm}}{2}\right) - \left(\frac{9,987 \text{ mm} + 9,972 \text{ mm}}{2}\right) = 0,0315 \text{ mm},$$

$$\overline{x}_{oSP} = \frac{\overline{T}_{SP}}{2} = \frac{0,0315 \text{ mm}}{2} = 0,01575 \text{ mm}$$

– Gesamtmittelwert der Maßkette:

$$\overline{x}_0 = \overline{x}_{0L} + \overline{x}_{oSP} = 100 \text{ mm} + 0,01575 = 100,01575 \text{ mm}$$

c) Statistische Toleranzrechnung

Für die Längenmaße ist anzusetzen:

$$s_1 = \frac{T_1}{6} = \frac{0,1 \text{ mm}}{6} = 0,01667 \text{ mm}, \qquad s_2 = \frac{T_2}{6} = \frac{0,4 \text{ mm}}{6} = 0,06667 \text{ mm},$$

$$s_3 = \frac{T_3}{6} = \frac{0,2 \text{ mm}}{6} = 0,0333 \text{ mm}.$$

Für die Passung ist entsprechend anzusetzen:

$$s_{4Bohr.} = \frac{T_4}{6} = \frac{0,022 \text{ mm}}{6} = 0,003667 \text{ mm}, \qquad s_{4Welle} = \frac{T_5}{6} = \frac{0,015 \text{ mm}}{6} = 0,0025 \text{ mm}.$$

Für die Normalverteilung gilt dann

$$s_0 = \sqrt{s_1^2 + s_2^2 + s_3^2 + s_{4Bohr.}^2 + s_{4Welle}^2}$$

$$= \sqrt{(0,01667 \text{ mm})^2 + (0,0667 \text{ mm})^2 + (0,0333 \text{ mm})^2 + (0,003667 \text{ mm})^2 + (0,0025 \text{ mm})^2}$$

$$= 0,0765 \text{ mm}.$$

d) Toleranzfeld des Schließmaßes

$$T_S = 6 \cdot s_0 = 6 \cdot 0,0765 \text{ mm} = 0,4591 \text{ mm} = \pm 0,23 \text{ mm}$$

e) Schließmaß sowie Höchst- und Kleinstmaß

$$M_0 = \overline{x}_0 \pm \frac{T_S}{2} = 100,01575 \text{ mm} \pm 0,23 \qquad \text{mit} \qquad M_{Go} = 100,24575 \text{ mm},$$

$$M_{Gu} = 99,78575 \text{ mm}$$

5.7 Symbolische Montage zweier Sollmaße mit Form- und Lagetoleranz

Eine in der Praxis oft bestehende Unsicherheit liegt in der Behandlung von Form- und Lagetoleranzen. Da diese über verschiedenartige Verteilungen verfügen, sind Form- und Lagetoleranzen als eigenständige Maßgrößen zu behandeln. Ihr Einfließen in eine Maßkette ist vom verwandten Tolerierungsgrundsatz (DIN 7167 oder ISO 8015) abhängig.

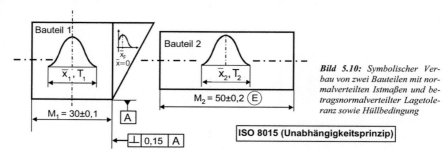

Bild 5.10: *Symbolischer Verbau von zwei Bauteilen mit normalverteilten Istmaßen und betragsnormalverteilter Lagetoleranz sowie Hüllbedingung*

5.7.1 Tolerierungsparameter

Spezifikationsgrößen der zu montierenden Bauteile:

Nennmaße: $N_1 = 30$ mm, $N_2 = 50$ mm, $N_3 = 0$ mm
Toleranzfelder: $T_1 = 0,2$ mm, $T_2 = 0,4$ mm, $T_3 = 0,15$ mm
Erwartungswerte: $\overline{x}_1 = 30$ mm, $\overline{x}_2 = 50$ mm, $\overline{x}_3 = \overline{x}_F$

5.7.2 Tabellarische Ergebnisübersicht

Bezeichnung	Formel-zeichen	Formel	Ergebnis	Bemerkung
Nennschließmaß	N_0	$N_0 = \sum_{i=1}^{n} N_i$	80 mm	
Arithmetische Toleranz	T_A	$T_A = \sum_{i=1}^{n} T_i$	+0,15 mm -0,3 mm	
Arithmetisches Schließmaß	M_0		$80\,^{+0,15}_{-0,3}$	
Erwartungswert	$\overline{x}_0$	$\overline{x}_0 = \sum_{i=1}^{n} \overline{x}_i$	79,96 mm	
Fertigungsstreuung	s_0	$s_i = T_i/6$ $s_0 = \sqrt{s_1^2 + s_F^2 + s_2^2}$	$s_F = 0,03$ mm $s_1 = 0,03334$ mm $s_2 = 0,06667$ mm $s_0 = 0,0989$ mm	BNV1 NV
Statistische Toleranz	T_S	$T_S = 6 \cdot s_0$	0,59 mm	für $\pm 3 \cdot s$
Statistisch toleriertes Schließmaß	M_0	$M_0 = \overline{x}_0 \pm (T_S/2)$	$80,04 \pm 0,269$ mm	

Tabelle 5.8: *Verknüpfung normalverteilter Istmaße mit Lagetoleranz*

5.7.3 Toleranzanalyse

Die Lagetoleranz „Rechtwinkligkeit" ist entsprechend der möglichen Lageausbildung als eigenständiges Maß anzusetzen:

$$M_{3r} = 0 \, {}^{+0,15}_{-0} \quad,$$ sie bildet zusammen mit dem Längenmaß (30,1 mm) eine umschreibende Hülle[*)] von Maximum-Material-Maß.

a) Arithmetische Toleranzrechnung

Bestimmung des Nennschließmaßes

$$N_0 = N_1 + N_2 - N_{3r} = 30 \text{ mm} + 50 \text{ mm} - 0 \text{ mm} = 80 \text{ mm}$$

Arithmetische Mini-/Max-Toleranzen

$$T_{Ao} = \sum_{i=1}^{n} T_{io} = T_{1o} + T_{2o} - T_{3ro} = (0,1 \text{ mm} + 0,2 \text{ mm} - 0,15 \text{ mm}) = +0,15 \text{ mm},$$

$$T_{Au} = \sum_{i=1}^{n} T_{iu} = T_{1u} + T_{2u} - T_{3ru} = (-0,1 \text{ mm} - 0,2 \text{ mm} - 0 \text{ mm}) = -0,3 \text{ mm}$$

Arithmetisches Schließmaß

$$M_0 = 80 \, {}^{+0,15}_{-0,30} \,.$$

b) Statistische Toleranzrechnung mit Parallelitätstoleranz

Entsprechend zu den Maßverteilungen weisen die F+L-Toleranzen auch Verteilungen auf. Ein besonderes Merkmal ist, dass F+L-Toleranzen vorhanden oder nicht vorhanden sind. Lagetoleranzen fallen nur in eine Richtung (ohne Nulllage, aber mit Häufigkeitszentrum), bzw. Formtoleranzen können einseitig oder zweiseitig (mit Nulllage) ausfallen. Form- bzw. Lagetoleranzen sind meist „betragsnormalverteilt" (BNV1 nach /STR 92/), dies gilt insofern auch für die Rechtwinkligkeitsabweichung. Hierfür ist somit anzusetzen:

$$s = \frac{T_F}{3} = \frac{0,15 \text{ mm}}{3} = 0,05 \text{ mm}, \tag{5.5}$$

$$\overline{x}_F = \frac{2 \cdot s}{\sqrt{2\pi}} = \frac{2 \cdot 0,05 \text{ mm}}{\sqrt{6,28}} = 0,04 \text{ mm}, \tag{5.6}$$

$$s_F = \sqrt{\left(1 - \frac{2}{\pi}\right)} \cdot s = \sqrt{\left(1 - \frac{2}{\pi}\right)} \cdot 0,05 \text{ mm} = 0,03 \text{ mm}. \tag{5.7}$$

[*)] Anmerkung: Eine Hülle kennzeichnet einen wirksamen Zustand (Maß + L-Toleranz) bei einer Paarung.

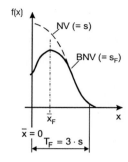

Bild 5.11: *Betragsnormalverteilung BNV1, beispielsweise für die Rechtwinkligkeitstoleranz*

Erwartungswert[*)] der Maßkette

$$\overline{x}_0 = \overline{x}_1 - \overline{x}_F + \overline{x}_2 = 30 \text{ mm} - 0,04 \text{ mm} + 50 \text{ mm} = 79,96 \text{ mm}$$

c) Fertigungsstreuungen

Berücksichtigung der Maßstreuungen und der zusätzlichen Lagestreuung für die Längenmaße

$$s_1 = \frac{T_1}{6} = \frac{0,2 \text{ mm}}{6} = 0,03333 \text{ mm}, \quad s_2 = \frac{T_2}{6} = \frac{0,4 \text{ mm}}{6} = 0,06667 \text{ mm}$$

und somit für die Gesamtstreuung

$$s_0 = \sqrt{s_1{}^2 + s_F{}^2 + s_2{}^2} = \sqrt{(0,03333)^2 + (0,03)^2 + (0,06667)^2} = 0,0989.$$

d) Statistische Toleranz (für $\pm 3 \cdot s$)

$$T_S = 6 \cdot s_0 = 6 \cdot 0,0989 \text{ mm} = 0,59 \text{ mm}$$

e) Statistisch toleriertes Schließmaß

$$M_0 = \overline{x}_0 \pm \frac{T_S}{2} = 79,96 \text{ mm} \pm 0,296 \text{ mm}$$

[*)] Anmerkung: Bei Vereinbarung der ISO 8015 darf ein Geometrieelement (Zylinder oder Element mit gegenüberliegenden parallelen Flächen) sein „Maximum-Material-Maß" und seine „Form- oder Lagetoleranz" voll ausnutzen. Dennoch darf die Zweipunkt-Messbedingung nicht verletzt werden.

5.7.4 Form- und Lagetoleranzen

Mit F+L-Toleranzen bezeichnet man Abweichungen bezüglich der Form, des Profils und der Lage von Geometrieelementen von ihrer idealen Sollgeometrie. Die einzelnen Formen und Lagen mit ihren Symbolen und Toleranzzonen sind in der DIN ISO 1101:2008 festgelegt worden.

Charakteristik ist, dass einzelne Toleranzen nur „einseitig" und andere nur „zweiseitig" auftreten können. Da hier die Mittellage (Nullabweichung) als häufigster Fall angenommen werden kann, spannt sich über dem Toleranzfeld eine symmetrische Normalverteilung (NV) auf.

Bei einseitigen Toleranzen tritt hingegen die zuvor eingeführte Betragsnormalverteilung (BNV) auf. Vereinfacht kann man dies als „halbe" Normalverteilung auffassen. In der nebenstehenden Abbildung ist eine Zuordnung von Verteilungen erfolgt.

Geometriemerkmal				Verteilungstyp
Längenmaße				NV
Form				
Symbol	tolerierte Eigenschaften	Symbol	tolerierte Eigenschaften	
——	Geradheit	⁄⁄	Ebenheit	BNV1
◯	Rundheit	⌀	Zylinderform	
⌒	Linienform	⌒	Flächenform	NV
Richtung				
//	Parallelität	⊥	Rechtwinkligkeit	BNV1
∠	Neigung			NV
⌒	Linienform	⌒	Flächenform	
Ort				
⊕	Position	◎	Koaxialität, Konzentrizität	2-D/3-D-NV
≡	Symmetrie			NV
⌒	Linienform	⌒	Flächenform	
Dynamischer Lauf				
⫽	Gesamtrundlauf	⁄	einfacher Lauf/ Schlag	BNV1
Rauheit				BNV1
Unwucht				BNV2
Drehmoment				NV

Bild 5.12: *Verteilungsformen zur Simulation von F+L-Toleranzen*
(NV und BNV1 = 2-D, 3-D-NV = 3-D-Normalverteilung)

5.8 Sollmaßabstimmung für eine Baugruppenfunktionalität

Ein bei der Baugruppenmontage sehr häufig vorkommendes Problem besteht in der Einhaltung vorgegebener Funktionsspiele unter Berücksichtigung von Maßabweichungen und Form- und Lagetoleranzen. Im vorliegenden Fall soll ein Basisteil weitere drei Bauteile aufnehmen und so abgestimmt werden, dass möglichst ein Mindestfunktionsspiel von $M_0 > 0$ bis maximal 2,0 mm gesichert ist.

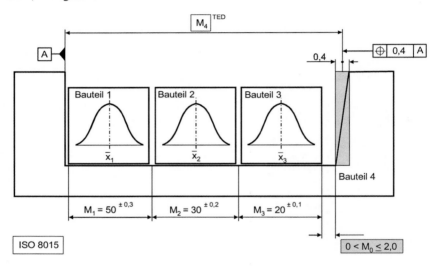

Bild 5.13: *Passgenaue Serienmontage mit streuenden Maß- und Geometriemerkmalen*

5.8.1 Tolerierungsparameter

Die in die Montage eingehenden Fertigungsgrößen seien folgendermaßen festgelegt:

Nennmaße	Toleranzfelder	Erwartungswerte
$N_1 = 50$ mm	$T_1 = 0,6$ mm	$\bar{x}_1 = 50$ mm
$N_2 = 30$ mm	$T_2 = 0,4$ mm	$\bar{x}_2 = 30$ mm
$N_3 = 20$ mm	$T_3 = 0,2$ mm	$\bar{x}_3 = 20$ mm

abzustimmendes Funktionsmaß

$$M_4 = ?$$

Die angegebene Positionstoleranz hat ein symmetrisches Toleranzfeld (NV). Die Mitte des Toleranzfeldes wird durch das „theoretisch genaue Maß (TED)" festgelegt.

Geometriemaß

$$N_{4ps} = 0 \qquad\qquad T_{4ps} = 0,4 = (\pm 0,2) \qquad\qquad \overline{x}_{4ps} = 0$$

5.8.2 Toleranzanalyse

a) Arithmetische Toleranzrechnung

Maßkettengleichung

$$M_0 = -M_1 - M_2 - M_3 + M_4 \mp \left(M_{4ps}\right)$$

Maßabstimmung

Wenn die Bauteilmaße M_1, M_2 und M_3 am größten sind und die Positionstoleranz voll ausgenutzt wird, muss zur Montage noch ein Spiel M_0 vorhanden sein:

$$M_{0\,min} = M_4 - \frac{t_{4ps}}{2} - G_{o1} - G_{o2} - G_{o3}$$

bzw. umgestellt nach

$$M_4 = 0 + 0,2 + 50,3 + 30,2 + 20,1 = 100,80 \text{ mm}$$

gewählt

$$M_4^{\text{TED}} = 101 \text{ mm}.$$

Spielkontrolle

$$M_{0\,min} = M_4 - \frac{t_{4ps}}{2} - G_{o1} - G_{o2} - G_{o3} = 0,2 \text{ mm},$$

$$M_{0\,max} = M_4 + \frac{t_{4ps}}{2} - G_{u1} - G_{u2} - G_{u3} = 1,8 \text{ mm},$$

d. h., beide Spieleinstellungen sind zulässig und die Montage ist gewährleistet. Das Schließmaß kann somit auch angegeben werden zu

$$M_0 = C^{\pm T_A/2} = 1,0^{\pm 0,8} \text{ mm}$$

bzw.

$$T_A = 1,6 \text{ mm}.$$

b) Statistische Toleranzrechnung

Die statistische Überprüfung der Montierbarkeit mit $C_p = C_{pk} = 1{,}0$ verlangt, dass 99,73 % der Istmaße M_1, M_2, M_3 und M_{4ps} im Toleranzbereich liegen. In diesem Fall dürfen jeweils 0,135 % eines Teileloses die Toleranzgrenzen über- oder unterschreiten. Das Toleranzfeld des Spiels wird dann

$$
\begin{aligned}
T_S &= \sqrt{T_1{}^2 + T_2{}^2 + T_3{}^2 + T_4{}^2 + T_{4ps}{}^2} \\
&= \sqrt{(0{,}6)^2 + (0{,}4)^2 + (0{,}2)^2 + 0 + (0{,}4)^2} = \sqrt{0{,}72} \\
&= 0{,}84 = \pm 0{,}42 \text{ mm.}
\end{aligned}
\tag{5.8}
$$

Demnach wird immer ein ausreichendes Montagespiel M_0 vorliegen.

c) Berücksichtigung einer erhöhten Prozesssicherheit

In der Praxis werden Bauteile oftmals in speziellen Prozessen mit einer höheren Anforderung an die Prozesssicherheit hergestellt. Die Toleranzen werden dann innerhalb des Prozesspotenzials eingeschränkt, und zwar durch

$$
T = f_{C_p} \cdot (6 \cdot s) \text{ mit} \quad
\begin{aligned}
f_{C_p = 1{,}0} &= 1{,}0 \\
f_{C_p = 1{,}33} &= 0{,}75 \\
f_{C_p = 1{,}67} &= 0{,}59 \\
&\vdots
\end{aligned}
\tag{5.9}
$$

Unter der Annahme, dass einige Bauteile mit $C_p = 1{,}33$ einfließen sollen, ergibt sich somit

$$
T_S{}^2 = (1{,}0 \cdot 0{,}6)^2 + (0{,}75 \cdot 0{,}4)^2 + (0{,}75 \cdot 0{,}2)^2 + 0 + (1{,}0 \cdot 0{,}4)^2 = 0{,}6325
$$

bzw.

$$
T_S = 0{,}79 = \pm 0{,}398 \text{ mm.}
$$

Für das Schließmaß findet sich sodann

$$
M_0 = 1{,}0^{\pm 0{,}40} \text{ mm},
$$

welches einer Verbesserung bzw. einer höheren Sicherheit bezüglich des Montagespiels ausdrückt.

5.9 Übergreifendes Beispiel zur Toleranzanalyse

Dem konventionellen Toleranzmodell liegt die Vorstellung der absoluten Austauschbarkeit zu Grunde. Ein Konstrukteur wird danach eine Baugruppe so tolerieren, dass eine Montage in jedem Fall möglich ist. Hierzu simuliert er bei allen Funktionsmaßen den „worst case", d. h., er kontrolliert die Funktion bei einer Extremallage der Toleranzen. Dazu werden jeweils die oberen und unteren Grenzmaße

$$G_{oi} = N_i + A_{oi} \tag{5.10}$$

und

$$G_{ui} = N_i - A_{ui} \tag{5.11}$$

gebildet und in einer Maßkette berücksichtigt.

5.9.1 Montagesituation

Im *Bild 5.14* ist der Rückwärtsgang in einem PKW-Getriebe gezeigt. Die arithmetische Toleranzberechnung zeigt ein mögliches Montageproblem, welches statistisch weiter analysiert werden soll.

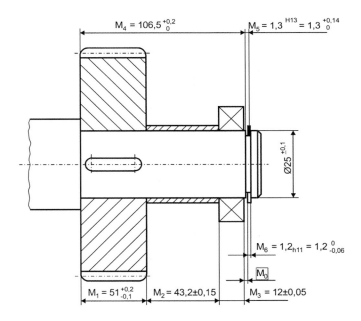

*M*₄ = 106,5 → $M_4 = 106{,}5^{+0,2}_{0}$
*M*₅ → $M_5 = 1{,}3^{H13} = 1{,}3^{+0,14}_{0}$
$\varnothing 25^{\pm 0,1}$
$M_6 = 1{,}2_{h11} = 1{,}2^{0}_{-0,06}$
M_0
$M_1 = 51^{+0,2}_{-0,1}$
$M_2 = 43{,}2 \pm 0{,}15$
$M_3 = 12 \pm 0{,}05$

Bild 5.14: *Einbausituation beim Rückwärtsgang eines Schaltgetriebes*

5.9.2 Aufstellung des Maßplans

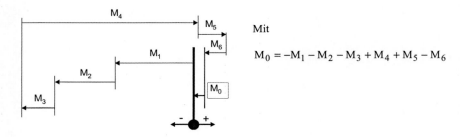

Bild 5.15: *Maßrichtungen bei der Montage*

5.9.3 Arithmetische Tolerierung

Das zu bearbeitende Beispiel zeigt eine einfache Situation für eine Schließmaß- und Schließ-toleranzbestimmung. Es soll sich hier um eine Loslagerung handeln, bei der Spiel zwischen dem Sicherungsring und dem Lager vorhanden sein muss. Demnach kann die Maßkettengleichung wie folgt aufgestellt werden:

Maßkettengleichung

$$\sum \text{Nennmaße} - \text{Schließmaß} = 0 \qquad (5.12)$$

Nennschließmaß

Unter Berücksichtigung der sich aus dem Maßplan ergebenden Richtungen findet sich nach *Bild 5.15* für das Nennschließmaß:

$$N_0 = N_4 + N_5 - N_1 - N_2 - N_3 - N_6,$$
$$N_0 = 106,5 \text{ mm} + 1,3 \text{ mm} - 51 \text{ mm} - 43,2 \text{ mm} - 12 \text{ mm} - 1,2 \text{ mm} = 0,4 \text{ mm}.$$

Größtmaß des Schließmaßes

Das Größtmaß des Schließmaßes stellt sich danach ein, wenn die Größtmaße aller positiven Maße und die Kleinstmaße aller negativen Maße aufeinandertreffen:

$$P_O = \sum G_{oi+} - \sum G_{ui-}, \qquad (5.13)$$
$$P_O = (G_{o4} + G_{o5}) - (G_{u1} + G_{u2} + G_{u3} + G_{u6}),$$
$$P_O = (106,7 \text{ mm} + 1,44 \text{ mm}) - (50,9 \text{ mm} + 43,05 \text{ mm} + 11,95 \text{ mm} + 1,14 \text{ mm}) = 1,1 \text{ mm}.$$

Kleinstmaß des Schließmaßes

Das Kleinstmaß des Schließmaßes stellt sich ein, wenn die Kleinstmaße aller positiven Maße und die Größtmaße aller negativen Maße aufeinandertreffen:

$$P_U = \sum G_{ui+} - \sum G_{oi-}, \qquad (5.14)$$

$$P_U = (G_{u4} + G_{u5}) - (G_{o1} + G_{o2} + G_{o3} + G_{o6})$$

$$= (106{,}5 \text{ mm} + 1{,}3 \text{ mm}) - (51{,}2 \text{ mm} + 43{,}34 \text{ mm} + 12{,}05 \text{ mm} + 1{,}2 \text{ mm}) = 0{,}0 \text{ mm}.$$

Arithmetische Toleranz

Somit folgt für die Größe des Toleranzfeldes

$$T_A = P_O - P_U = 1{,}1 \text{ mm} - 0 \text{ mm} = 1{,}1 \text{ mm}.$$

Arithmetisches Schließmaß

$$M_0 = N_0 \begin{array}{c} T_{A1} \\ T_{A2} \end{array} = 0{,}4^{+0,7}_{-0,4} \text{ mm}$$

Das Mittenmaß ist hier beispielsweise $C_0 = 0{,}55$ mm.

Mit den bestimmten Maßen ergeben sich somit die folgenden Abmaße:

$$T_{A1} = P_O - N_0 = 1{,}1 \text{ mm} - 0{,}4 \text{ mm} = 0{,}7 \text{ mm}$$

und

$$T_{A2} = P_U - N_0 = 0 \text{ mm} - 0{,}4 \text{ mm} = -0{,}4 \text{ mm},$$

womit die Toleranz bestimmt ist.

5.9.4 Statistische Tolerierung

Die Statistische Tolerierung geht regelmäßig über die Fragestellung einer „normalen" Tolerierung hinaus und ermöglicht es, alternativ

- bei gegebenen Einzeltoleranzen mit einer weiten Schließmaßtoleranz

oder

- bei einer gegebenen Schließmaßtoleranz mit möglichst großen Einzeltoleranzen

zu arbeiten.

Des Weiteren ist eine Aussage möglich über die „Verbaubarkeit" von Teilen, die außerhalb der Toleranz gefertigt wurden, wenn von einer Stichprobe Mittelwert und Streuung bekannt sind.

Hieraus lässt sich ableiten, dass die Arithmetische Tolerierung sicherlich bei einer Einzelfertigung unumgänglich ist, dass aber für eine Serienfertigung die Statistische Tolerierung sehr vorteilhaft sein wird.

Die Vorgehensweise bei einer Statistischen Tolerierung ist etwa die, dass man von dem arithmetischen Schließmaß ausgeht, sich dann über die Einzelverteilungen der Merkmale informiert, um qualitativ das Faltergebnis abschätzen zu können. Für die Faltprodukte ist dann jeweils die Varianz und die Spannweite bzw. Toleranz bekannt.

An dem zuvor schon benutzten Beispiel soll dies nochmals demonstriert werden. Bei der auszulegenden Lagerung müssen die Maße M_1 bis M_6 so abgestimmt werden, dass im Grenzfall bei M_0 ein Spiel von null übrig bleibt.

Man kann hier unterstellen, dass es sich um Serienbauteile handelt, sodass jedes Maß als normalverteilt angenommen werden kann. Des Weiteren sei angenommen, dass jede Einzelverteilung im Bereich $\bar{x}_i \pm 3 \cdot s_i$ das Toleranzfeld nicht überschreitet.

Maßmittelwerte und Standardabweichungen

Die Mittelwerte und die Standardabweichungen bestimmen sich aus den Maßangaben zu:

Mittelwerte	Standardabweichungen
$\bar{x}_1 = 51,05$ mm	$s_1 = 0,050$ mm
$\bar{x}_2 = 43,20$ mm	$s_2 = 0,050$ mm
$\bar{x}_3 = 12,00$ mm	$s_3 = 0,017$ mm
$\bar{x}_4 = 106,6$ mm	$s_4 = 0,033$ mm
$\bar{x}_5 = 1,37$ mm	$s_5 = 0,024$ mm
$\bar{x}_6 = 1,17$ mm	$s_6 = 0,010$ mm

Nach dem Abweichungsfortpflanzungsgesetz (siehe Gl. (4.18)) ergibt sich dann die Gesamtstandardabweichung der komplettierten Baugruppe zu

$$s_0 = \sqrt{s_1^2 + s_2^2 + s_3^2 + s_4^2 + s_5^2 + s_6^2},$$
$$s_0 = \sqrt{(0,05 \text{ mm})^2 + (0,05 \text{ mm})^2 + (0,017 \text{ mm})^2 + (0,033 \text{ mm})^2 + (0,024 \text{ mm})^2 + (0,010 \text{ mm})^2},$$
$$s_0 = 0,083988 \text{ mm}$$

und der zu erwartende Gesamtmittelwert bzw. Erwartungswert nach Gl. (4.15) zu

$$\bar{x}_0 = \bar{x}_4 + \bar{x}_5 - \bar{x}_1 - \bar{x}_2 - \bar{x}_3 - \bar{x}_6,$$
$$\bar{x}_0 = 106,6 \text{ mm} + 1,37 \text{ mm} - 51,05 \text{ mm} - 43,2 \text{ mm} - 12 \text{ mm} - 1,17 \text{ mm} = 0,55 \text{ mm}.$$

Innerhalb der Darstellung der Statistischen Tolerierung ist noch ein Nachtrag über die Definition der quadratischen Toleranzrechnung nach DIN 7186 angebracht. Danach errechnet sich die quadratische Schließtoleranz T_q aus der Quadratwurzel der Summe aller quadrierten Einzeltoleranzen unter der Annahme, dass *alle Einzelmaße normalverteilt* vorliegen. Diese Vorgehensweise ist somit nicht möglich, wenn unterschiedliche Verteilungen aufeinandertreffen, hier muss dann das allgemeine Abweichungsfortpflanzungsgesetz herangezogen werden.

Quadratische Schließtoleranz

Die Größe der Schließtoleranz kann im vorliegenden Fall direkt aus dem vereinfachten quadratischen Ansatz[*)] bestimmt werden und ergibt sich dann zu

$$T_q = \sqrt{\sum_{i=1}^{n} T_i^2} \, , \tag{5.15}$$

$$T_q = \sqrt{(0,3 \text{ mm})^2 + (0,3 \text{ mm})^2 + (0,1 \text{ mm})^2 + (0,2 \text{ mm})^2 + \left(0,14 \text{ mm}^2\right) + (0,06 \text{ mm})^2} = 0,5031 \text{ mm}.$$

Statistische Schließtoleranz

Alternativ kann die statistische Schließtoleranz auch wieder nach folgendem Zusammenhang ermittelt werden:

$$s_0^2 = \frac{T_S^2}{36} \, ,$$

$$T_S = 6 \cdot s_0 = 6 \cdot 0,083988 \text{ mm} = 0,503 \text{ mm} \, .$$

Man sieht, dass bei Normalverteilungen kein Unterschied in den Lösungswegen vorliegt.

Statistisches Schließmaß

$$M_0 = \overline{x}_0 \pm \frac{T_S}{2}$$

$$= 0,55 \pm 0,25 \text{ mm} \tag{5.16}$$

Größtmaß des Schließmaßes

$$P_O = \overline{x}_0 + \frac{T_S}{2}$$

$$= 0,55 \text{ mm} + \frac{0,5 \text{ mm}}{2} = 0,8 \text{ mm} \tag{5.17}$$

[*)] Anmerkung: In der amerikanischen Literatur wird dieser Ansatz „RSS-Analyse" (Root-Sum-Square-Methode) bezeichnet.

Kleinstmaß des Schließmaßes

$$P_U = \overline{x}_0 - \frac{T_S}{2}$$
$$= 0{,}55 \text{ mm} - \frac{0{,}5 \text{ mm}}{2} = 0{,}3 \text{ mm} \tag{5.18}$$

Toleranzreduktion bzw. Erweiterung

Im Vergleich zur arithmetischen Toleranz beträgt die wahrscheinliche Ausnutzung der Schließtoleranz

$$r = \frac{T_S}{T_A} = \frac{0{,}503 \text{ mm}}{1{,}1 \text{ mm}} = 0{,}4572 \equiv 45{,}72 \ \%. \tag{5.19}$$

In diesem Fall ist *r* der Reduktionsfaktor, um den die arithmetische Schließtoleranz tatsächlich eingeengt ist. Damit gibt das Komplement zu 1 die prozentuale Reduzierung des arithmetisch berechneten Schließmaßes wieder. Dies wird nachfolgend nochmals grafisch dargestellt.

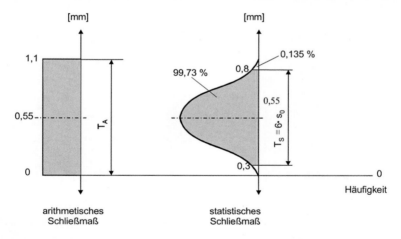

Bild 5.16: *Gegenüberstellung der Verteilungen*

Der Kehrwert des Reduktionsfaktors gibt das Potenzial zur Toleranzerweiterung wieder. Im vorliegenden Fall beträgt der Erweiterungsfaktor

$$e = \frac{1}{r} = \frac{T_A}{T_S} = \frac{1{,}1}{0{,}5031} = 2{,}186. \tag{5.20}$$

Erweiterung der Einzelmaßtoleranzen

Im umgekehrten Sinne kann das Ergebnis auch zu einer Toleranzerweiterung aller beteiligten Maße um den reziproken Wert von r genutzt werden, dem so genannten Erweiterungsfaktor e.

Das bedeutet: Behält man die arithmetisch berechnete Schließmaßtoleranz von 1,1 mm bei, so kann man alle Einzeltoleranzen dieser Maßkette um den Faktor 2,18 vergrößern – in diesem Falle also verdoppeln. Somit würden sich die neuen Toleranzfelder (*Effektivtoleranzen*) wie folgt darstellen:

$T_{1alt} = 0,3$ mm,

$T_{1neu} = e \cdot T_{1alt} = 2,186$ mm $\cdot$ 0,3 mm $\approx$ 0,6 mm

$T_{2alt} = 0,3$ mm,

$T_{2neu} = e \cdot T_{2alt} = 2,186$ mm $\cdot$ 0,3 mm $\approx$ 0,66 mm

$T_{4alt} = 0,2$ mm,

$T_{4neu} = e \cdot T_{4alt} = 2,186$ mm $\cdot$ 0,2 mm $\approx$ 0,44 mm

$T_{5alt} = 0,14$ mm,

$T_{5neu} = e \cdot T_{5alt} = 2,186$ mm $\cdot$ 0,14 mm $\approx$ 0,31 mm

Die Toleranzen des Lagers und des Sicherungsringes können **nicht** erweitert werden, da es sich hier um Normteile handelt.

Achtung: Diese einfache Erweiterung ist nur bei symmetrischen Toleranzen möglich.

5.9.5 Montagesimulation

Als erweiterte Anwendung kann mit der Statistischen Tolerierung auch eine Montagesimulation für Extrembedingungen vorgenommen werden. Am bereits bearbeiteten Beispiel der Getriebesituation soll dies exemplarisch angedeutet werden. Es sei angenommen, dass in einer überwachten Fertigung festgestellt wird, dass *Zahnräder außerhalb der Toleranz* gefertigt wurden und im Fertigungslos Zahnräder mit einer Größtmaßüberschreitung vorkommen. In diesem Fall kann statistisch abgeschätzt werden, wie hoch der Anteil der als „nicht gut" angesehenen Teile des Loses ist und ob dennoch alle fünf Teile montiert werden können.

Mit dieser Annahme soll sich für das Zahnrad die in *Bild 5.17* dargestellte Verteilung zwischen dem Kleinstmaß

$G_{ul} = 50,9$ mm

und dem Größtmaß

$G_{olneu} = 51,45$ mm,

($G_{olalt} = 51,2$ mm) einstellen.

Mittelwert der Fertigungsstichprobe

$$\overline{x}_{1neu} = \frac{G_{olneu} + G_{ul}}{2} = 51,175 \text{ mm} \tag{5.21}$$

Streuung der Fertigungsstichprobe

$$s_{1neu} = \frac{T_S}{6} = \frac{51,45 \text{ mm} - 50,9 \text{ mm}}{6} = 0,09167 \text{ mm} \tag{5.22}$$

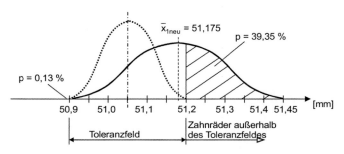

Bild 5.17: *Alte und neue Fertigungsverteilung des Zahnrad-Breitenmaßes*

Zur Ermittlung des interessierenden Fehleranteils an der oberen und unteren Toleranzgrenze muss man von der Transformation auf die Standard-Normalverteilung Gebrauch machen und die überschreitende Fläche unterhalb der Verteilungsdichtekurve ausintegrieren. Für derartige Operationen können Tabellen (siehe Seite 183) herangezogen werden.

u	F(u)	Q(u)	F(u)-Q(u)	f(u)
...				
0,26	0,60255	0,39743	0,20514	0,38568
0,27	0,60642	0,39358	0,21284	0,38466
0,28	0,61026	0,38974	0,22052	0,38361
...				
...				
...				
2,99	0,99861	0,00139	0,99721	0,00457
3,00	0,99865	0,00135	0,99730	0,00443
3,01	0,99869	0,00131	0,99739	0,00430
...				
...				

Tabelle 5.9: *Auszug aus tabellierte standardisierte Normalverteilung*

Die Erläuterung der Abkürzungen (F(u), Q(u) und F(u) – Q(u)) erfolgte vorher schon im Kapitel 4.1.3.2 auf Seite. 23.

Obere Toleranzgrenzen-Überschreitung

Führt man die Transformation durch, so erhält man für die obere Toleranzgrenze

$$u_{oben} = \frac{G_{olalt} - \overline{x}_{1neu}}{s_{1neu}} = \frac{51,2 \text{ mm} - 51,175 \text{ mm}}{0,09167 \text{ mm}} = 0,2727$$

und damit aus der vorherigen Tabelle $Q(u) = 0,3935$, welches einem Fehleranteil von $p_o = 39,35 \%$ entspricht.

Untere Toleranzgrenzen-Überschreibung

Die Transformation für die unter Toleranzgrenze ist auf die gleiche Weise durchzuführen. Daraus ergibt sich:

$$u_{unten} = \frac{G_{u1alt} - \overline{x}_{1neu}}{s_{1neu}} = \frac{50,9 \text{ mm} - 51,175 \text{ mm}}{0,09167 \text{ mm}} = -3 \,.$$

Hierfür findet sich wieder aus der Tabelle $Q(u) = 0,00135$, was einem Fehleranteil von $p_u = 0,135 \%$ entspricht.

Neuberechnung des Erwartungswertes der Maßkette

In Folge der Toleranzüberschreitung beim Zahnrad ergibt sich als Erwartungswert der Maßkette

$$\overline{x}_{0neu} = 0,425 \text{ mm} \,.$$

Gesamtstreuung

$$s_{0neu} = 0,113827 \text{ mm}$$

Statistische Toleranz

$$T_{Sneu} = 6 \cdot s_{0neu} = 6 \cdot 0,113827 \text{ mm} = 0,68296 \text{ mm}$$

Neues Schließmaß

$$M_{0neu} = \overline{x}_{0neu} \pm \frac{T_{Sneu}}{2} = 0,425 \text{ mm} \pm \frac{0,68296 \text{ mm}}{2} = 0,425 \pm 0,34$$

Größtes Funktionsmaß

$$P_{oneu} = \bar{x}_{0neu} + \frac{T_{Sneu}}{2} = 0{,}425 \text{ mm} + \frac{0{,}68296 \text{ mm}}{2} = 0{,}765 \text{ mm}$$

Kleinstes Funktionsmaß

$$P_{Uneu} = \bar{x}_{0neu} + \frac{T_{Sneu}}{2} = 0{,}425 \text{ mm} - \frac{0{,}68296 \text{ mm}}{2} = 0{,}085 \text{ mm}$$

Resümee

Daraus folgt, dass trotz einer Breitenmaßüberschreitung beim Zahnrad wahrscheinlich in 99,73 % aller Fälle eine Montage möglich ist, da $P_{Uneu} > 0$ ist.

Methodische Einordnung

Die zuvor gezeigte Methodik der Toleranzfestlegung läuft letztlich auf eine *Entfeinerung* von Einzelteilen und eine „robuste Gesamtauslegung" hinaus. Dies sind auch Ziele im *kostengerechten Konstruieren* nach der Philosophie „Design to Costs".

Spitzenleistungen resultieren hiernach aus der Durchgängigkeit von Produkt- und Prozessqualität. Hiermit ist verbunden, Produkte mit einer festen Mittelwertlage bei geringer Streuung herstellen zu können. Weil hiervon weitgehend die Kundenzufriedenheit abhängt, müssen sich Unternehmen von einem Drei-Sigma-Niveau über Vier- und Fünf-Sigma letztlich zu Six-Sigma weiterentwickeln. Mit dieser Steigerung sind enorme Anstrengungen in der Produktauslegung und Toleranzsimulation verbunden.

6 Toleranzsynthese

Nach dem Konzept der statistischen Tolerierung ist eine Toleranzsynthese recht schwierig zu bewerkstelligen, weil ein Faltprodukt rückentwickelt werden muss. Numerische Lösungen /KLE 94b/ sind hierfür bekannt. In der Praxis wird das Syntheseproblem aber stets mit der Abstimmung von Serienlösungen auftreten. Daher ist es ausreichend, hier nur eine *Näherungslösung für Normalverteilungen* anzugeben, wofür die folgenden Gleichungen genutzt werden können. Eine Einzeltoleranz ergibt sich somit zu

$$T_i = \frac{T_F}{u \cdot \sqrt{\sum_{i=1}^{n} \frac{\alpha_i^2}{u_i^2}}} \cdot \alpha_i \quad \text{mit} \quad \alpha_i = \frac{T_i}{T_{min}}. \tag{6.1}$$

Legende:

T_F = Funktionstoleranz der Montagegruppe ($\hat{=}$ Schließmaßtoleranz)
T_i = eingehende Einzeltoleranz
α_i = Relationsfaktor
u, u_i = Streuungsweitenfaktor

Um die α_i's (Relation der Toleranzen untereinander) festlegen zu können, muss eine Abstufung der Toleranzen (sehr genau, weniger genau etc.) vorgenommen werden. Das Bauteil mit der kleinsten Toleranz erhält daher den Wert $\alpha_i = 1$. Die anderen Toleranzen sind hieran zu wichten. Weiter geht noch der Streuungsweitenfaktor ein, über den die Prozessfähigkeit (C_{pk}), und zwar für jede Einzeltoleranz (u_i) und die Funktionstoleranz (u), gesteuert werden kann:

$$u_i = \frac{T_i}{s_i}. \tag{6.2}$$

Am einfachsten kann die Vorgehensweise an einem kleinen Beispiel vermittelt werden. Das Beispiel ist schon einmal im Kapitel 5.5 (Seite 46) benutzt worden und zeigt die symbolische Montage von vier Einzelteilen, sowie im *Bild 6.1* angedeutet ist.

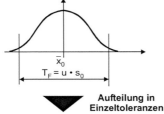
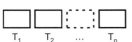

C_{pk}	u, u_i
1,0	6
1,33	8
1,66	10
2,0	12

Bild 6.1: Aufteilung der Funktionstoleranz in Einzeltoleranzen

Die Genauigkeit der Einzeltoleranzen ist zuvor schon festgelegt worden und soll hier übernommen werden. Insofern erhält man für die Toleranzsynthese, d. h. das erste Maß

$$T_1 = \frac{T_F}{u \cdot \sqrt{\left(\dfrac{\alpha_1^2}{u_1^2} + \dfrac{\alpha_2^2}{u_2^2} + \dfrac{\alpha_3^2}{u_3^2} + \dfrac{\alpha_4^2}{u_4^2}\right)}} \cdot \alpha_1,$$

(6.3)

$$T_1 = \frac{0,27 \text{ mm}}{6 \cdot \sqrt{\dfrac{1}{36}\left[15^2 + 1^2 + 10^2 + 20^2\right]}} \cdot 15 = \frac{0,27 \text{ mm}}{\sqrt{726}} \cdot 15 = 0,15 \text{ mm bzw.} \pm 0,15 \text{ mm}$$

und weiter

$$T_2 = \frac{0,27 \text{ mm}}{\sqrt{726}} \cdot 1 = 0,01 \text{ mm} \qquad \text{bzw.} \qquad T_2 = \pm 0,01 \text{ mm},$$

$$T_3 = \frac{0,27 \text{ mm}}{\sqrt{726}} \cdot 10 = 0,1 \text{ mm} \qquad \text{bzw.} \qquad T_3 = \pm 0,1 \text{ mm},$$

$$T_4 = \frac{0,27 \text{ mm}}{\sqrt{726}} \cdot 20 = 0,2 \text{ mm} \qquad \text{bzw.} \qquad T_4 = \pm 0,2 \text{ mm}.$$

Zur Kontrolle ist das Fallbeispiel von Seite 46 im *Bild 6.2* noch einmal wiedergegeben. Es soll belegen, dass die gewählte Approximation tatsächlich zum „bekannten" Ergebnis führt.

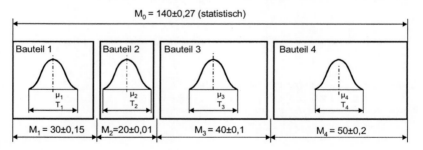

Bild 6.2: *Symbolische Synthese eines Funktionsmaßes T_F aus vier Einzelteilen mit T_i*

In dem Beispiel haben die α_i-Werte eine unrealistisch differierende Stufung. Dies ist eine Folge davon, dass zuvor die Toleranzen willkürlich gewählt wurden. In einem realen Anwendungsfall werden die α_i viel näher zusammenliegen.

7 Robust Design

7.1 Praktische Bedeutung

Seit den 80er-Jahren hat sich im Quality Engineering die Philosophie des „robust designs" (nach Genichi Taguchi[*]) entwickelt. Die Idee ist hierbei, Produkte und Prozesse so zu entwickeln und auszulegen, dass ihre Leistung unempfindlich gegen jede Art von Schwankungen und Störgrößen wird. Kunden sollen damit im Gebrauch eine konstant hohe Qualität erfahren.

Als ein ganz wichtiges Kernelement für diese Zielprojektion ist das Parameter- und Toleranzdesign erkannt worden. Im *Parameterdesign* geht es im Wesentlichen um die Maßabstimmung, um vorgegebene Leistungsziele zu erreichen. Über das *Toleranzdesign* erfolgt eine Feinabstimmung hin zu einem Optimum. Der dazu notwendige Aufwand sollte kostenminimal oder neutral sein. Unternehmen, die das Toleranzdesign beherrschen, können letztlich eine hohe Qualität für einen akzeptablen Preis bieten.

7.2 Herkömmliche Toleranzphilosophie

Die traditionelle deutsche Qualitätsphilosophie gründet sich auf ein einfaches Gut/Schlecht–Denken. Dies ist auch der Ansatz bei der Arithmetischen Tolerierung. Diesen Grundansatz kann man mit den folgenden Aussagen beschreiben:

> Innerhalb eines Toleranzfeldes sind alle Teile (gleich) gut.
> Außerhalb des Toleranzfeldes sind alle Teile (gleich) schlecht.

Das nachfolgende *Bild 7.1* soll diesen Sachverhalt anhand einer so genannten Qualitätsverlustfunktion grafisch darstellen. Es wird ein Sollmaß „m" mit dem Toleranzfeld „T" betrachtet. Die Abmaße sind demnach +T/2 und –T/2. Der Qualitätsverlust für das Istmaß „y" lässt sich dann mathematisch wie folgt ausdrücken:

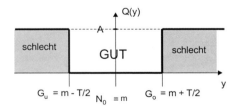

$$Q(y) = \begin{cases} 0, \text{wenn } |y - m| \le \dfrac{T}{2} \\ \text{sonst } A \end{cases}$$

Bild 7.1: *Qualitätsverlustfunktion (in €) aus konventioneller Sicht*

Mit Blick auf den Qualitätsverlust bedeutet dies:

- jedes Teil innerhalb der Toleranzgrenzen ist gleich gut,

und

---

[*] Anmerkung: Taguchi war ein japanischer Ingenieur, der die Philosophie des „robust designs" begründet hat. Er wollte die Spirale, dass eine höhere Qualität gleichbedeutend mit höheren Kosten ist, durchbrechen.

- für jedes Teil außerhalb der Toleranzgrenzen treten die gleichen Kosten A für Nacharbeit oder Ausschuss auf.

Die Praxis zeigt jedoch, dass diese Bewertung zu einfach und unrealistisch ist.

Beispiel: Wirkung der Toleranzgrenzen

In den Ausschnitt eines Ventiltriebes soll eine Distanzhülse der Länge $L = 10 \pm 0,5$ mm montiert werden. Eine Toleranzüberschreitung auf $L_{oben} = 10,7$ mm ist aber anders zu bewerten als eine Toleranzunterschreitung auf $L_{unten} = 9,4$ mm. Die zu große Hülse wäre ein Nacharbeitungsteil, während die zu kleine Hülse ein Ausschussteil ist. Insofern bildet der vorstehende Verlauf des Qualitätsverlustes die Möglichkeiten unvollständig ab.

7.3 Japanische Toleranzphilosophie

Die japanische Philosophie des Toleranzdesigns ist dagegen völlig anders. Alle konstruktiven und fertigungstechnischen Maßnahmen folgen der Vorgabe:

> Es ist eine **Nullfehlerstrategie** anzustreben.

Dies verlangt:

- Jede Abweichung vom Sollwert ist möglichst zu vermeiden.
- Auch Teile innerhalb eines Toleranzfeldes sind differenziert zu bewerten.
- Toleranzfelder sind so weit wie möglich auszudehnen,

und

- Die Qualität einer Fertigungsstelle kann über die Qualitätsverlustfunktion in Geld gemessen werden.

Der Qualitätsverlust lässt sich nach /TAG 89/ am besten durch die Strafffunktion beschreiben:

$$Q(y) = k(y - m)^2 \qquad (7.1)$$

mit:
k Konstante zur näheren Beschreibung eines Toleranzfalles
y Istwert
m Sollwert

Wenn diese Funktion angesetzt wird, ergibt sich für den Toleranzverlauf eine Parabel. Am Sollwert (y = m) ist dann Q = 0 und nimmt mit zunehmender Sollwertabweichung einen quadratischen Verlauf an:

– An den Toleranzgrenzen beträgt der Kostenaufwand zur Nacharbeit (bzw. sinngemäß Ausschuss) eines einzelnen Teils *A* (in €).
– Der funktionale Verlauf der Qualitätsverlustfunktion kann somit an den Toleranzgrenzen quantifiziert werden. Somit gilt für

$$y \equiv y_o = m + \frac{T}{2} \quad \text{und} \quad y \equiv y_u = m - \frac{T}{2}$$

der Zusammenhang

$$A = k\left[\left(m + \frac{T}{2}\right) - m\right]^2 = k\left(\frac{T}{2}\right)^2, \tag{7.2}$$

bzw. für die eingehende Konstante erhält man

$$k = \frac{A}{\left(\frac{T}{2}\right)^2}. \tag{7.3}$$

Somit lautet die Qualitätsfunktion bei Zielwerteinstellung (Q_m) auf den Sollwert ($m = \overline{x}_0$):

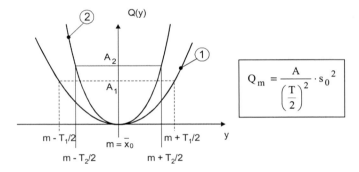

$$Q_m = \frac{A}{\left(\frac{T}{2}\right)^2} \cdot s_0^2$$

Bild 7.2: *Zentrierte Qualitätsverlustfunktion nach Taguchi für zwei Bauteilspezifikationen*

Die vorstehenden Beziehungen gelten zunächst für ein Teil. Wenn ein Merkmal in Serie hergestellt wird, muss die Qualitätsverlustfunktion angepasst werden. Mit den Verteilungsparametern $\left(\overline{x}_0 = \text{Mittelwert und } s_0^2 = \text{Varianz}\right)$ kann dann ein durchschnittlicher Qualitätsverlust $\overline{Q}$ einer „Großgesamtheit" definiert werden:

$$\overline{Q} = \frac{A}{\left(\frac{T}{2}\right)^2}\left[(\overline{x}_0 - m)^2 + s_0^2\right]. \tag{7.4}$$

Der erste Teil stellt die Mittelwertabweichung, der zweite Teil die Prozessstreuung dar. Die Mittelwertabweichung kann in der Praxis leicht auf null gebracht werden. Zur Reduzierung der Streuung sind hingegen Eingriffe am Produkt (Toleranzen) oder in den Prozess nötig. Gewöhnlich ist dies sehr kostenaufwändig.

7.4 Beispiel zur Quantifizierung des Qualitätsverlustes

7.4.1 Definitionen zum Toleranzdesign

Das Toleranzdesign dient der Festlegung funktionaler und wirtschaftlicher Toleranzbereiche. Die ermittelten Werte sollten möglichst „robust" sein, d. h., die Zielgröße Schließmaß muss aus streuenden Einzelgrößen reproduzierbar gebildet werden können.

Weiterhin muss die Schließmaßtoleranz zum Kunden und zur Fertigung hin abgesichert werden. Der Kunde darf Variabilität nicht als Qualitätsmangel erfahren, und die Fertigung muss qualitätsfähig erfolgen können. Toleranzen müssen somit in einem schwierigen Spannungsfeld festgelegt werden, weshalb die folgenden Definitionen notwendig sind:

$\Delta_0 \equiv T_0/2$ = Toleranzbereich des Kunden
(Außerhalb dieser Toleranzgrenze wird der Kunde das Produkt ablehnen.)

$\Delta \equiv T/2$ = Herstellertoleranzabweichung
(Sicherheitstoleranz für hohe Qualität)

A_0 = Gesamtkosten, die aufgrund von Toleranzüberschreitungen entstehen
(z.B. unnötige Transporte, Löhne, Bestellungen, Lagerung)

A = Kosten für den Hersteller bei Toleranzüberschreitung
(Herstellkosten zuzüglich Ausschuss, Nacharbeit, Ersatzlieferung etc.)

m = einzuhaltender Sollwert

y = Istmaß

7.4.2 Ermittlung einer wirtschaftlichen Toleranz

Im Weiteren soll an einem kleinen Lehrbeispiel /TAG 89/ der Sinn funktionaler Grenzen bzw. Toleranzen diskutiert werden. Taguchi verwendet zur Darstellung des Problems den Einbau eines Fensterrahmens in Mauerwerk. Dieses Beispiel kann auch auf die Produktion und den Einbau eines Autoseitenfensters übertragen werden. Hier soll vereinfacht nur die Länge ($y = m \pm \Delta$) der Scheibe toleriert werden:

– Die angenommenen Herstellkosten A für die Scheibe seien 20,- €.
– Das zunächst gewählte Längenmaß sei y = 900 ± 3 mm.

Ist das Fenster zu groß (Länge y_o), so ist es in der Dichtung schwergängig; ist es zu kurz (Länge y_u), so ist bei eingebautem Zustand die Abdichtung nicht mehr gewährleistet, der Kunde[*] wird insgesamt unzufrieden sein. Zunächst wird der Erwartungswert aus den Längen der derzeit von einem Zulieferanten gefertigten Fenster ermittelt. Dieser sei über ein Produktionslos

$$\bar{y} = \frac{\sum\limits_{i=1}^{n} y_i}{n} \equiv m \,. \tag{7.5}$$

---

[*] Anmerkung: Mit Kunde und Hersteller wird die QS-Nomenklatur benutzt; der Kunde ist in diesem Fall der Automobilhersteller.

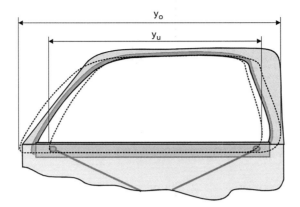

Bild 7.3: *Einbausituation bei zu kleinem (y_u) und zu großem (y_o) Seitenfenster*

Dieser Mittelwert sei zentriert und entspricht bei einer normalverteilten Fertigung mit symmetrischen Toleranzgrenzen dem Sollmaß m.

Die Kundentoleranzabweichung liegt somit zwischen einem akzeptablen Größt- und Kleinstwert:

$$\Delta_0 = \frac{y_{i_o} - y_{i_u}}{2} .$$
(7.6)

Das Einbaumaß muss sich somit im Intervall $m \pm \Delta_0$ bewegen.

Die *Einbau- oder Kundentoleranz* muss allerdings anders bewertet werden als die *Herstellertoleranz*. Der Verlust A_0 bei der Reklamation der Scheibe wird höher ausfallen als die Herstellkosten der Fensterscheibe von $A = 20,- €$, da hier noch weitere Kostentreiber eingehen. Im Einzelnen sind dies alle Zusatzkosten für

- den Transport,
- die Arbeit,
- die Bestellung und Anlieferung,
- die Montage und Demontage
sowie
- die Kundenbindung.

Im nächsten Schritt soll versucht werden, diesen Verlust in Geld zu quantifizieren. Hierfür gilt es, die Abweichungen in geldwertem Aufwand zu bewerten:

$$\overline{Q}(y)) = k(y - m)^2 = \frac{A_0}{\Delta_0^2} \cdot s_0^2 .$$

Zur Bestimmung der wirtschaftlichsten Toleranz für die Fensterlänge muss der Gesamtverlust A_0 kalkuliert werden, der entsteht, wenn durch eine unzweckmäßig ausgefallene Kundentoleranz das Fenster nicht funktionssicher ist. Wie zuvor schon festgestellt, ergibt sich der Gesamtverlust aus den Herstellkosten des Fensters zuzüglich aller Folgekosten bis zu der Feststellung, dass es nicht passt. Damit kann für die Kundentoleranz der folgende proportionale Zusammenhang[*) angenommen werden:

$$\frac{A_0}{\Delta_0{}^2} = \frac{A}{\Delta^2} . \tag{7.7}$$

Daraus folgt für die zulässige Abweichung bzw. als Herstellertoleranz:

$$\Delta = \sqrt{\frac{A}{A_0}} \Delta_0 . \tag{7.8}$$

Bisher wurden die Fenster in der Fertigungszeichnung mit $\Delta = \pm 3$ mm toleriert.

Gleichzeitig wurde ein Gesamtaufwand von $A_0 = 60{,}-$ € festgestellt, wenn erst zu dem späten Zeitpunkt nach der Montage bemerkt wird, dass die Scheibe eigentlich als Ausschuss anzusehen ist.

Die Toleranzgrenze, bei der eigentlich keine Scheibe mehr das Herstellerwerk verlassen dürfte, sollte somit auf

$$\Delta = \sqrt{\frac{20{,}- \text{€}}{60{,}- \text{€}}} \cdot (\pm 3 \text{ mm}) = \pm 1{,}7 \text{ mm}$$

eingegrenzt werden. In der Fertigungsunterlage sollte daher die Länge der Fensterscheibe auf $900 \pm 1{,}7$ mm eingegrenzt werden.

> Prozesssicherheit fordert: 1. „Toleranzsicherheit"
> und
> 2. „unmittelbare Funktionssicherheit".

Der Sinn dieser Grenze besteht in der Festlegung einer Toleranzsicherheit. Dies ist der identische Ansatz zur Prozessfähigkeit. Auch die C_p- bzw. C_{pk}-Faktoren verfolgen das Ziel einer Toleranzsicherheit, in dem die in den Zeichnungen angegebenen Toleranzen nur eingeschränkt genutzt werden dürfen. Auf diesen Aspekt ist auf S. 58 schon hingewiesen worden und dieser soll im Weiteren noch vertieft werden.

[*) Anmerkung: Dieser exponentielle Zusammenhang gilt nur innerhalb einer Fertigungstechnologie. Muss bei kleineren Toleranzen die Fertigungstechnologie geändert werden, beispielsweise vom Feindrehen zum Schleifen, dann kann der Zusammenhang wie oben nicht mehr ohne weiteres angenommen werden.

7.4.3 Bewertung des tatsächlichen Qualitätsverlustes

Nach dieser Analyse und der Neufestlegung der Toleranz soll nun der tatsächlich entstehende Qualitätsverlust betrachtet werden. Vorausgegangen sei schon die Optimierung des Herstellungsprozesses.

Verbindliche Qualitätsanforderung für das Scheibenmaß ist jetzt

$L = 900 \pm 1,7$ mm.

Zur Bewertung der tatsächlichen Qualität wird eine kleine Stichprobe von 20 Fensterscheiben aus der Produktion entnommen und die Längen vermessen. Aufgelistet sind die Abweichungen vom Sollmaß. Da die Werte zufallsverteilt sind, liegt eine Normalverteilung zugrunde.

Nr.	1	2	3	4	5	6	7	8	9	10
Abw. Δ_i	+1,1	+1,6	-0,5	0,0	+1,0	+1,7	-0,8	+0,9	+1,3	+0,2
Nr.	11	12	13	14	15	16	17	18	19	20
Abw. Δ_i	+0,8	+1,1	-0,9	+0,7	+1,4	+0,6	+1,2	-1,3	+1,5	0,0

Tabelle. 7.1: *Abweichung der Länge der produzierten Glasscheiben zufolge einer Stichprobe*

Damit kann eine statistische Auswertung der Produktionsdaten vorgenommen werden:

	Mittl. Toleranz-abweichung Δ_m	Varianz s^2 der Istwerte	Standardabw. s
Formel	$\Delta_m = \dfrac{1}{20}\sum\limits_{i=1}^{20}\Delta_i$	$s^2 = \dfrac{1}{20-1}\sum\limits_{i=1}^{20}(\Delta_i - \Delta_m)^2$	$s = \sqrt{\dfrac{1}{20-1}\sum\limits_{i=1}^{20}(\Delta_i - \Delta_m)^2}$
Wert	$\Delta_m = +0,58$	$s^2 = 0,8$	$s = 0,895$

Tabelle 7.2: Statistische Kennwerte geometrischer Abweichungen

Nun kann man unter Anwendung von Gl. (7.4) den durchschnittlichen Qualitätsverlust der Fertigung bewerten

$$\overline{Q} = \frac{A_0}{\Delta^2} s^2 = \frac{60\,€}{1,47^2}\cdot 0,8 = 22,22\ € \text{ mit } \Delta = \Delta_m + s = 1,47, \qquad (7.9)$$

d. h., der für den Kunden (hier Automobilhersteller/OEM) eventuell wirksame Qualitätsverlust hat sich etwa gedrittelt. Der Qualitätsverlust ist somit ein Maßstab für die „Unqualität" einer Fertigung, die jeder Scheibe etwa ein Risiko von 22,22 € mitgibt.

Im Qualitätsmanagement wird für Prozessstudien die Varianzanalyse genutzt. Beispielhaft soll jetzt auf das vorliegende Problem eine *einparametrige Varianzanalyse* ANOVA (engl. ANalysis Of VAriance) angewandt werden. Hierzu sind zunächst die folgenden Größen zu bestimmen:

– Die Summe der quadrierten Abweichungen der betrachteten Messgrößen

$$SQA_\Delta = \sum_{i=1}^{n} \Delta_i^2 = 21,94 \qquad \text{(Freiheitsgrad } f_{SQA_\Delta} = 20), \qquad (7.10)$$

– die Summe der quadrierten Mittelwertabweichungen der betrachteten Messgrößen

$$SQM_m = \frac{\left(\sum_{i=1}^{n} \Delta_i\right)^2}{n} = \frac{11,6^2}{20} = 6,728 \qquad \text{(Freiheitsgrad } f_{SQM_m} = 1) \qquad (7.11)$$

und
– die Quadratsumme der Varianz der Messgrößen

$$SQF_{s^2} = SQA_\Delta - SQM_m = 21,94 - 6,728 = 15,212 \quad \text{(Freiheitsgrad } f_{SQF} = 19). \qquad (7.12)$$

Nun kann man die folgende ANOVA-Tabelle aufstellen, die anteilmäßige Varianzschätzungen ermöglicht.

Einfluss auf	Freiheitsgrad f_i	Quadratsummen SQ_i	Varianz $V_i = SQ_i/f_i$	Fisher-Wert F^*	Parameter SQ_i'	p [%]
Mittelwert	1	6,728	6,728	8,10 (99 %)	5,928	27,02
Schwankung	19	15,212	0,8	4,35 (95 %)	16,012	72,98
Toleranz	20	21,94	*1,097*		21,94	100

Tabelle 7.3: *Ergebnis der ANOVA-Analyse der Toleranzen für ein großes Los an Teilen*

Weiterhin werden noch die folgenden Formeln für ANOVA benötigt:

1. Parameter = Mittelwertauswertung	2. Parameter = Streuungsauswertung
$SQ' = SQM_m - f_{SQM_m} \cdot V_{s^2}$ $ = 6,728 - 1 \cdot 0,8 = 5,928$ $\qquad (7.13)$	$SQ'_{s^2} = SQF_{s^2} + (f_{SQA_\Delta} - f_{SQF}) \cdot V_{s^2}$ $\phantom{SQ'_{s^2}} = 15,212 + (20 - 19) \cdot 0,8 = 16,012$ $\qquad (7.14)$

Der noch aufgeführt **Fisher-Wert** *„F"* ist ein Maß für die Signifikanz eines Faktors für einen Effekt. Dieser Wert wird aus der im Anhang tabellarisch vorliegenden Fisher-Verteilung ermittelt (siehe Seite 175). Es gilt für eine Abschätzung:

$F_{95\,\%} < V \leq F_{99\,\%}$, Vermutung ist signifikant (**)

$V_i \leq F_{95\,\%}$, Datenumfang ist noch zu gering, um diese Vermutung zu bestätigen

Hier ist $F_{20}^{1} = 4,35$ als Grenze zu einem 95-%-Signifikanzniveau und $F_{20}^{1} = 8,10$ zu einem 99-%-Signifikanzniveau ermittelt worden. Da $V_m = 6,728 \geq F_{95\%}$ ist, kann die Aussage zunächst für den Mittelwert als „signifikant" bezeichnet werden. Für die Streuung (d. h. Schwankung) ist hingegen $V_s \leq F_{95\%}$, weshalb mit 20 Werten diese Aussage noch unsicher ist.

Aus der ANOVA können für normalverteilte Messwerte weitreichende Schlüsse gezogen werden. Zunächst kann aus dem Datensatz eine hohe Variabilität (Streuung) gegenüber dem Mittelwert festgestellt werden. Für die Abmaße des Fensters heißt dies, dass die Prozessstreuung etwa dreimal mehr durchschlägt, als die Mittelwertverschiebung. Für ein Toleranzfeld von $\pm 1,7$ mm ist eine Streuung von 0,8 mm relativ groß. Ein weiteres Indiz dafür ist der Median (siehe Seite 73: $\Delta_{10} + \Delta_{11} = 1,0 / 2 = 0,5$ mm, der ebenfalls kleiner als die Streuung ist.

Ziel für eine qualitätsoptimierte Herstellung sollte die Einstellung des Mittelwertes auf den Sollwert $m = 900$ mm sein und die tatsächliche Varianz s^2 muss für eine Serienproduktion deutlicht kleiner werden. In der Praxis bedeutet dies eine Produktion mit einem „festen Mittelwert" (Sollwert), welches durch Maschineneinstellung zu gewährleisten ist. Überwacht wird dies mittels der Maschinenfähigkeit C_{mk}.

Die Streuung der Werte (Istwerte) im Toleranzfeld ist auch bei einer überwachten und beherrschten Produktion zufällig. Überwacht wird dies durch die Prozessfähigkeit C_{pk}. Engere Toleranzen rufen natürlich höhere Herstellkosten hervor, weswegen sich auch A (Herstellkosten, zuzüglich alle Kosten bei Toleranzüberschreitung) verändert. Dies muss ebenfalls im Rahmen einer Optimierung berücksichtigt werden.

7.4.4 Problematik der Herstellungstoleranzen

Bei jeder Serienfertigung treten gemäß der vorstehenden Analyse mehr oder weniger große Streuungen und somit Maßabweichungen auf. Daher sollte bei der Bestimmung der wirtschaftlichen Toleranz Δ die Fertigungsstreuung s schon von Anfang an berücksichtigt werden. Dies bedingt, dass der Anteil der außerhalb der Zieltoleranz hergestellten Bauteile abgegrenzt werden muss. Hierzu kann die Verteilungsfunktion der Gauß'schen Normalverteilung $F_{NV}(u)$ (siehe Kapitel 4.1.3) herangezogen werden. Man erhält dann den folgenden Zusammenhang für die Toleranzanpassung:

$$\Delta = \sqrt{\frac{A}{A_0 \cdot F_{NV}}} \Delta_0 . \tag{7.15}$$

Diese Gleichung kann regelmäßig nur iterativ aufgelöst werden, wie das nachfolgende Beispiel exemplarisch zeigen soll.

Beispiel: Toleranzoptimierung bei gegebener Streuung

Ein Flansch soll mit dem Außendurchmesser $d = 40 \pm 0,2$ mm gefertigt werden. Die Streuung bei der Fertigung sei normalverteilt. Die Herstellung dieses Flansches verursacht Kosten in Höhe von $A = 1,50$ €. Durch das Überschreiten dieser Toleranz würde ein geldwerter Verlust von $A_0 = 5$ € entstehen. Die Streuung des Herstellungsprozesses sei mit s = 0,065 mm festgestellt worden.

Nach der zuvor angeführten Beziehung sollte nun für die Herstellertoleranz angesetzt werden:

$$\Delta = \sqrt{\frac{A}{A_0}}\Delta_0 = \sqrt{\frac{1,5 \, \text{Euro}}{5 \, \text{Euro}}} \cdot (\pm 0,2 \text{ mm}) = \pm 0,10954 \text{ mm} \approx \pm 0,1 \text{ mm}.$$

Mittels der Dichtefunktion der Gauß'schen Normalverteilung kann abgeschätzt werden, wie viele Teile dann außerhalb der Zieltoleranz gefertigt werden. Dazu verwendet man wieder die Standardtabellen auf Seite 171:

$$F_{NV}(u) = F_{NV}\left(\frac{0,10954}{0,065}\right) = F_{NV}(1,685) = 0,9540 \equiv 95,40 \%.$$

Dies bedeutet: Sollte das Toleranzfeld mit $\pm 0,1$ mm gewählt werden, würden bei der vorliegenden Prozessstreuung dennoch 4,60 % der Teile außerhalb der Zieltoleranz liegen. Dies ist sicherlich für eine Serienfertigung nicht akzeptabel.

Iterative Anpassung über den Qualitätsverlust

Nun soll versucht werden, mit Gl. (7.15) die Toleranz besser anzupassen:

$$\Delta^{(1)} = \sqrt{\frac{A}{A_0 \cdot F_{NV}}}\Delta_0 = \sqrt{\frac{1,5 \, \text{Euro}}{5 \, \text{Euro} \cdot 0,954}} \cdot 0,2 = 0,1121 \text{mm} \Rightarrow F_{NV_1}(u) = F\left(\frac{0,1121}{0,065}\right) = 0,9577.$$

Der unter 1. für $F_{NV}(u)$ ermittelte Wert wird jetzt wieder eingesetzt:

$$\Delta^{(2)} = \sqrt{\frac{A}{A_0 \cdot F_{NV_1}}}\Delta_0 = \sqrt{\frac{1,5 \, \text{Euro}}{5 \, \text{Euro} \cdot 0,9577}} \cdot 0,2 = 0,1119 \text{mm} \Rightarrow F_{NV_2}(u) = F\left(\frac{0,1119}{0,065}\right) = 0,9574,$$

$$\Delta^{(3)} = \sqrt{\frac{A}{A_0 \cdot F_{NV_2}}}\Delta_0 = \sqrt{\frac{1,5 \, \text{Euro}}{5 \, \text{Euro} \cdot 0,9574}} \cdot 0,2 = 0,1119 \text{mm} \Rightarrow F_{NV_3}(u) = F\left(\frac{0,1119}{0,065}\right) = 0,9574.$$

Im vorliegenden Fall ermöglicht die Iteration nur eine kleine Verbesserung. Durch Neufestsetzung auf $d = 40 \pm 0,11$ mm werden die Verlustkosten zwar maßgeblich gesenkt, der Anteil der Teile außerhalb der Toleranz hat sich mit 4,26 % nur unwesentlich verringert. Eine deutliche Verbesserung würde sich erst bei einer kleineren Herstellungsstreuung ergeben.

Nimmt man für den Toleranzbereich hingegen $T = 2\Delta = \pm 3 \cdot s$ an, so folgt daraus

$$s_{neu} = \frac{\pm 0,11}{3} = 0,03667 \text{ mm}.$$

Hiermit bestimmt sich die Verteilungsfunktion zu

$$F_{NV}(u) = F\left(\frac{0,11}{0,0367}\right) \equiv F(2,999) \equiv 99,7\,\%,$$

womit nur noch 0,3 % der Teile außerhalb der Toleranz liegen. Bei einer Produktionsmenge von 800 Flanschen am Tag beträgt der Anteil der nicht toleranzgerechten Flansche ca. 2-3 Stück/Tag. Damit zeigt sich die Notwendigkeit, die Produktion zu SIX-SIGMA weiterzuentwickeln, da somit erst die „Qualitätskosten" minimiert werden können.

Iterative Anpassung über den C_{pk} -Faktor

Wie schon ausgeführt, ist mit der Vorgabe eines C_{pk}-Faktors eine unmittelbare Toleranzsicherheit verbunden. Demzufolge kann die vorstehende Formel modifiziert werden zu

$$\Delta = \sqrt{\frac{f_c}{F_{NV}}}\Delta_0. \tag{7.16}$$

Angewandt auf das vorstehende Beispiel mit gegebener Prozessstreuung und einem geforderten $C_{pk} = 1,33$ folgt:

$$\Delta^{(1)} = \sqrt{\frac{0,752}{0,9978}} \cdot 0,2 = 0,174 \text{ mm} \Rightarrow F_{NV_1}\left(\frac{0,2}{0,065}\right) = F(3,077) = 0,9978,$$

$$\Delta^{(2)} = \sqrt{\frac{0,752}{0,9923}} \cdot 0,174 = 0,15 \text{ mm} \Rightarrow F_{NV_2}\left(\frac{0,174}{0,065}\right) = F(2,67) = 0,9923,$$

d. h., mit der gegebenen Prozessstreuung kann in 99,23 % der Fälle eine Toleranz von ± 15 mm gehalten werden. Mehr Gutteile erhält man nur durch eine Verkleinerung der Streuung.

7.5 Praktischer Ansatz

Für die Praxis empfiehlt sich der folgende vereinfachte Ansatz zur Bewertung des Qualitätsverlustes. Der Qualitätsverlust wird hierbei auf 1,- € normiert. Dies bedeutet, man nimmt für ein auf der Toleranzgrenze liegendes Teil einen pauschalen Qualitätsverlust von 1,- € an /LEM 90/.

Somit lässt sich die Fertigungsqualität im SIX-SIGMA-Fokus wie folgt bewerten:

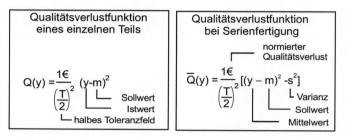

Bild 7.4: *Qualitätsverlust eines Teils bzw. einer Serie*

Durch die Normierung der Qualitätsverlustfunktion ist ein prinzipieller Vergleich z. B. von unterschiedlichen Fertigungsstufen oder -verfahren möglich.

Auf die Beispiele Autoscheibe oder Flansch bezogen würde dies bedeuten, man könnte unterschiedliche Fertigungsverfahren oder Stufen bezüglich ihres Qualitätsverlustes vergleichen, um ein Optimum zu finden.

Man bestimmt somit normierte Qualitätsverlustkurven für einzelne Verfahren. Diese eignen sich dann für einen direkten Qualitäts- oder Kostenvergleich untereinander.

Bei einer Serienfertigung sieht man deutlich, dass der Qualitätsverlust durch eine Mittelwert-Zielwert-Einstellung und eine Verringerung der Varianz reduziert werden kann. Die Mittelwerteinstellung ist regelmäßig kostenneutral zu erhalten, während jede Streuungsreduzierung in einer Produktion allerdings sehr kostentreibend ist. Eine Verringerung der Streuung verlangt regelmäßig ein genaueres Herstellverfahren.

Anmerkung: Entwicklung der Qualitätsverlustfunktion für Serienfertigung

$$\overline{Q}(y) = k \cdot \frac{1}{m}\left[(y_1 - m)^2 + (y_2 - m)^2 + (y_3 - m)^2 + ... + (y_n - m)^2\right]$$

$$= k \cdot \frac{1}{n}\sum_{i=1}^{n}(y_i - m)^2$$

$$= k\left[\frac{1}{n}\sum_{i=1}^{n}y_i{}^2 - 2\overline{y}\cdot m + m^2\right] = k\left[\frac{1}{n}\sum y_i{}^2 - \overline{y}^2 + \overline{y}^2 - 2\cdot\overline{y}\cdot m + m^2\right]$$

$$= k\left[\frac{1}{n}\sum(y_i - \overline{y})^2 + (\overline{y} - m)^2\right] \quad \text{mit} \quad \frac{1}{n}\sum(y_i - \overline{y})^2 = s^2 \quad \text{folgt}$$

$$= k\left[s^2 + (\overline{y} - m)^2\right]$$

8 Überwachung eines Produktionsprozesses

8.1 Fähigkeitsnachweise

Von jedem Produktionsverfahren wird verlangt, dass es möglichst eine konstante Qualität liefern soll. Für das Produkt heißt dies, dass jedes geometrische Merkmal mit einer geringen Streuung im Toleranzbereich gefertigt wird. In einer Serienfertigung kann dies nur mit einem entsprechenden Vorbereitungs- und Daueraufwand gewährleistet werden. Die dazu erforderlichen Stufen der Qualifizierung bzw. des Fähigkeitsnachweises sind im *Bild 8.1* aufgeführt.

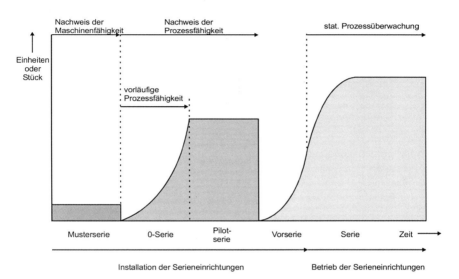

Bild 8.1: *Stadien eines Serienanlaufs und einer überwachten Serienfertigung*

Gemäß den ausgewiesenen Prozessstufen muss ein abschnittsweiser Fähigkeitsnachweis erbracht werden, so wie die Merkmale tatsächlich in der Herstellung anfallen. Entsprechend dem Status des Nachweises ist die Fähigkeit vor und nach Beginn der Serienfertigung nachzuweisen.

Vor Serienanlauf /LIN 02/ unterscheidet man zwischen Kurzzeituntersuchungen zur Beurteilung der Maschine (Maschinenfähigkeit) und Vorlaufuntersuchungen des Herstellungsprozesses (vorläufige Prozessfähigkeit).

Die *Maschinenfähigkeit* (C_m, C_{mk}) wird üblicherweise als Abnahmeprüfung bei neuen Maschinen oder erstmaliger Inbetriebnahme (auch nach Instandsetzung) angewendet. Hierzu werden im Normalfall 50 hintereinander gefertigte Teile (entspricht einer Stichprobe 10-mal à 5 Teile) untersucht.

Die vorläufige *Prozessfähigkeitsuntersuchung* (P_p, P_{pk}) dient der Beurteilung der Prozessfähigkeit vor Serienanlauf. Dabei sollen die endgültigen Serienbedingungen bereits realisiert und alle Einflussgrößen (Mensch, Maschine, Methode, Material, Umwelt) berücksichtigt werden. Zur Durchführung dieser Untersuchung werden in regelmäßigen Abständen mindestens 20 Stichproben à 3 Teile (häufig auch 25-mal à 5 Teile) analysiert.

Die nach dem Serienanlauf durchzuführende *Prozessfähigkeit* (C_p, C_{pk}) dient dazu, die Qualitätsfähigkeit unter realen Prozessbedingungen zu beurteilen. Eine derartige Untersuchung muss sich über einen längeren Zeitabschnitt erstrecken, damit alle streuungsrelevanten Faktoren wirksam werden können. Gewöhnlich wird hierzu ein Beobachtungszeitraum von 20 Tagen gewählt.

Hieran schließt sich die *Langzeit-Prozessfähigkeit* mittels SPC an. Über eine Schicht werden dazu 10 Stichproben à 5 Teile ausgewertet.

Alle Fähigkeitsuntersuchungen beruhen auf der Messung von Merkmalwerten, weshalb hier auch die *Prüfmittelfähigkeit* eine wichtige Rolle spielt.

8.2 Die Qualitätsregelkarte (QRK)

Mithilfe einer Qualitätsregelkarte kann das Prozessverhalten visualisiert werden, und zwar bezüglich seiner Lage und Streuung. Dazu werden prozessspezifische Kennwerte (z. B. Anzahl fehlerhafter Einheiten, Urwerte, Mittelwerte, Mediane, Standardabweichungen und Spannweiten) zur Lage- und Streuungsbeurteilung über der Zeit dargestellt und mit Grenzlinien (so genannte Eingriffsgrenzen) verglichen. Anhand dieser Vergleiche ist eine Beurteilung der Prozessgüte /TAV 91/ möglich.

Als Beispiel ist im *Bild 8.2* eine so genannte Urwert-Annahme-Qualitätsregelkarte dargestellt. In diese Karte werden die gemessenen Einzelwerte einer Stichprobe direkt eingetragen. Damit können die Lage und die Streuung der Messwerte analysiert werden.

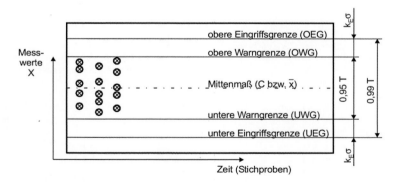

Bild 8.2: *Aufbau von Urwert-Annahme-Qualitätsregelkarten (je Zeitpunkt werden 5 Einheiten gezogen)*

Neben dieser Urwertkarte (für kontinuierliche Merkmale) gibt es noch eine Vielzahl anderer Karten, die Mittelwerte, Streuungen und Spannweiten anzeigen. Des Weiteren gibt es noch p-Karten (für diskrete Merkmale), mit der fehlerhafte Einheiten festgestellt werden können.

Die Näherung oder Überschreitung der Warn- bzw. Eingriffsgrenzen ist ein Hinweis dafür, dass der Prozess wegdriftet oder unkontrolliert wird. Hier sind dann Maßnahmen wie Justierung oder Werkzeugwechsel erforderlich. Für die Festlegung der Grenzen können die folgenden Gleichungen herangezogen werden:

Eingriffsgrenzen (99 %)	
OEG	UEG
$\overline{x} + 2{,}58 \cdot \dfrac{s}{\sqrt{n}}$,	$\overline{x} - 2{,}58 \cdot \dfrac{s}{\sqrt{n}}$

Warngrenzen (95 %)	
OWG	UWG
$\overline{x} + 1{,}96 \cdot \dfrac{s}{\sqrt{n}}$,	$\overline{x} - 1{,}96 \cdot \dfrac{s}{\sqrt{n}}$

Die Auswertung bedingt, dass die Prozessstreuung aus ca. 100 Messwerten bekannt ist; ist dies nicht gegeben, so können aus Tabellen Schätzwerte herangezogen werden.

9 Statistische Prozesslenkung

9.1 Prozessgüte und Prozessfähigkeit

Zuvor wurden schon die erforderlichen Fähigkeitsnachweise und die Bedeutung von SPC, der Prüfmittelfähigkeit und die Regelkarten eingegangen. Im Weiteren sollen jetzt verschiedene gebräuchliche Fähigkeitsindices /VDA 86/ definiert werden.

Im Allgemeinen versteht man unter einer *Qualitätsfähigkeitskennzahl* den Zahlenwert, der sich aus dem rechnerischen Vergleich der Prozessleistung im Vergleich zur vorgegebenen Toleranz ergibt. Aus diesem Blickwinkel heraus kann ein Prozesspotenzial und eine Prozessfähigkeit definiert werden:

- Das Prozesspotenzial drückt die Fähigkeit eines Prozesses aus, ein Merkmal in gleich bleibender Weise innerhalb vorgegebener Spezifikationsgrenzen zu erzeugen:

$$C_p = \frac{\text{Toleranzbreite}}{\text{Prozessstreubreite}} \; .$$

Gleichfalls kann das Prozesspotenzial auch über C_m (Maschinenfähigkeit) oder P_p (vorläufige Prozessfähigkeit) ausgedrückt werden.

- Die Prozessfähigkeit fordert hiergegen noch strenger die Einhaltung einer bestimmten Mittelwertlage des Prozesses innerhalb des Toleranzfeldes:

$$C_{po} = \frac{\text{Abstand der oberen Toleranzgrenze zum Prozessmittelwert}}{\text{halbe Prozessstreubreite}} \; ,$$

$$C_{pu} = \frac{\text{Abstand der unteren Toleranzgrenze zum Prozessmittelwert,}}{\text{halbe Prozessstreubreite}} \; ,$$

$$C_{pk} = \min \left(C_{po} ; C_{pu} \right) .$$

Weitere Quantifizierungen sind C_{mk} (kritische Maschinenfähigkeit) oder P_{pk} (vorläufige kritische Prozessfähigkeit).

Aus diesen Betrachtungen wird deutlich, dass Prozesse unmittelbar über die Streuungen und die Toleranzen gesteuert werden. Insofern sollten Toleranzen mit den Fähigkeiten bzw. Möglichkeiten der Fertigung abgestimmt werden.

9.2 Prozessgüte

Gemäß Auswertung der Prozessfähigkeit sind die folgenden Charakterisierungen möglich:

Bei einem **beherrschten Prozess** weichen bei unterschiedlichen Stichproben Streuung und Mittellage des Prozesses nur gering voneinander ab.

Bei einem **nicht beherrschten Prozess** schwankt die Streuung und Mittellage des Prozesses stark bei unterschiedlichen Stichproben.

Ein **fähiger Prozess** wird durch schmale und symmetrische Verteilungen gekennzeichnet. Diese müssen innerhalb der Eingriffsgrenzen liegen.

Ein **nicht fähiger Prozess** besitzt eine zu große Prozessstreuung. Er kann allerdings durchaus beherrscht sein (bei konstanten $\bar{x}$ und s^2).

9.3 Prozessfähigkeitsindizes

Die Prozessfähigkeit sagt aus, ob ein Prozess mit den vorgegebenen Qualitätsforderungen übereinstimmt. Die Untersuchung der Prozessfähigkeit erfolgt unter Anwendung mathematisch-statistischer Auswerteverfahren.

Die Vorgabe für einen beherrschten Prozess liegt heute noch bei $\bar{x} \pm 3 \cdot s$, erst bei Einhaltung dieser Streugrenzen gilt ein Prozess als fähig /VDA 86/. Diese Streugrenzen geben an, dass mindestens 99,73 % aller Merkmalswerte innerhalb der vorgegebenen Toleranz liegen (dazu siehe auch *Bild 4.7*).

Im Zuge des *Total Quality Managements* werden seit längerem schon die Forderungen nach $\bar{x} \pm 4 \cdot s$ bzw. $\bar{x} \pm 5 \cdot s$ gestellt bzw. in der SIX-SIGMA-Philosophie sogar $\bar{x} \pm 6 \cdot s$ angestrebt.

9.3.1 Relative Prozessstreubreite

Die relative Prozessstreubreite f_p sollte in der Regel nicht mehr als 75 % der Werkstücktoleranz bei quantitativen (messbaren) Qualitätsmerkmalen und auch nicht mehr als 75 % der vorgegebenen Qualitätsforderung bei qualitativen (zählbaren) Qualitätsmerkmalen (siehe VDA Bd. 4) betragen. Quantitative Qualitätsmerkmale sind z. B. der Anteil der fehlerhaften Einheiten oder die Anzahl der Fehler pro Stichprobe.

Allgemein wird f_p durch die folgende Gleichung beschrieben:

$$f_p = \frac{\text{Prozessstreubereich}}{\text{Toleranz}} \leq 75\ \%$$

und für die Forderung $\pm 3 \cdot s$ berechnet zu

$$f_p = \frac{6 \cdot s}{\text{OSG} - \text{USG}} . \tag{9.1}$$

Hierbei sind

OSG die obere Spezifikationsgrenze
und
USG die untere Spezifikationsgrenze.

9.3.2 Prozessfähigkeit

Die Prozessfähigkeit (*engl.: process capability*) C_p ist ein Maß für die Streuung eines Fertigungsprozesses.

Die Berechnung der Prozessfähigkeit für die Forderung $\pm 3 \cdot s$ erfolgt durch

$$C_p = \frac{OSG - USG}{6 \cdot \hat{s}} = \frac{1}{f_p} . \qquad (9.2)$$

$\hat{s}$ ist der Schätzwert für die Standardabweichung der Momentanstreuung.

Für $\hat{s}$ werden die folgenden Größen eingesetzt:

- Für quantitative (messbare) Qualitätsmerkmale gilt

  $\hat{s} = s_r$ s_r ist der Schätzwert der Standardabweichung des Merkmalswertes nach der Spannweitenmethode,

- für qualitative (zählbare) Merkmale gilt

    $\hat{s}$ entspricht angenähert der Standardabweichung der Grundgesamtheit. Die Einzelstichprobengröße sollte hierbei nicht kleiner als 50 sein.

9.3.3 Prozessfähigkeitsindex

Mit dem Kennwert der Prozessfähigkeit C_p wird die grundsätzliche Fähigkeit eines Prozesses beschrieben.

Der Prozessfähigkeitsindex (*engl.: process capability index*) C_{pk} berücksichtigt neben der Streuung des Fertigungsprozesses zusätzlich die Lage des Mittelwertes zu den Spezifikationsgrenzen. Bei der Bestimmung dieses Wertes wird also zusätzlich die Angabe der Fertigungslage miteinbezogen. C_{pk} bewertet die Beherrschung eines Prozesses und ist deshalb anwendbar bei der Prozessfähigkeitsuntersuchung von Prozessen mit nicht nachstellbaren Merkmalen und bei Prozessen, deren Qualitätsmerkmale eine einseitige Begrenzung aufweisen. Dies sind z. B. alle qualitativen Qualitätsmerkmale sowie Planläufe, Rundläufe, Ebenheiten, usw.

Für die Forderung $\pm 3 \cdot s$ wird C_{pk} berechnet zu

$$C_{pk} = \frac{z_{krit}}{3 \cdot \hat{s}} . \qquad (9.3)$$

Hierbei ist z_{krit} der kritische Abstand des Gesamtmittelwertes zur Spezifikationsgrenze.

Es gilt weiter:

$\Delta_{krit_1} = \bar{x} - USG$,   sollte $\bar{x}$ zur unteren Spezifikationsgrenze hin verschoben sein, bzw.

$\Delta_{krit_2} = OSG - \bar{x}$ bei Verschiebung von $\bar{x}$ in Richtung der oberen Spezifikaktionsgrenze.

In Gl. (9.3) ist dann einzusetzen:

$$z_{krit} = \min \left| \Delta_{krit_1}, \Delta_{krit_2} \right|. \tag{9.4}$$

9.3.4 Bewertung der Prozessfähigkeit

Für die Beurteilung der Fähigkeit eines Prozesses gelten die nachfolgenden Voraussetzungen:

Ein Prozess ist **fähig**, wenn die folgenden Bedingungen erfüllt sind:

$f_p \leq 75\,\%$,
$C_p \geq 1{,}33$
und
$C_{pk} \geq 1{,}33$.

Ein Prozess ist **bedingt fähig**[1], wenn gilt:

$1{,}33 > C_{pk} \geq 1{,}00$.

In diesem Fall erfordert der Prozess eine entsprechende Überwachung und eine bessere Zentrierung. Dies ist nur zulässig bei quantitativen Qualitätsmerkmalen. In diesem Fall kann schon eine geringe Verschiebung des Mittelwertes dazu führen, dass der Prozess nicht mehr beherrschbar ist.

Ein Prozess ist **nicht fähig**, bei

$C_{pk} < 1$.

Ist $C_p > C_{pk}$, dann liegt der Mittelwert der Verteilung außerhalb der Toleranzmitte.

Ein Prozess, der fähig ist, muss aber nicht zwangsläufig auch beherrscht werden; ebenso gilt: Ein beherrschter Prozess muss nicht unbedingt auch fähig sein. Ziel muss es jedoch sein, einen fähigen Prozess auch zu beherrschen.

---

[1] Anmerkung: $C_{pk} = 1{,}0$ entspricht $\pm 3 \cdot s$ bzw. 99,73 %   oder 2.700 ppm

$C_{pk} = 1{,}33$ entspricht $\pm 4 \cdot s$ bzw. 99,9937 %   oder   63 ppm

$C_{pk} = 1{,}67$ entspricht $\pm 5 \cdot s$ bzw. 99,999943 % oder   0,57 ppm

$C_{pk} = 2{,}0$ entspricht $\pm 6 \cdot s$ bzw. 99,9999998 % oder   0,002 ppm

9.3.5 Prozessbeurteilung

Das folgende Beispiel zeigt den Zusammenhang zwischen f_p, C_p und C_{pk} und die Änderung der Werte bei Verschiebung des Mittelwertes in Richtung auf eine der Spezifikationsgrenzen.

Beispiel

An einer CNC-Säge werden Strangpressprofile für Führungsschienen von Transportfahrzeugen der Länge 500 mm abgesägt. Die zulässige Toleranz für die Weiterverarbeitung beträgt ±3 mm. Die Verteilung der Längenmaße entspricht einer Gauß'schen Normalverteilung. Man hat eine Standardabweichung von $\hat{s} = 0{,}75$ ermittelt.

Bei *Verteilung I* liegt der Mittelwert der Längenmaße genau in der Mitte der Toleranzzone, bei *Verteilung II* ist er um 1,25 mm in Richtung der oberen Spezifikationsgrenze OSG verschoben.

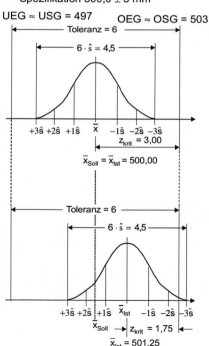

Beispiel:
Spezifikation 500,0 ± 3 mm

UEG ≈ USG = 497   OEG ≈ OSG = 503

Verteilung I:

$\overline{x}$ = 500,00 mm $\hat{s} = 0{,}75$
USG = 497,00 mm
OSG = 503,00 mm

$$f_p = \frac{6 \cdot \hat{s}}{OSG - USG} = \frac{6 \cdot 0{,}75}{503 - 497} = 0{,}75 = \underline{\underline{75\%}}$$

$$C_p = \frac{OSG - USG}{6 \cdot \hat{s}} = \frac{1}{f_p} = \underline{\underline{1{,}33}}$$

$$C_{pk} = \frac{z_{krit}}{3 \cdot \hat{s}} = \frac{OSG - \overline{x}}{3 \cdot \hat{s}} = \frac{503 - 500}{3 \cdot 0{,}75} = \underline{\underline{1{,}33}}$$

Verteilung II:

$\overline{x}$ = 501,25 mm $\hat{s} = 0{,}75$
USG = 497,00 mm
OSG = 503,00 mm

$$f_p = \frac{6 \cdot \hat{s}}{OSG - USG} = \frac{6 \cdot 0{,}75}{503 - 497} = 0{,}75 = \underline{\underline{75\%}}$$

$$C_p = \frac{OSG - USG}{6 \cdot \hat{s}} = \frac{1}{f_p} = \underline{\underline{1{,}33}}$$

$$C_{pk} = \frac{z_{krit}}{3 \cdot \hat{s}} = \frac{OSG - \overline{x}}{3 \cdot \hat{s}} = \frac{503 - 501{,}25}{3 \cdot 0{,}75} = \underline{\underline{0{,}78}}$$

Bild 9.1: *Vergleich von f_p, C_p und C_{pk}*

Wie dieses Beispiel zeigt, erfolgt durch Verschiebung des Mittelwertes eine Änderung des Prozessfähigkeitsindexes C_{pk}.

Die Indexgrößen C_p und f_p werden davon nicht betroffen.

Bei diesem Beispiel wäre der Prozess

* bei *Verteilung I* fähig,
* bei *Verteilung II* hingegen **nicht** fähig!

9.3.6 Maschinenfähigkeitsindizes

Die Maschinenfähigkeit C_m und der Maschinenfähigkeitsindex C_{mk} beschreiben lediglich die Fähigkeiten/Einflüsse der Fertigungsmaschinen auf den Prozess. Bevor also eine Serienproduktion aufgenommen wird, ist nachzuweisen, ob Fertigungsmaschinen überhaupt in der Lage sind, die Maßbereiche einzuhalten. Gewöhnlich erfolgt dieser Nachweis unter Serienbedingungen an einem kleinen Musterlos. Aufgabe ist es dabei, die systematischen Effekte zu eliminieren. Diese resultieren gewöhnlich aus

* Werkzeughalterung,
* Werkzeugeinstellungen,
* Einspannung,
* Wirkung der Umgebungseinflüsse

sowie

* Materialbeschaffenheit.

Für die Maschinenfähigkeit strebt man gewöhnlich $C_{mk} \geq 1{,}67$ an.

9.3.7 Messmittelfähigkeit

Gemäß ISO 9000 müssen Messwerte (x) und kleine Toleranzen auch sicher nachgewiesen werden. Hierfür ist ein so genannter Genauigkeits- $\left(C_g\right)$ und Fähigkeitsindex $\left(C_{gk}\right)$ eingeführt worden. Diese können toleranzbezogen oder prozessbezogen nachgewiesen werden:

$$C_g = \frac{0{,}2 \cdot (OSG - USG)}{6 \cdot \hat{s}} \qquad (9.5)$$

bzw.

$$C_{gk} = \frac{(x + 0{,}1 \cdot T) - \bar{x}}{3 \cdot \hat{s}}. \qquad (9.6)$$

Man erkennt wieder, dass kleine Toleranzen auch notwendig hochgenaue Messmittel erfordern, welche gewöhnlich teuer und aufwändig zu bedienen sind. Bei Toleranzen kleiner als 15 μm ist eine Mess- und Prüfmittelfähigkeit nur sehr schwer nachzuweisen.

10 Simulation der Montage einer Baugruppe bei gleichverteilten Fertigungstoleranzen

Nachfolgend sollen anhand einer einfachen Montagesimulation eines Getriebes die Kosten-vorteile der Statistischen Tolerierung anschaulich dargestellt werden.

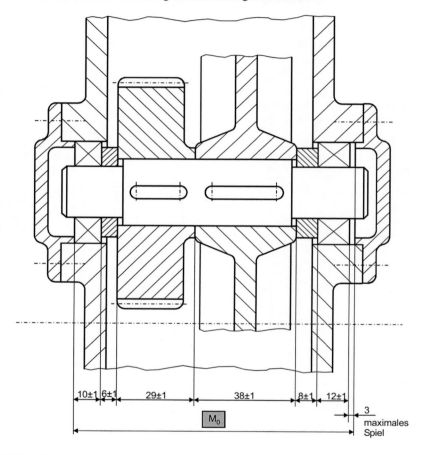

Bild 10.1: *Getriebeausschnitt mit schwimmender Lagerung*

Fokus der zu klärenden Frage:

Wie groß stellt sich das Schließmaß M_0 tatsächlich ein, wenn ein funktionelles maximales Spiel von 3 mm zur Längenkompensation bei höheren Temperaturen notwendig ist?

10.1 Arithmetische Berechnung

Mit den bekannten Gleichungen

$$N_0 = \sum N_{i+} - \sum N_{i-} , \qquad (10.1)$$

$$P_O = \sum G_{o_i+} - \sum G_{u_i-} , \qquad (10.2)$$

$$P_U = \sum G_{u_i+} - \sum G_{o_i-} \qquad (10.3)$$

und

$$T_A = P_O - P_U \qquad (10.4)$$

kann das Schließmaß einfach bestimmt werden. In dieser Maßkette sind alle Einzelmaße in ihrer Auswirkung auf das Schließmaß *positiv*.

Somit ergeben sich

$$N_0 = 10 \text{ mm} + 6 \text{ mm} + 29 \text{ mm} + 38 \text{ mm} + 8 \text{ mm} + 12 \text{ mm} + 3 \text{ mm} = 106 \text{ mm},$$
$$P_O = 11 \text{ mm} + 7 \text{ mm} + 30 \text{ mm} + 39 \text{ mm} + 9 \text{ mm} + 13 \text{ mm} + 3 \text{ mm} = 112 \text{ mm},$$
$$P_U = 9 \text{ mm} + 5 \text{ mm} + 28 \text{ mm} + 37 \text{ mm} + 7 \text{ mm} + 11 \text{ mm} + 3 \text{ mm} = 100 \text{ mm},$$

und mit der Toleranzbestimmung erhält man für das arithmetische Schließmaß

$$M_{0A} = 106 \pm 6 \text{ mm} .$$

10.2 Statistische Berechnung

Für die statistische Berechnung des Schließmaßes sind zunächst die Häufigkeitsverteilungen der einzelnen Maße festzustellen. Für die Simulation werden diese alle *gleichverteilt* angenommen. Somit ergibt sich für die Statistische Tolerierung einer linearen Maßkette aus k = 6 Gliedern mit *gleich großen Einzeltoleranzen* T_i = **2 mm** und rechteckig verteilten Einzelmaßen die folgende Standardabweichung der Einzelmaße:

$$s_i = \frac{T_i}{\sqrt{12}} = \frac{2 \text{ mm}}{\sqrt{12}} = 0{,}577 \text{ mm} .$$

Für das Schließmaß ergibt sich dann nach dem Abweichungsfortpflanzungsgesetz auch eine Normalverteilung mit folgender Standardabweichung:

$$s_0 = \sqrt{k} \cdot s_i = \sqrt{6} \cdot 0{,}577 \text{ mm} = 1{,}4133 \text{ mm} . \qquad (10.5)$$

Wird ein Fehleranteil von p = 0,27 % in der Montage akzeptiert, so ergibt sich die wahrscheinliche Schließtoleranz mit

$$T_S = 2 \cdot u_{1-p} \cdot s_0 = 2 \cdot 3 \cdot 1,4133 \text{ mm} = 8,4798 \text{ mm}.$$ \hfill (10.6)

Die Toleranzreduktion gegenüber der Arithmetischen Tolerierung beträgt somit

$$r = \frac{T_S}{T_A} = \frac{8,48 \text{mm}}{12 \text{mm}} = 0,7066,$$

dadurch kann eine um 29,34 % reduzierte Schließmaßtoleranz bei unveränderten Einzeltoleranzen angenommen werden.

Als Ergebnis der Analyse erhält man:

statistisch berechnetes Schließmaß	arithmetisch berechnetes Schließmaß
$M_{0_S} = 106 \pm 4,24$ mm	$M_{0_A} = 106 \pm 6$ mm

10.3 Simulation

Das Ergebnis der Statistischen Tolerierung soll nun mittels einer einfachen Simulation bestätigt werden. Folgende Annahmen werden dazu gemacht:

- Es sollen 21 Getriebe montiert werden.
- Die jeweils 21 Bauelemente weisen nach der Fertigung alle eine *Gleichverteilung* ihrer Längenmaße innerhalb ihrer Toleranz auf.

Bei der angedeuteten Keilriemenscheibe des Getriebes ergibt sich hiernach die folgende Häufigkeitsverteilung:

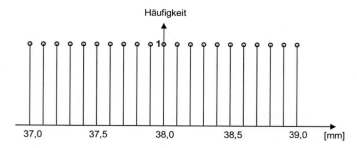

Bild 10.2: *Häufigkeitsverteilung der Keilriemenscheibe*

Gemäß dem Beispiel der Keilriemenscheibe sind nun in dem nachfolgenden Arbeitsblatt für jedes der sechs Bauteile die Häufigkeitsverteilungen bzw. die einzelnen Messwerte dargestellt.

10.4 Bauteilpool

Kopieren Sie bitte die Seite und schneiden Sie mit einer Schere die einzelnen Elemente des Arbeitsblattes aus und mischen Sie nach Gruppen sortiert. Bilden Sie anschließend für jede Gruppe einen Stapel und legen Sie die sechs sich ergebenden Stapel nebeneinander.

Die Montage des Getriebes wird nun simuliert, indem Sie von den Stapeln 1 bis 6 jeweils einen Zettel nehmen und das jeweils auf dem Zettel angegebene Maß in der Tabelle 10.1: *Arbeitsplatt zur Simulation von Einzel- und Schließmaßen* eintragen. Anschließend sind die Schließmaße als Summe der jeweiligen Zeilen einzutragen.

Arbeitsbogen zur Montagesimulation eines Getriebes						
- bitte schneiden Sie die einzelnen Elemente mit einer Schere aus -						
Gruppe 1						
Lager 1	Lager 1	Lager 1	Lager 1	Lager 1	Lager 1	Lager 1
9,0 mm	9,1 mm	9,2 mm	9,3 mm	9,4 mm	9,5 mm	9,6 mm
Lager 1	Lager 1	Lager 1	Lager 1	Lager 1	Lager 1	Lager 1
9,7 mm	9,8 mm	9,9 mm	10,0 mm	10,1 mm	10,2 mm	10,3 mm
Lager 1	Lager 1	Lager 1	Lager 1	Lager 1	Lager 1	Lager 1
10,4 mm	10,5 mm	10,6 mm	10,7 mm	10,8 mm	10,9 mm	11,0 mm
Gruppe 2						
Dist.hülse 1	Dist.hülse 1	Dist.hülse 1	Dist.hülse 1	Dist.hülse 1	Dist.hülse 1	Dist.hülse 1
5,0 mm	5,1 mm	5,2 mm	5,3 mm	5,4 mm	5,5 mm	5,6 mm
Dist.hülse 1	Dist.hülse 1	Dist.hülse 1	Dist.hülse 1	Dist.hülse 1	Dist.hülse 1	Dist.hülse 1
5,7 mm	5,8 mm	5,9 mm	6,0 mm	6,1 mm	6,2 mm	6,3 mm
Dist.hülse 1	Dist.hülse 1	Dist.hülse 1	Dist.hülse 1	Dist.hülse 1	Dist.hülse 1	Dist.hülse 1
6,4 mm	6,5 mm	6,6 mm	6,7 mm	6,8 mm	6,9 mm	7,0 mm
Gruppe 3						
Zahnrad	Zahnrad	Zahnrad	Zahnrad	Zahnrad	Zahnrad	Zahnrad
28,0 mm	28,1 mm	28,2 mm	28,3 mm	28,4 mm	28,5 mm	28,6 mm
Zahnrad	Zahnrad	Zahnrad	Zahnrad	Zahnrad	Zahnrad	Zahnrad
28,7 mm	28,8 mm	28,9 mm	29,0 mm	29,1 mm	29,2 mm	29,3 mm
Zahnrad	Zahnrad	Zahnrad	Zahnrad	Zahnrad	Zahnrad	Zahnrad
29,4 mm	29,5 mm	29,6 mm	29,7 mm	29,8 mm	29,9 mm	30,0 mm

Gruppe 4						
Riemensch.	Riemensch.	Riemensch.	Riemensch.	Riemensch.	Riemensch.	Riemensch.
37,0 mm	37,1 mm	37,2 mm	37,3 mm	37,4 mm	37,5 mm	37,6 mm
Riemensch.	Riemensch.	Riemensch.	Riemensch.	Riemensch.	Riemensch.	Riemensch.
37,7 mm	37,8 mm	37,9 mm	38,0 mm	38,1 mm	38,2 mm	38,3 mm
Riemensch.	Riemensch.	Riemensch.	Riemensch.	Riemensch.	Riemensch.	Riemensch.
38,4 mm	38,5 mm	38,6 mm	38,7 mm	38,8 mm	38,9 mm	39,0 mm

Gruppe 5						
Dist.hülse 2	Dist.hülse 2	Dist.hülse 2	Dist.hülse 2	Dist.hülse 2	Dist.hülse 2	Dist.hülse 2
7,0 mm	7,1 mm	7,2 mm	7,3 mm	7,4 mm	7,5 mm	7,6 mm
Dist.hülse 2	Dist.hülse 2	Dist.hülse 2	Dist.hülse 2	Dist.hülse 2	Dist.hülse 2	Dist.hülse 2
7,7 mm	7,8 mm	7,9 mm	8,0 mm	8,1 mm	8,2 mm	8,3 mm
Dist.hülse 2	Dist.hülse 2	Dist.hülse 2	Dist.hülse 2	Dist.hülse 2	Dist.hülse 2	Dist.hülse 2
8,4 mm	8,5 mm	8,6 mm	8,7 mm	8,8 mm	8,9 mm	9,0 mm

Gruppe 6						
Lager 2	Lager 2	Lager 2	Lager 2	Lager 2	Lager 2	Lager 2
11,0 mm	11,1 mm	11,2 mm	11,3 mm	11,4 mm	11,5 mm	11,6 mm
Lager 2	Lager 2	Lager 2	Lager 2	Lager 2	Lager 2	Lager 2
11,7 mm	11,8 mm	11,9 mm	12,0 mm	12,1 mm	12,2 mm	12,3 mm
Lager 2	Lager 2	Lager 2	Lager 2	Lager 2	Lager 2	Lager 2
12,4 mm	12,5 mm	12,6 mm	12,7 mm	12,8 mm	12,9 mm	13,0 mm

Bild 10.3: *Arbeitsbogen zur Montagesimulation*

	Lager 1	Distanz-hülse 1	Zahnrad	Riemen-scheibe	Distanz-hülse 2	Lager 2	max. zul. Spiel	Schließ-maß M_0 [mm]
	10 ± 1	6 ± 1	29 ± 1	38 ± 1	8 ± 1	12 ± 1	3	
1							3	
2							3	
3							3	
4							3	
5							3	
6							3	
7							3	
8							3	
9							3	
10							3	
11							3	
12							3	
13							3	
14							3	
15							3	
16							3	
17							3	
18							3	
19							3	
20							3	
21							3	

Tabelle 10.1: *Arbeitsblatt zur Simulation von Einzel- und Schließmaßen*

	Lager 1	Distanz-hülse 1	Zahnrad	Riemen-scheibe	Distanz-hülse 2	Lager 2	max. zul. Spiel	Schließ-maß M_0
	10 ± 1	6 ± 1	29 ± 1	38 ± 1	8 ± 1	12 ± 1	3	[mm]
1	9,9	5,3	28,8	37,1	8,0	11,2	3	103,3
2	10,5	5,4	28,5	37,7	8,1	11,4	3	104,6
3	9,1	6,2	28,9	37,0	8,7	13,0	3	105,9
4	10,7	6,4	29,9	37,8	7,6	12,1	3	107,5
5	10,6	5,7	28,4	38,1	8,3	12,7	3	106,8
6	9,2	6,0	29,1	37,3	7,3	11,1	3	103,0 (min)
7	10,3	5,8	28,6	38,3	7,4	11,6	3	105,0
8	10,9	5,9	28,1	37,5	8,5	12,3	3	106,2
9	10,0	6,9	28,2	37,9	7,0	11,5	3	104,5
10	9,5	6,5	29,2	38,5	8,4	11,8	3	106,9
11	10,2	7,0	29,7	37,6	8,2	12,0	3	107,7
12	9,7	6,8	30,0	37,4	7,2	12,8	3	106,9
13	9,8	6,6	28,7	37,2	7,7	11,3	3	104,3
14	9,4	5,6	29,3	38,7	9,0	11,9	3	106,9
15	9,0	5,0	29,0	38,4	7,1	11,7	3	103,2
16	9,6	6,7	29,5	38,0	7,5	12,5	3	106,8
17	10,4	5,1	28,3	38,6	8,8	12,6	3	106,8
18	10,1	5,5	29,4	39,0	8,6	12,2	3	107,8
19	10,8	6,3	29,8	38,8	7,9	12,9	3	109,5 (max)
20	11,0	5,2	29,6	38,2	8,9	11,0	3	106,9
21	9,3	6,1	28,0	38,9	7,8	12,4	3	105,5

Tabelle 10.2: *Anwendung des Arbeitsblattes zur Simulation der Montage von Einzel- und Schließmaßen*

Tabelle 10.2 zeigt ein mögliches Ergebnis einer solchen Simulation. Betrachtet werden sollen nun die Extremwerte des Schließmaßes.

	arithmetisch	statistisch	aus Simulation
$M_{0(max)}$	112 mm	110,24 mm	109,5 mm
$M_{0(min)}$	100 mm	101,76 mm	103,0 mm

Tabelle 10.3: *Betrachtung der Extremwerte des Schließmaßes*

Aus der Betrachtung der Simulation und der sich daraus ergebenden Extremwerte des Schließmaßes ergibt sich, dass eine Toleranzreduzierung von 29,34 % nach der statistischen Toleranzrechnung realistisch ist, da keine der 21 Baugruppen die Extremwerte der arithmetischen oder statistischen Toleranzrechnung erreicht.

Dieses Ergebnis kann nun entweder zur Toleranzerweiterung des Schließmaßes benutzt werden, oder es besteht die Möglichkeit, das Reduzierungspotenzial des Schließmaßes auf die einzelnen Bauelemente aufzuteilen.

In jedem Fall ergeben sich nachweislich enorme kostenmäßige Vorteile bei der Fertigung und Montage gegenüber den Vorgaben nach der arithmetischen Methode.

11 Toleranzrechnung an linearen Systemen

Im Folgenden sollen anhand von häufig in der Praxis vorkommenden Fragestellungen die in den verschiedenen Kapiteln gewonnen Erkenntnisse angewandt und erweitert werden. Teilweise wurden die Beispiele aus einem größeren Zusammenhang herausgelöst.

Fallbeispiele:

- Analyse einer Presspassung
- Analyse einer Spielpassung
- Analyse eines Türfeststellers
- Analyse einer Laufrolle

Der Fokus in den Beispielen ist dabei nicht auf den maximalen „statistischen Gewinn" gelegt worden, der bei vielen Bauteilen bekanntlich größer ist. Insofern sind die *Passungsbeispiele* atypisch, weil hier nur zwei Bauteile beteiligt sind. Und trotzdem kann ein statistischer Gewinn realisiert werden. Im Vorgriff auf das Ergebnis wird sich zeigen, dass auch hier eine Entfeinerung um *eine IT-Klasse* möglich ist.

Der weiter betrachtete *Türfeststeller* steht als Beispiel dafür, dass das Schließmaß auch durch ein einzupassendes Bauteil (hier Feder) gebildet werden kann.

Bei der *Laufrolle* geht es darum, verschiedene Spielanteile und Geometrietoleranzen abzustimmen, sodass die Funktion gewährleistet bleibt.

Um eine Systematik zu vermitteln, werden alle Beispiele nach einem festen Schema abgearbeitet:

- Zuerst erfolgen die zeichnerische Darstellung und die Angabe der Konstruktionsparameter.

- Um einen Überblick über die Auswirkung der Betrachtung des Problems mit der Methode der Statistischen Tolerierung zu erhalten, werden in einer Tabelle die Ergebnisse der Berechnungen in Kurzform aufgeführt. Die Werte gelten für $C_{pk} = 1$.

- Dann erfolgt eine ausführliche Darstellung der Toleranzrechnung mit Diskussion, die Toleranzen insgesamt funktioneller und wirtschaftlicher zu gestalten.

und

- Es werden die Auswirkungen auf die Funktion dargestellt.

Das Bearbeitungsschema lässt sich auf beliebige Anwendungsfälle erweitern.

11.1 Analyse einer Presspassung

Die gewählte Maßabstimmung soll Umfangskräfte unter Reibschluss übertragen.

11.1.1 Zeichnerische Darstellung

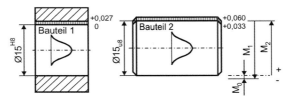

Bild 11.1: *Presspassung eines Cabrio-Scharniers mit Sollmaßen*

11.1.2 Tolerierungsparameter

$$M_1 = 15^{H8} = 15^{+\,0,027}_{0} \quad M_2 = 15_{u8} = 15^{+0,060}_{+0,033}$$

11.1.3 Tabellarische Ergebnisübersicht

Bezeichnung	Formel-zeichen	Formel	Ergebnisse
Arithmetisches Schließmaß	M_0	$M_0 = M_1 - M_2$	$0^{-0,006}_{-0,060}$ mm
Arithmetische Toleranz	T_A	$T_A = P_{ol} - P_{ul}$	0,054 mm
Fertigungsstreuung	s	$s_i = \dfrac{T_i}{6}$ $s_0 = \sqrt{\sum_{i=1}^{n} s_i^2}$	$s_1 = 0,0045$ mm $s_2 = 0,0045$ mm $s_0 = 0,006363$ mm
Toleranzfeld	T_S	$T_S = T_q = 6 \cdot s_0$	0,038 mm
Toleranzerweiterungs-faktor	e	$e = \dfrac{T_A}{T_S}$	1,421
Höchstmaß des stat. Schließmaßes	z_{ol}	$z_{ol} = P_{ol} - \dfrac{1}{2}(e-1)T_S$	-0,0139 mm
Mindestmaß des stat. Schließmaßes	z_{ul}	$z_{ul} = P_{ul} + \dfrac{1}{2}(e-1)T_S$	-0,0520 mm
Erwartungswert als stat. Schließmaß	$\bar{x}_0$	$\bar{x}_0 = \bar{x}_1 - \bar{x}_2$	-0,033 mm
Statistisch toleriertes Schließmaß	M_0	$M_0 = \bar{x}_0 \pm \dfrac{z_{ol} - z_{u2}}{2}$	-0,033±0,019 mm

Tabelle 11.1: *Verknüpfung zweier normalverteilter Funktionsmaße als tabellarische Übersicht*

11.1.4 Berechnungen

a) Arithmetische Toleranzrechnung

Schließmaß bzw. Übermaß

$$M_0 = M_1 - M_2$$

Erweiterte Maßrichtungskonvention

Positives Maß:
Ein direktes Maß ist positiv, wenn sich bei seiner Vergrößerung das Schließmaß in der gleichen Richtung verändert, indem das *Spiel vergrößert* oder das *Übermaß verkleinert* wird.

Negatives Maß:
Ein direktes Maß ist negativ, wenn sich bei seiner Vergrößerung das Schließmaß in der entgegengesetzten Richtung verändert, indem das *Spiel verkleinert* oder das *Übermaß vergrößert* wird.

Nennmaß

$$N_0 = N_{01} - N_{02} = 0 \text{ mm}$$

Höchst- und Mindestschließmaß

$$P_{o1} = G_{o1} - G_{u2} = 15{,}027 \text{ mm} - 15{,}033 \text{ mm} = -0{,}006 \text{ mm},$$
$$P_{u1} = G_{u1} - G_{o2} = 15 \text{ mm} - 15{,}06 \text{ mm} = -0{,}06 \text{ mm}$$

Arithmetische Toleranz

$$T_A = P_{o1} - P_{u1} = (-0{,}006 \text{ mm}) - (-0{,}06 \text{ mm}) = 0{,}054 \text{ mm}$$

Oberes und unteres Abmaß des arithmetisch berechneten Schließmaßes

$$T_{A1} = P_{o1} - N_0 = -0{,}006 \text{ mm} - 0 \text{ mm} = -0{,}006 \text{ mm},$$
$$T_{A2} = P_{u1} - N_0 = -0{,}06 \text{ mm} - 0 \text{ mm} = -0{,}06 \text{ mm}$$

Arithmetisches Schließmaß

$$M_0 = N_0{}_{T_{A2}}^{T_{A1}} = 0_{-0{,}060}^{-0{,}006} \text{ mm}$$

b) Statistische Toleranzrechnung

Fertigungsstreuungen von Welle und Nabe

$$s_1 = \frac{T_1}{6} = \frac{0,027 \text{ mm}}{6} = 0,0045 \text{ mm}, \qquad s_2 = \frac{T_2}{6} = \frac{0,027 \text{ mm}}{6} = 0,0045 \text{ mm}$$

Gesamtstreuung

$$s_0 = \sqrt{\sum_{i=1}^{n} s_i^2} = \sqrt{2 \cdot 0,0045^2} = 0,0063639 \text{ mm}$$

Größe des statistischen Toleranzfeldes

$$T_S \equiv T_q = 6 \cdot s_0 = 0,038 \text{ mm}$$

Toleranzerweiterungsfaktor

$$e = \frac{T_A}{T_S} = \frac{0,054 \text{ mm}}{0,038 \text{ mm}} = 1,421$$

Wenn T_A gleich Funktionstoleranz bleiben darf, dann können Toleranzen erweitert werden.

Höchst- und Mindestmaß des statistischen Schließmaßes

$$z_{o1} = P_{o1} - \frac{1}{2}(e-1) \cdot T_S = -0,006 \text{ mm} - \frac{1}{2}(1,421-1) \cdot 0,038 \text{ mm} = -0,0139 \text{ mm},$$

$$z_{u1} = P_{u1} + \frac{1}{2}(e-1) \cdot T_S = -0,06 \text{ mm} - \frac{1}{2}(1,421-1) \cdot 0,038 \text{ mm} = -0,0520 \text{ mm}$$

Erwartungswert als statistisches Schließmaß

$$\overline{x}_0 = \overline{x}_1 - \overline{x}_2 = 15,0135 \text{ mm} - 15,0465 \text{ mm} = -0,033 \text{ mm}$$

Statistisches Schließmaß

$$M_0 = \overline{x}_0 \pm \frac{(z_{o1} - z_{u1})}{2} = -0,033 \text{mm} \pm \left(\frac{-0,0139 \text{mm} + 0,052 \text{mm}}{2} \right) = -0,033 \text{mm} \pm 0,019 \text{mm}$$

oder auch $M_0 = 0^{-0,014}_{-0,052}$.

c) Interpretation der Erweiterung der Schließmaßtoleranz

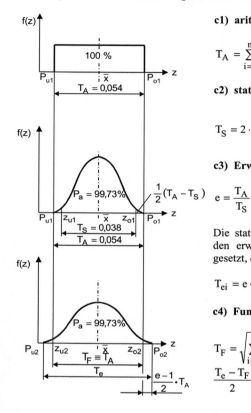

c1) arithmetische Gesamttoleranz

$$T_A = \sum_{i=1}^{n} T_{ai}$$

c2) statistische Gesamttoleranz

$$T_S = 2 \cdot 3 \cdot s_0 = 6 \cdot \sqrt{\sum_{i=1}^{n} \left(\frac{T_{ai}}{6}\right)^2} = \sqrt{\sum_{i=1}^{n} T_{ai}^2}$$

c3) Erweiterungsfaktor

$$e = \frac{T_A}{T_S}$$

Die statistischen Einzeltoleranzen werden gleich den erweiterten arithmetischen Einzeltoleranzen gesetzt, d.h.

$$T_{ei} = e \cdot T_{ai}$$

c4) Funktionstoleranz

$$T_F = \sqrt{\sum_{i=1}^{n} (e \cdot T_{ai})^2} = e \cdot \sqrt{\sum_{i=1}^{n} T_{ai}^2} \ ,$$

$$\frac{T_e - T_F}{2} = \frac{(e \cdot T_A) - T_A}{2} = \frac{1}{2}(e-1)T_A$$

Bild 11.2: *Interpretation der Erweiterung der Schließmaßtoleranz*

d) Zulässige Erweiterung der Einzeltoleranzfelder

$$T_{1neu} = e \cdot T_{1alt} = 1{,}421 \cdot 0{,}027 \text{ mm} = 0{,}0384 \text{ mm}, \ s_{1neu} = \frac{T_{1neu}}{6} = \frac{0{,}0384 \text{ mm}}{6} = 0{,}00639 \text{ mm},$$

$$T_{2neu} = e \cdot T_{2alt} = 1{,}421 \cdot 0{,}027 \text{ mm} = 0{,}0384 \text{ mm}, \ s_{2neu} = \frac{T_{2neu}}{6} = \frac{0{,}0384 \text{ mm}}{6} = 0{,}00639 \text{ mm},$$

$$s_{0neu} = \sqrt{\sum_{i=1}^{n} s_{ineu}^2} = \sqrt{2 \cdot (0{,}00639 \text{ mm})^2} = 0{,}009 \text{ mm},$$

$$T_F = T_A = 6 \cdot s_{0neu} = 6 \cdot 0{,}009 \text{ mm} = 0{,}054 \text{ mm}$$

e) Schließmaßbestimmung bei erweitertem Toleranzfeld

Mindest- und Höchstmaß des Schließmaßes mit erweiterten statistischen Einzelmaßen

$$P_{u2} = P_{u1} - \frac{1}{2}(e-1)T_A$$

$$P_{u2} = -0,06 \text{ mm} - \frac{1}{2}(1,421-1) \cdot 0,054 \text{ mm} = -0,07137 \text{ mm}$$

$$P_{o2} = P_{o1} + \frac{1}{2}(e-1)T_A$$

$$P_{o2} = -0,006 \text{ mm} + \frac{1}{2}(1,421-1) \cdot 0,054 \text{ mm} = +0,00537 \text{ mm}$$

Erweiterte Gesamttoleranz

$$T_e = P_{o2} - P_{u2} = 0,00537 \text{ mm} - (-0,07137 \text{ mm}) = 0,0767 \text{ mm}$$

Resümee

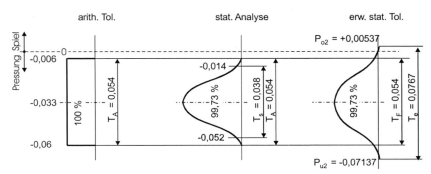

Bild 11.3: *Resümee der Erweiterung der Schließmaßtoleranz*

Die Toleranzerweiterung kann zu einer geringfügigen Überschreitung der Nulllinie führen, wodurch eine ebenfalls geringe Unwägbarkeit des Übergangs zu Spiel anstatt Pressung besteht.

f) Abmaßbestimmung bei den Einzelmaßen

Mindest- und Höchstmaße der statistisch erweiterten Einzelmaße

$$\boxed{G_{uSi} = G_{ui} - \frac{1}{2}(e-1)T_{ai}}$$

$$G_{uS1} = 15 \text{ mm} - \frac{1}{2}(1{,}421-1) \cdot 0{,}027 \text{ mm} = 14{,}994 \text{ mm},$$

$$G_{uS2} = 15{,}033 \text{ mm} - \frac{1}{2}(1{,}421-1) \cdot 0{,}027 \text{ mm} = 15{,}027 \text{ mm}$$

$$\boxed{G_{oSi} = G_{oi} + \frac{1}{2}(e-1)T_{ai}}$$

$$G_{oS1} = 15{,}027 \text{ mm} + \frac{1}{2}(1{,}421-1) \cdot 0{,}027 \text{ mm} = 15{,}032 \text{ mm},$$

$$G_{oS2} = 15{,}06 \text{ mm} + \frac{1}{2}(1{,}421+1) \cdot 0{,}027 \text{ mm} = 15{,}065 \text{ mm}$$

Erweiterte statistische Abmaße der Einzelmaße

$$ES_{Si} / es_{Si} = G_{oSi} - N_i,$$

$$ES_{S1} = 15{,}032 \text{ mm} - 15 \text{ mm} = 0{,}032 \text{ mm},$$

$$es_{S2} = 15{,}065 \text{ mm} - 15 \text{ mm} = 0{,}065 \text{ mm},$$

$$EI_{Si} / ei_{Si} = G_{uSi} - N_i,$$

$$EI_{S1} = 14{,}994 \text{ mm} - 15 \text{ mm} = -0{,}006 \text{ mm},$$

$$ei_{S2} = 15{,}027 \text{ mm} \ 15 \text{ mm} = 0{,}027 \text{ mm}$$

Statistisch erweiterte Einzelmaße

$$M_1 = 15^{+0{,}032}_{-0{,}006},$$

$$M_2 = 15^{+0{,}065}_{-0{,}027}$$

11.2 Analyse einer Spielpassung

Die gewählte Maßbestimmung soll eine freie Beweglichkeit ermöglichen

11.2.1 Zeichnerische Darstellung

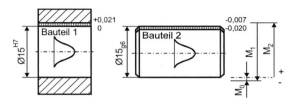

Bild 11.4: *Spielpassung*

11.2.2 Konstruktionsparameter

$$M_1 = 25^{H7} = 25^{+0,021}_{0}, \qquad M_2 = 25_{g6} = 25^{-0,007}_{-0,020}$$

11.2.3 Tabellarische Kurzübersicht

Bezeichnung	Formel-zeichen	Formel	Ergebnisse
Arithmetisches Schließmaß	M_0	$M_0 = M_1 - M_2$	$0^{+0,041}_{+0,007}$ mm
Arithmetische Toleranz	T_A	$T_A = P_{ol} - P_{ul}$	0,034 mm
Fertigungsstreuung	s	$s_i = \dfrac{T_i}{6}$ $s_0 = \sqrt{\sum_{i=1}^{n} s_i^2}$	$s_1 = 0,0035$ mm $s_2 = 0,002167$ mm $s_0 = 0,0041165$ mm
Toleranzfeld	T_S	$T_S = T_q = 6 \cdot s_0$	0,0247 mm
Toleranzerweiterungs-faktor	e	$e = \dfrac{T_A}{T_S}$	1,36
Höchstmaß des stat. Schließmaßes	z_{ol}	$z_{ol} = P_{ol} - \dfrac{1}{2}(e-1)T_S$	0,0365 mm
Erwartungswert des stat. Schließmaßes	z_{ul}	$z_{ul} = P_{ul} + \dfrac{1}{2}(e-1)T_S$	0,0115 mm
Mittelwert als stat. Schließmaß	$\overline{x}_0$	$\overline{x}_0 = \overline{x}_1 - \overline{x}_2$	0,024 mm

Tabelle 11.2: *Analyse der Spielpassung – tabellarische Ergebnisse*

11.2.4 Berechnungen

a) Arithmetische Toleranzrechnung

Schließmaß

$$M_0 = M_1 - M_2$$

Höchstschließmaß

$$P_{o1} = G_{o1} - G_{u2} = 25{,}021 \text{ mm} - 24{,}98 \text{ mm} = 0{,}041 \text{ mm}$$

Mindestschließmaß

$$P_{u1} = G_{u1} - G_{o2} = 25 \text{ mm} - 24{,}993 \text{ mm} = 0{,}007 \text{ mm}$$

Arithmetische Toleranz

$$T_A = P_{o1} - P_{u1} = 0{,}041 \text{ mm} - 0{,}007 \text{ mm} = 0{,}034 \text{ mm}$$

Nennschließmaß

$$N_0 = N_1 - N_2 = 25 \text{ mm} - 25 \text{ mm} = 0 \text{ mm}$$

Oberes und unteres Abmaß des arithmetisch berechneten Schließmaßes

$$T_{A_1} = P_{o1} - N_0 = 0{,}041 \text{ mm} - 0 \text{ mm} = 0{,}041 \text{ mm} \,,$$

$$T_{A_2} = P_{u1} - N_0 = 0{,}007 \text{ mm} - 0 \text{ mm} = 0{,}007 \text{ mm}$$

Arithmetisches Schließmaß

$$M_0 = N_0{}^{T_{A_1}}_{T_{A_2}} = 0^{+0{,}041}_{+0{,}007} \text{ mm}$$

b) Statistische Toleranzrechnung

Fertigungsstreuungen

$$s_1 = \frac{T_1}{6} = \frac{0,021 \text{ mm}}{6} = 0,0035 \text{ mm}, \qquad s_2 = \frac{T_2}{6} = \frac{0,013 \text{ mm}}{6} = 0,002167 \text{ mm},$$

$$s_0 = \sqrt{\sum_{i=1}^{2} s_i^2} = \sqrt{(0,0035 \text{ mm})^2 + (0,002167 \text{ mm})^2} = 0,0041165 \text{ mm}$$

Statistisches Toleranzfeld

$$T_S = T_q = 6 \cdot s_0 = 0,0247 \text{ mm} \approx 0,025 \text{ mm}$$

Toleranzerweiterungsfaktor, wenn T_A gleich Funktionstoleranz bleiben darf

$$e = \frac{T_A}{T_S} = \frac{0,034 \text{ mm}}{0,025 \text{ mm}} = 1,36$$

Höchst- und Mindestmaß des statistischen Schließmaßes

$$z_{o1} = P_{o1} - \frac{1}{2}(e-1) \cdot T_S = 0,041 \text{ mm} - \frac{1}{2}(1,36-1) \cdot 0,025 \text{ mm} = 0,0365 \text{ mm},$$

$$z_{u1} = P_{u1} + \frac{1}{2}(e-1) \cdot T_S = 0,007 \text{ mm} + \frac{1}{2}(1,36-1) \cdot 0,025 \text{ mm} = 0,0115 \text{ mm}$$

Oberes und unteres Abmaß des statistischen Schließmaßes

$$T_{S1} = z_{o1} - N_0 = 0,0365 \text{ mm} - 0 \text{ mm} = 0,0365 \text{ mm},$$

$$T_{S2} = z_{u1} - N_0 = 0,0115 \text{ mm} - 0 \text{ mm} = 0,0115 \text{ mm}$$

Mittelwert als statistisches Schließmaß

$$\overline{x}_0 = \overline{x}_1 - \overline{x}_2 = 25,0105 \text{ mm} - 24,9865 \text{ mm} = 0,024 \text{ mm}$$

Statistisches Schließmaß

$$M_0 = N_0{}_{T_{S2}}^{T_{S1}} = 0^{+0,036}_{+0,012} \text{ mm gegenüber dem arithmetischen mit } M_0 = 0^{+0,041}_{+0,007} \text{ mm}$$

c) Erweiterung der Einzeltoleranzfelder

$T_{1neu} = e \cdot T_{1alt} = 1{,}36 \cdot 0{,}021 \text{ mm} = 0{,}0285 \text{ mm}$,

$T_{2neu} = e \cdot T_{2alt} = 1{,}36 \cdot 0{,}013 \text{ mm} = 0{,}0177 \text{ mm}$,

$s_{1neu} = \dfrac{T_{1neu}}{6} = \dfrac{0{,}0285 \text{ mm}}{6} = 0{,}00476 \text{ mm}$,

$s_{2neu} = \dfrac{T_{2neu}}{6} = \dfrac{0{,}0177 \text{ mm}}{6} = 0{,}00295 \text{ mm}$,

$s_{0neu} = \sqrt{\sum\limits_{i=1}^{n} s_{ineu}{}^2} = \sqrt{(0{,}00476 \text{ mm})^2 + \left(0{,}00295 \text{ mm}^2\right)} = 0{,}0056 \text{ mm}$,

$T_F = 6 \cdot s_{0neu} = 6 \cdot 0{,}0056 \text{ mm} = 0{,}034 \text{ mm}$

d) Abmaßbestimmung bei erweitertem Toleranzfeld

Mindest- und Höchstmaß des Schließmaßes mit erweiterten statistischen Einzelmaßen

$P_{u2} = P_{u1} - \dfrac{1}{2}(e-1)T_F$,

$P_{u2} = 0{,}007 \text{ mm} - \dfrac{1}{2}(1{,}36-1) \cdot 0{,}034 \text{ mm} = 0{,}00088 \text{ mm}$,

$P_{o2} = P_{o1} + \dfrac{1}{2}(e-1)T_F$,

$P_{o2} = 0{,}041 \text{ mm} + \dfrac{1}{2}(1{,}36-1) \cdot 0{,}034 \text{ mm} = 0{,}04712 \text{ mm}$

Äquivalente arithmetische Gesamttoleranz

$T_e = P_{o2} - P_{o2} = 0{,}04712 \text{ mm} - 0{,}00088 \text{ mm} = 0{,}46 \text{ mm}$

e) Abmaßbestimmung bei Einhaltung des statistischen Schließmaßes

Mindest- und Höchstmaß der statistisch erweiterten Einzelmaße

$G_{uSi} = G_{ui} - \dfrac{1}{2}(e-1)T_{ai}$,

$$G_{uS1} = 25 \text{ mm} - \frac{1}{2}(1,36-1) \cdot 0,021 \text{ mm} = 24,996 \text{ mm},$$

$$G_{uS2} = 24,98 \text{ mm} - \frac{1}{2}(1,36-1) \cdot 0,014 \text{ mm} = 24,977 \text{ mm},$$

$$G_{oSi} = G_{oi} + \frac{1}{2}(e-1)T_{ai},$$

$$G_{oS1} = 25,021 \text{ mm} + \frac{1}{2}(1,36-1) \cdot 0,021 \text{ mm} = 25,024 \text{ mm},$$

$$G_{oS2} = 24,993 \text{ mm} + \frac{1}{2}(1,36-1) \cdot 0,014 \text{ mm} = 24,995 \text{ mm}$$

Erweiterte statistische Abmaße der Einzelmaße

$$ES_{Si} / es_{Si} = G_{oSi} - N_i,$$

$$ES_{S1} = 25,024 \text{ mm} - 25 \text{ mm} = 0,024 \text{ mm},$$

$$es_{S2} = 24,995 \text{ mm} - 25 \text{ mm} = -0,005 \text{ mm},$$

$$EI_{Si} / ei_{Si} = G_{uSi} - N_i,$$

$$EI_{S1} = 24,996 \text{ mm} - 25 \text{ mm} = -0,004 \text{ mm},$$

$$ei_{S2} = 24,977 \text{ mm} - 25 \text{ mm} = -0,023 \text{ mm}$$

Statistisch erweiterte Einzelmaße

$$M_1 = 25^{+0,024}_{-0,004}, \qquad M_2 = 25^{-0,005}_{-0,023}$$

Umseitig sind die Verteilungen zu den Analyse-Simulationsrechnungen dargestellt.

f) Interpretation der Erweiterung der Schließmaßtoleranz

Resümee

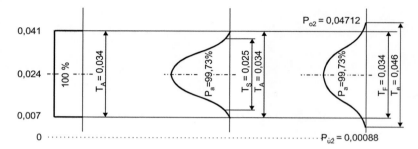

Bild 11.5: *Gegenüberstellung bei der Spielpassung*

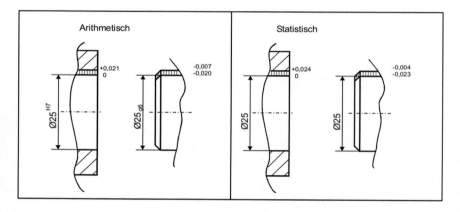

Bild 11.6: *Interpretation bei der Spielpassung*

Die Toleranzerweiterung um 36 % führt in dem Beispiel leider noch nicht dazu, dass ein gröberes Toleranzfeld (H7 → H8 bzw. g6 → g7) gewählt werden kann. Deshalb gilt besonders für Spielpassungen, dass der Vorteil der statistischen Auslegung besser durch Abmaße ausgeschöpft werden kann.

11.3 Analyse eines Türfeststellers

11.3.1 Zeichnerische Darstellung

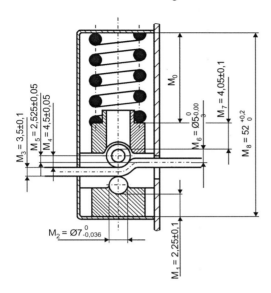

Der dargestellte Türfeststeller wird in Großserie hergestellt und in PKWs eingebaut. Er übernimmt die Aufgabe, die Seitentüren in bestimmten Rastpositionen feststellen zu können. Das umschließende Gehäuse sitzt in der Türe, bzw. die Haltestange ist an der A-Säule befestigt. Durch Kröpfung der Haltestange, bei gleichzeitigem Eintauchen in das Gehäuse, werden die Rastungen hergestellt. Erforderlich ist dazu eine kraftauslösende Feder mit einer definierten Blocklänge.

Ist die Blocklänge zu groß, so liegt Schwergängigkeit vor. Ist die Blocklänge zu klein, so ist der Feststeller wirkungslos.

Bild 11.7: *Türfeststeller als Funktionszeichnung*

Das gesuchte Schließmaß M_0 ist somit die abgestimmte Federlänge im eingebauten Zustand.

11.3.2 Maßgrößen aller Einzelteile

Tolerierte Maße [mm]	Größtmaße [mm]	Kleinstmaße [mm]	Toleranzfelder [mm]
$M_1 = 2{,}25 \pm 0{,}1$	$G_{o1} = 2{,}35$	$G_{u1} = 2{,}15$	0,2
$M_2 = 7^{+0}_{-0,036}$	$G_{o2} = 7$	$G_{u2} = 6{,}964$	0,036
$M_3 = 3{,}5 \pm 0{,}1$	$G_{o3} = 3{,}6$	$G_{u3} = 3{,}4$	0,2
$M_4 = 4{,}5 \pm 0{,}05$	$G_{o4} = 4{,}55$	$G_{u4} = 4{,}45$	0,1
$M_5 = 2{,}525 \pm 0{,}05$	$G_{o5} = 2{,}575$	$G_{u5} = 2{,}475$	0,1
$M_6 = 5^{+0}_{-0,03}$	$G_{o6} = 5$	$G_{u6} = 4{,}97$	0,03
$M_7 = 4{,}05 \pm 0{,}1$	$G_{o7} = 4{,}15$	$G_{u7} = 3{,}95$	0,2
$M_8 = 52^{+0,2}_{-0}$	$G_{o8} = 52{,}2$	$G_{u8} = 52$	0,2
			1,066

Tabelle 11.3: *Parameter des Türfeststellers*

11.3.3 Vektorieller Maßplan

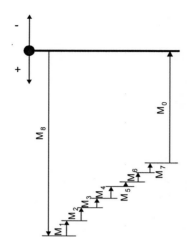

Bild 11.8: *Maßplan entspricht der Einbausituation der Bauteile*

11.3.4 Tabellarische Kurzübersicht

Bezeichnung	Formel-zeichen	Formel	Ergebnis	Bemerkung
Arithmetisches Schließmaß	M_0	$M_0 = N_0{}_{Pu-No}^{Po-No}$	$23{,}175\,_{-0{,}40}^{+0{,}666}$ mm	
Arithmetische Toleranz	T_A	$T_A = P_o - P_u$	$1{,}066$ mm	
Toleranzfeld	T_S	$T_S = \sqrt{\sum T_i{}^2}$	$0{,}4268$ mm	alles NV-ver-teilte Maße
Toleranzerweiterungs-faktor	e	$e = \dfrac{T_A}{T_S}$	$2{,}53$	für alle Bau-teile
Statistisch toleriertes Schließmaß	M_0	$M_0 = \bar{x}_0 \pm \dfrac{T_S}{2}$	$28{,}4\pm0{,}21$ mm	

Tabelle 11.4: *Verknüpfung der acht Systemmaße*

11.3.5 Berechnungen

a) **Arithmetische Toleranzrechnung**

Nennschließmaß

$$N_0 = \sum_{i=1}^{n} N_i = -N_1 - N_2 - N_3 - N_4 - N_5 - N_6 - N_7 + N_8 \, ,$$

$N_0 = -2{,}25\text{mm} - 7\text{mm} - 3{,}5\text{mm} - 4{,}5\text{mm} - 2{,}525\text{mm} - 5\text{mm} - 4{,}05 \text{ mm} + 52 \text{ mm} = 23{,}175\text{mm}$

Größtwert des Schließmaßes

$$P_o = (G_{o8}) - (G_{u1} + G_{u2} + G_{u3} + G_{u4} + G_{u5} + G_{u6} + G_{u7}) \, ,$$

$P_o = (52{,}2\text{mm}) - (2{,}15\text{mm} + 6{,}964\text{mm} + 3{,}4\text{mm} + 4{,}45\text{mm} + 2{,}475\text{mm} + 4{,}97\text{mm} + 3{,}95\text{mm}) = 23{,}841\text{mm}$

Kleinstwert des Schließmaßes

$$P_U = (G_{u8}) - (G_{o1} + G_{o2} + G_{o3} + G_{o4} + G_{o5} + G_{o6} + G_{o7}) \, ,$$

$P_U = (52\text{mm}) - (2{,}35\text{mm} + 7\text{mm} + 3{,}6\text{mm} + 4{,}55\text{mm} + 2{,}575\text{mm} + 5\text{mm} + 4{,}15\text{mm}) = 22{,}775\text{mm}$

Arithmetische Toleranz

$$T_A = P_o - P_u = 23{,}841 \text{ mm} - 22{,}775 \text{ mm} = 1{,}066 \text{ mm}$$

Arithmetisch toleriertes Schließmaß als Mittenmaß

$$M_0 = \frac{P_o + P_u}{2} \pm \frac{T_A}{2} = 23{,}31 \pm 0{,}533 \text{ mm}$$

oder

Arithmetisch toleriertes, asymmetrisches Schließmaß

$$M_0 = N_0{}_{P_u - N_0}^{P_o - N_0} = 23{,}175_{22{,}775 - 23{,}175}^{23{,}841 - 23{,}175} \text{ mm} = 23{,}175_{-0{,}4}^{+0{,}666} \text{ mm}$$

Hiermit ist die Federlänge im „worst case" bestimmt.

b) Statistische Toleranzrechnung

Für alle Bauteile können normalverteilte Fertigungstoleranzen angenommen werden, da der Feststeller in einer sehr großen Serie gebaut wird.

Maßkettengleichung

$$M_0 = -M_1 - M_2 - M_3 - M_4 - M_5 - M_6 - M_7 + M_8$$

Mittenwert bei unsymmetrischen Abmaßen

$$C_2 = \frac{G_{o2} + G_{u2}}{2} = \frac{7 \text{ mm} + 6{,}964 \text{ mm}}{2} = 6{,}982 \text{ mm},$$

$$C_6 = \frac{G_{o6} + G_{u6}}{2} = \frac{5 \text{ mm} + 4{,}97 \text{ mm}}{2} = 4{,}985 \text{ mm},$$

$$C_8 = \frac{G_{o8} + G_{u8}}{2} = \frac{52{,}2 \text{ mm} + 52 \text{ mm}}{2} = 52{,}1 \text{ mm}$$

Alle anderen tolerierten Maße besitzen symmetrische Abmaße.

Nennschließmaß als Erwartungswert

$$\overline{x}_0 = -N_1 - C_2 - N_3 - N_4 - N_5 - C_6 - N_7 + C_8,$$

$$\overline{x}_0 = -2{,}25\text{mm} - 6{,}982\text{mm} - 3{,}5\text{mm} - 4{,}5\text{mm} - 2{,}525\text{mm} - 4{,}985\text{mm} - 4{,}05\text{mm} + 52{,}1\text{mm} = 23{,}308\text{mm}$$

Statistische Schließmaßtoleranz

$$T_S = T_q = \sqrt{\sum_{i=1}^{n} T_i^2} = \sqrt{T_1^2 + T_2^2 + T_3^2 + T_4^2 + T_5^2 + T_6^2 + T_7^2 + T_8^2},$$

$$T_S = T_q = \sqrt{\begin{array}{l} (0{,}2\text{mm})^2 + (0{,}036\text{mm})^2 + (0{,}2\text{mm})^2 + (0{,}1\text{mm})^2 + (0{,}1\text{mm})^2 + (0{,}03\text{mm})^2 \\ + (0{,}2\text{mm})^2 + (0{,}2\text{mm})^2 \end{array}}$$

$$= \sqrt{0{,}182196\text{mm}^2} = 0{,}4268\text{mm}$$

Statistisch toleriertes Schließmaß

$$M_0 = \overline{x}_0 \pm \frac{T_S}{2} = 23{,}31 \text{ mm} \pm 0{,}21 \text{ mm}$$

Der Federweg variiert also viel weniger, wodurch die Federkraft konstanter wird.

Reduktionsfaktor des Schließmaßes

$$r = \frac{T_S}{T_A} = \frac{0,42\,\text{mm}}{1,066\,\text{mm}} = 0,3939$$

Dies entspricht einer Toleranzausnutzung von nur 39,4 % bzw. einer möglichen Erweiterung von 60,69 %.

Erweiterungsfaktor für alle Einzeltoleranzen

$$e = \frac{1}{r} = \frac{1}{0,3939} = 2,53$$

Damit ergeben sich die **neuen erweiterten Effektivitätstoleranzen** zu

$T_{1neu} = T_{1alt} \cdot e = 0,2\ \text{mm} \cdot 2,53 = 0,5\ \text{mm},$

$T_{2neu} = T_{2alt} \cdot e = 0,036\ \text{mm} \cdot 2,53 = 0,091\ \text{mm},$

$T_{3neu} = T_{3alt} \cdot e = 0,2\ \text{mm} \cdot 2,53 = 0,5\ \text{mm},$

$T_{4neu} = T_{4alt} \cdot e = 0,1\ \text{mm} \cdot 2,53 = 0,25\ \text{mm},$

$T_{5neu} = T_{5alt} \cdot e = 0,1\ \text{mm} \cdot 2,53 = 0,25\ \text{mm},$

$T_{6neu} = T_{6alt} \cdot e = 0,03\ \text{mm} \cdot 2,53 = 0,075\ \text{mm},$

$T_{7neu} = T_{7alt} \cdot e = 0,2\ \text{mm} \cdot 2,53 = 0,5\ \text{mm},$

$T_{8neu} = T_{8alt} \cdot e = 0,2\ \text{mm} \cdot 2,53 = 0,5\ \text{mm}.$

Kontrollrechnung

$$T_{qneu} = \sum T_{a_i} = 1,066\ \text{mm},$$

$$T_{qneu} = \sqrt{T_{1neu}^2 + T_{2neu}^2 + T_{3neu}^2 + T_{4neu}^2 + T_{5neu}^2 + T_{6neu}^2 + T_{7neu}^2 + T_{8neu}^2},$$

$$T_{qneu} = \sqrt{\begin{aligned}&(0,5\ \text{mm})^2 + (0,091\ \text{mm})^2 + (0,5\ \text{mm})^2 + (0,25\ \text{mm})^2 + (0,25\ \text{mm})^2 + (0,075\ \text{mm})^2 \\ &+ (0,5\ \text{mm})^2 + (0,5\ \text{mm})^2\end{aligned}}$$

$$= 1,067\ \text{mm}$$

Die Maße bzw. Toleranzen aller Bauteile sollten zweckmäßigerweise wie folgt festgelegt werden:

	Maß [mm]	altes Abmaß [mm]	neues Abmaß [mm]
$- M_1$	2,25	$\pm 0,1$	$\pm 0,25$
$- M_2$	12	$^{+0}_{-0,036}$	$^{+0}_{-0,091}$
$- M_3$	3,5	$\pm 0,1$	$\pm 0,25$
$- M_4$	4,5	$\pm 0,05$	$\pm 0,12$
$- M_5$	2,525	$\pm 0,05$	$\pm 0,12$
$- M_6$	5	$^{+0}_{-0,03}$	$^{+0}_{-0,075}$
$- M_7$	4,05	$\pm 0,1$	$\pm 0,25$
$+ M_8$	52	$^{+0,2}_{-0}$	$^{+0,5}_{-0}$

Tabelle 11.5: *Veränderung der Abmaße*

Die Herstellung und Prüfung des Türfeststellers wird durch die Neufestlegung der Toleranzen um ca. 5 % kostengünstiger, ohne dass dies negative Effekte auf die Funktionen Rastung und Betätigungskräfte hat. Bei einer täglichen Produktion von 60.000 Stück steht dem im Jahr eine Kostenersparnis von 1,5 Mio. Euro gegenüber.

11.4 Analyse einer Laufrolle

11.4.1 Zeichnerische Darstellung

Bei der dargestellten Laufrolle[*] für ein Transportband soll ein axiales Montagespiel für den Einbau der Kugellager auf dem Bundbolzen von minimal größer 0,0 mm und maximal 0,5 mm von den beteiligten Komponenten eingehalten werden. Dieses Spiel ist auch bezüglich der Lebensdauer als nötig ermittelt worden.

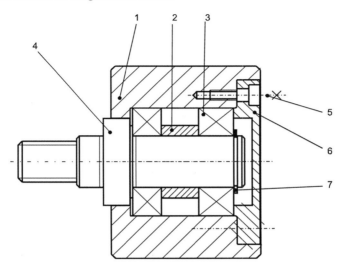

Bild 11.9: *Laufrolle komplett*

Für die Bestimmung des sich einstellenden Axialspiels sind hierbei die geometrischen Verhältnisse an

- der Laufrolle,
- dem Bundsteg,
- den Kugellagern

und

- dem Abstandsring

relevant. Alle Einzelmaße können der umseitigen Einzelteilzeichnung (*Bild 11.10*) entnommen werden. Die beiden Kugellager und der Sicherungsring sind als maßlich feste Normbauteile zu behandeln. Ein geometrischer Einfluss aus der Durchbiegung des Bundbolzens wird oft vermutet, kann aber selbst bei 1,5facher Lastüberhöhung (maximale Durchbiegung w = 0,0028 mm) sicher ausgeschossen werden. Insofern kann die ebene Maßabstimmung als ausreichend angesehen werden.

---

[*] Anmerkung: Beispiel in Anlehnung einer Ausarbeitung von Prof. Dr. W. Kochem, FH-Köln, im HDT-Manuskript, Nov. 2000

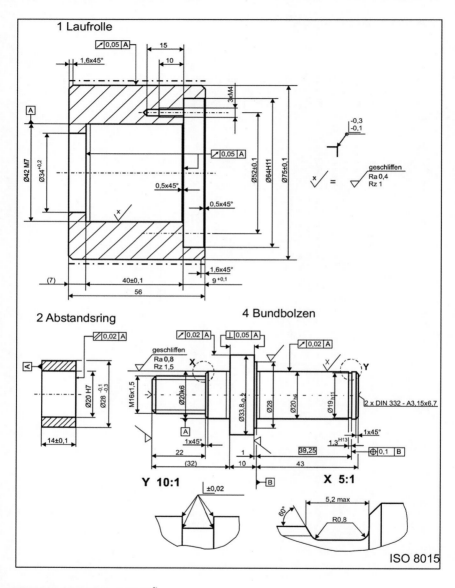

Bild 11.10: *Einzelteile der Laufrolle*[*)]

[*)] Anmerkung: Symbole für F+L-Toleranzen nach ISO 1101, Oberflächenbeschaffenheit nach ISO 1302

11.4.2 Parameter

Tolerierte Maße [mm]	Anzahl	Größtmaße [mm]	Kleinstmaße [mm]	Toleranz [mm]
Einbaulänge $+M_1 = 39,25$	1	$G_{o1} = 39,25$	$G_{u1} = 39,25$	$T_1 = 0,0$
Positionstoleranz der Einbaulänge $+M_{1Po} = 0 \pm 0,05$	1	$G_{o1Po} = +0,05$	$G_{u1Po} = -0,05$	$T_{1Po} = 0,1$
Breite Sicherungsring $-M_2 = 1,2^{+0}_{-0,06}$	1	$G_{o2} = 1,20$	$G_{u2} = 1,14$	$T_2 = 0,06$
Breite Kugellager $-M_3 = 12^{+0}_{-0,12}$	2	$G_{o3} = 12,00$	$G_{u3} = 11,88$	$T_3 = 0,12$
Lauftoleranz Kugellager $-M_{3L} = 0^{+0,016}_{-0}$	2	$G_{o3L} = +0,016$	$G_{u3L} = 0$	$T_{3L} = 0,016$
Breite Abstandsring $-M_4 = 14 \pm 0,1$	1	$G_{o4} = 14,10$	$G_{u4} = 13,90$	$T_4 = 0,20$
Parallelitätstoleranz Abstandsring $-M_{4Pa} = 0^{+0,02}_{-0}$	1	$G_{o4Pa} = +0,02$	$G_{u4Pa} = 0,0$	$T_{4Pa} = 0,02$

Tabelle 11.6: Parameter der Laufrolle

11.4.3 Maßplan

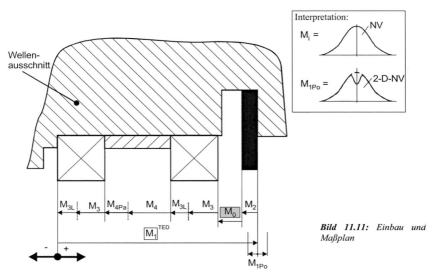

Bild 11.11: Einbau und Maßplan

121

11.4.4 Betrachtung der Form- und Lagetoleranzen der Baugruppe

Das Zusammenwirken der Komponenten zeigt die symbolische Montagezeichnung im *Bild 11.9*. Im Wesentlichen wirken hier Bundbolzen (Längemaß M_1 mit Positionstoleranz M_{1Po}), die beiden Lager (Längemaße M_3 mit der Lauftoleranz M_{3L}), der Abstandsring (Längenmaß M_4 mit Parallelitätstoleranz M_{4Pa}) und der Sicherungsring (Längemaß M_2) auf das Axialspiel.

Für die Maßkettenanalyse ist der angeführte Tolerierungsgrundsatz der Unabhängigkeit (nach ISO 8015) maßgebend. Wenn man weiter unterstellt, dass das Fügen des Sicherungsrings äquivalent ist zur Herstellung einer Passfunktionalität, so kann gemäß ISO 2692 mit dem *wirksamen Zustand* operiert werden. Danach darf ein Bauteil sein Maximum-Material-Maß und seine F+L-Toleranz voll ausnutzen.

Die Toleranzzone der Position wirkt hierbei in Bezug auf das Montagespiel „positiv" und die Parallelitätstoleranz „negativ". Ebenfalls negativ wirken die beiden Lauftoleranzen der Kugellager.

Einen weiteren Effekt bewirken die Verteilungen von Position und Parallelität. Die Parallelität kann wie zuvor schon als BNV1 angenommen werden, während die Position fast normalverteilt (NV) wirkt.

11.4.5 Tabellarische Kurzübersicht

Als Ergebnisvorschau steht die *Tabelle 11.7*. Die Notwendigkeit zur statistischen Montageüberprüfung wird auch hier sichtbar.

Bezeichnung	Formel-zeichen	Formel	Ergebnis	Bemerkung
Arithmetisches Schließmaß	M_0	$M_0 = N_{0Pu-No}^{Po-No}$	$0{,}05_{-0{,}202}^{+0{,}450}$ mm	Funktion **so nicht** gewährleistet!
Arithmetische Toleranz	T_A	$T_A = P_o - P_u$	$0{,}652$ mm	
Toleranzfeld	T_S	$T_S = \sqrt{\sum T_i^2}$	$0{,}288$ mm	
Toleranzerweiterungsfaktor	e	$e = \dfrac{T_A}{T_S}$	$2{,}23$	
Statistisch toleriertes Schließmaß	M_0	$M_0 = \bar{x}_0 \pm \dfrac{T_S}{2}$	$0{,}179$ mm $\pm$ $0{,}144$ mm	Bei Betrachtung des Problems mit Statistischer Tolerierung Funktion gewährleistet!

Tabelle 11.7: Verknüpfung zweier rechteckverteilter Passmaße – tabellarische Ergebnisse

11.4.6 Berechnungen

a) Arithmetische Toleranzrechnung

Nennschließmaß

$$N_0 = \sum_{i=1}^{n} N_i = (N_1 + N_{1Po}) - N_2 - 2 \cdot (N_3 + N_{3L}) - (N_4 + N_{4Pa}),$$

$$N_0 = (39,25 \text{ mm} + 0,0 \text{ m}) - 1,2 \text{ mm} - 2 \cdot (12 \text{ mm} + 0 \text{ mm}) - (14 \text{ mm} + 0 \text{ mm}) = 0,05 \text{ mm}$$

Größtwert des Schließmaßes

$$P_o = (G_{o1} + G_{o1Po}) - G_{u2} - 2 \cdot (G_{u3} + G_{u3L}) - (G_{u4} + G_{u4Pa}),$$

$$P_o = (39,25 \text{ mm} + 0,05 \text{ mm}) - 1,14 \text{ mm} - 2 \cdot (11,88 \text{ mm} + 0 \text{ mm}) - (13,9 \text{ mm} + 0 \text{ mm})$$
$$= 0,50 \text{ mm}$$

Kleinstwert des Schließmaßes[*]

$$P_u = (G_{u1} + G_{u1Po}) - G_{o2} - 2 \cdot (G_{o3} + G_{o3L}) - (G_{o4} + G_{o4Pa}),$$

$$P_u = (39,25 \text{ mm} - 0,05 \text{ mm}) - 1,2 \text{ mm} - 2 \cdot (12,0 \text{ mm} + 0,016 \text{ mm}) - (14,1 \text{ mm} + 0,02 \text{ mm})$$
$$= -0,152 \text{mm} \approx -0,15 \text{ mm}$$

Arithmetische Toleranz

$$T_A = P_o - P_u = +0,50 \text{ mm} - (-0,152 \text{ mm}) = 0,652 \text{ mm}$$

Arithmetisch toleriertes Schließmaß

$$M_0 = N_0{}^{P_o - N_0}_{P_u - N_0} = 0,05^{+0,50-0,05}_{-0,152-0,05} = 0,05^{+0,45}_{-0,202}$$

Die maßliche Überprüfung nach dem „worst-case-Prinzip" ergibt somit, dass die Rolle unter Berücksichtigung der Form- und Lagetoleranzen nach dem arithmetischen Prinzip eigentlich nicht montierbar ist.

---

[*] Anmerkung: Die Addition der Parallelitätstoleranz G_{o4Pa} auf G_{o4} ist nur deshalb zulässig, weil eine Hülle zu einem Paarungsmaß gebildet werden kann.

b) Statistische Toleranzrechnung

Als Annahme sollen wieder normalverteilte Fertigungstoleranzen gelten, da die Rolle in Großserien hergestellt wird.

Maßkettengleichung

$$M_0 = (M_1 + M_{1Po}) - M_2 - 2 \cdot (M_3 + M_{3L}) - (M_4 + M_{4Pa}),$$

$$M_0 = M_1 + M_{1P_0} - M_2 - 2M_3 - 2M_{2L} - M_4 - M_{4P_a}$$

Nennmaße als Erwartungswerte

$\bar{x}_1 = 39{,}25$ mm , \hspace{2cm} (als geometrisch ideales Maß angegeben)

$\bar{x}_{1Po} = 0$, \hspace{3cm} (zweiseitige Toleranz)

$$\bar{x}_2 = \frac{G_{o2} + G_{u2}}{2} = \frac{1{,}20 \text{ mm} + 1{,}14 \text{ mm}}{2} = 1{,}17 \text{ mm},$$

$$\bar{x}_3 = \frac{G_{o3} + G_{u3}}{2} = \frac{12{,}00 \text{ mm} + 11{,}88 \text{ mm}}{2} = 11{,}94 \text{ mm},$$

$$\bar{x}_{3L} = \frac{G_{o3L} + G_{u3L}}{2} = \frac{0{,}016 \text{ mm} + 0 \text{ mm}}{2} = 0{,}008 \text{ mm},$$

$\bar{x}_4 = 14$ mm,

$$\bar{x}_{4Pa} = \frac{2T_{4Pa}}{3\sqrt{2\pi}} = \frac{2 \cdot 0{,}02}{3 \cdot \sqrt{2\pi}} = 0{,}005 \,^{*)} \hspace{1cm} \text{(BNV1, einseitige Toleranz)}$$

Nennschließmaß als Verteilungsmittelwert

$$\bar{x}_0 = (\bar{x}_1 + \bar{x}_{1Po}) - \bar{x}_2 - 2 \cdot (\bar{x}_3 + \bar{x}_{3L}) - (\bar{x}_4 + \bar{x}_{4Pa}),$$

$$\bar{x}_0 = (39{,}25 + 0) - 1{,}17 - 2 \cdot (11{,}94 + 0{,}008) - (14 + 0{,}005) = 0{,}179 \text{ mm}$$

Quadratische Schließmaßtoleranz

$$T_S \equiv T_q = \sqrt{T_1{}^2 + T_{1Po}{}^2 + T_2{}^2 + 2 \cdot (T_3{}^2 + T_{3L}{}^2) + T_4{}^2 + 4 \cdot T_{4Pa}{}^2}$$

$$= \sqrt{0^2 + 0{,}1^2 + 0{,}06^2 + 2 \cdot (0{,}12^2 + 0{,}016^2) + 0{,}2^2 + 4 \cdot 0{,}02^2} = \sqrt{0{,}0845} = 0{,}29 \text{ mm}$$

$^{*)}$ Anmerkung: Verteilung der Parallelitätstoleranz siehe Seite 52; weiter muss berücksichtigt werden: $\left(T_{Pa} / 3\right)^2 = 4 \cdot T_{Pa}{}^2 / 36$

Statistisch toleriertes Schließmaß

$$M_0 = \bar{x}_0 \pm \frac{T_S}{2} = 0,179 \text{ mm} \pm 0,145 \text{ mm}$$

Größt- und Kleinstmaß

$$M_{0_{G_o}} = 0,324 \text{ mm}, \qquad\qquad M_{0_{G_u}} = 0,034 \text{ mm},$$

womit die Montagefähigkeit auch mit F+L-Toleranzen gegeben ist.

11.5 Toleranzkennzeichnung nach DIN 7186

Im Zusammenhang mit dem vorstehenden Beispiel stellt sich in der Praxis auch die Frage, wie statistisch tolerierte Maße sinnvoll zu kennzeichnen sind. Dies soll hier exemplarisch an der Distanzhülse (siehe vorstehendes *Bild 11.12*) diskutiert werden, wobei die alte DIN 7186 schon mehrere Möglichkeiten vorgeschlagen hat.

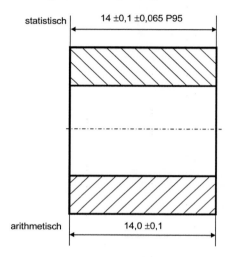

statistisch | 14 ±0,1 ±0,065 P95

arithmetisch | 14,0 ±0,1

Bild 11.12: *Toleranzkennzeichnung nach DIN 7186*

Damit ist durch die Angaben am Maß Folgendes vereinbart:

Maß	Bez.	Erklärung
14,0	$\overline{x}_0 \equiv N_0$	Erwartungswert bzw. Nennmaß
$\pm 0,1$	$\pm T/2$	Toleranzgrenzen für bestimmten C_{pk}-Wert (z. B. $C_{pk} = 1,0$)
$\pm 0,065$ P 95 %		Im Bereich $14 \pm 0,065$ sollen 95 % alle Maße liegen $x = \overline{x}_0 \pm u \cdot s$ mit u = 1,96 aus NV-Tabelle und s = T/6 = 0,0334

Tabelle 11.8: Maßtabelle Beispiel Toleranzkennzeichnung

Liegen über die Seiteninhalte der Verteilung keine besonderen Vorschriften vor, so sind in jedem Seitenbereich höchstens

$$\frac{1 - P_m}{2} \cdot 100 \text{ %}$$

der Einzellistmaße zulässig. Für das Beispiel bedeutet dies in den Seitenbereichen jeweils

$$\frac{1 - 95}{2} \cdot 100 \text{ %} = 2,5 \text{ %}.$$

Das folgende *Bild 11.13* zeigt die grafische Darstellung der vereinbarten Verhältnisse.

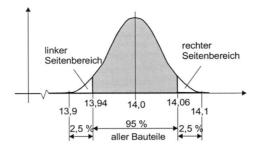

Bild 11.13: Grafische Darstellung der Verteilung

Weitere Möglichkeiten der Angaben sind: Bezugnahme auf den **Zentralwert des Intervalls** durch die Toleranzangabe

$14,0 \pm 0,1 \pm 0,02Z$.

Diese Angabe hat keine Auswirkung auf Bezugsmaß, Größtmaß und Kleinstmaß. Der Zentralwert der Verteilung muss jedoch zwischen $14,0 - 0,02$ und $14,0 + 0,02$ mm liegen.

Durch die Angabe

$14,0 \pm 0,1 \pm 0,02A$

wird die **Lage des arithmetischen Mittelwerts** der Fertigungsverteilung festgelegt. Er muss zwischen $14,0 - 0,02$ und $14,0 + 0,02$ mm liegen.

Werden statistische Einzeltoleranzen in Zeichnungen nur mit ihrem Sollmaß eingetragen, weil z. B. firmenintern eine Vorschrift über die Fertigungsverteilung besteht, so sind die an einer statistisch tolerierten Maßkette beteiligten Einzelmaße zu kennzeichnen. DIN 7186 schlägt folgende Kennzeichnung vor:

$\overline{14,0 \pm 0,1}$

Sollen die Angaben zur Statistischen Tolerierung in Zeichnungen statt auf Einzeltoleranzen auf Schließmaßtoleranzen angewendet werden, so sind diese Toleranzen zur Unterscheidung von statistischen Einzeltoleranzen wie folgt zu kennzeichnen:

$(14,0 \pm 0,1 \pm 0,02Z)$.

Seit einigen Jahren sind auf internationaler Ebene einige Bestrebungen (siehe ISO/TC 213) aufgegriffen worden, für die „Statistische Tolerierung" eine ISO-Norm zu entwickeln. In diesem Normenentwurf sind auch Vorschläge zur grafischen Hervorhebung in technischen Zeichnungen enthalten, die sich weitgehend an die amerikanische ASME-Norm (ASME Y14.5M-1994) anlehnen. Ein ergänzendes Anwendungsbeispiel hierzu zeigen *Bild 11.14* und *Bild 11.15*.

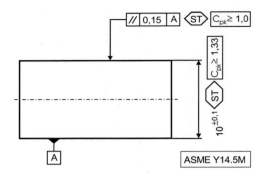

Bild 11.14: *Angaben zu statistische tolerierten Maßen*

Ähnlich wie in der DIN-Norm sind im ISO-Normentwurf auch Angaben über prozentuale Anteile innerhalb von Toleranzverteilungen vorgesehen.

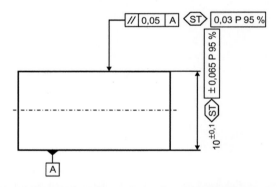

Maß	Bezeichnung	Erklärung
0,03 P 95 %	$t_{P\%}$	$s_P = \sqrt{1 - 2/\pi} \cdot t_P/3 = 0,016$ $u \cdot s_P = 1,96 \cdot 0,16 = 0,03$
± 0,065 P 95 %	$\pm T_{s\,\%}/2$	$s = 0,2/6 = 0,0334$ $\pm u \cdot s = 1,96 \cdot 0,0334 = \pm 0,065$

Bild 11.15: *Anteilangaben bei statistisch tolerierten Maßen*

12 Toleranzrechnung an nichtlinearen Systemen

12.1 Anwendungsumfeld

Zuvor wurden sehr ausführlich lineare Maßketten dargelegt. Charakteristisch hierbei war, dass das Schließmaß immer als Summe oder Differenz aus mehreren Einzelmaßen gebildet wurde. In diesen Fällen greift auch das einfache Abweichungsfortpflanzungsgesetz.

Darüber hinaus gibt es in der Praxis auch eine Vielzahl an Fällen, wo zwischen den Einzel-maßen und dem Schließmaß ein nichtlinearer Zusammenhang besteht. Manchmal ist dieser Zusammenhang einfach, aber genauso oft nur mathematisch aufwändig herzustellen. Im nichtlinearen Fall muss auch das vollständige Abweichungsfortpflanzungsgesetz mit seinen partiellen Ableitungen herangezogen werden, welches die Anwendung schwierig erscheinen lässt.

Gegenüber anderen Verfahren ist der statistische Ansatz aber immer noch sehr vorteilhaft, da hier nur diskrete Einstellungen bewertet werden brauchen. Dennoch ist der Ansatz so univer-sell, dass weit reichende Schlüsse gezogen werden können.

Zur Darstellung des Ansatzes wird ein Querschnitt von Anwendungsfällen gezeigt und Hilfen zur Überwindung von besonderen Schwierigkeiten gegeben.

Tolerierungsbeispiele:

- die Betrachtung der **Querschnittsänderung eines Dichtrings** in einem Hydraulikventil;
- die Ermittlung des **Abstandes zweier lageversetzter Bohrungen**;
- eine kombinierte **Reihen- und Parallelschaltung von elektrischen Widerständen**;
- ein **exzentrisches Schubkurbelgetriebe**

und

- die **Auslegung einer Reibschlussverbindung**.

12.2 Vorgehen

Zur Bearbeitung der Beispiele soll wieder ein festes Schema gewählt werden, welches die folgenden Schritte umfasst:

---

1. *Erstellung einer Funktionsskizze mit allen Abhängigkeiten*
2. *Ermittlung eines funktionellen Zusammenhangs für die zu untersuchende Größe*
3. *Ableitung eines Maßplans*
4. *Arithmetische Bestimmung des Schließmaßes der Maßkette*
5. *Bestimmung der statistischen Kenngrößen als Mittelwert und Varianz*
6. *Bestimmung des statistischen Schließmaßes*
7. *Ermittlung des Erweiterungs- und Reduktionsfaktors*
8. *Grafische Darstellung der Toleranzfelder/Verteilungen*

12.3 Volumentolerierung

In Hydraulikblöcken werden die Abdichtungsaufgaben von Dichtringen /KLE 93b/ übernommen. Durch die Verquetschung des Volumens verändern sich jedoch die Strömungsverhältnisse, weshalb es von Wichtigkeit ist, den wahrscheinlichen Bereich des Innendurchmessers d eingrenzen zu können. Dieser Bereich hängt jedoch von der ganzen übrigen Maßumgebung ab.

1. Schritt – Erstellung einer Funktionsskizze

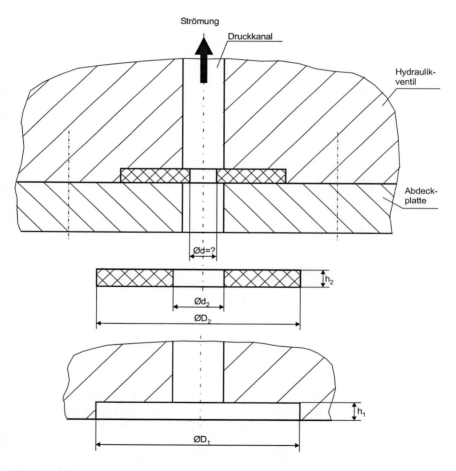

Bild 12.1: *Hydraulikblock mit Funktionsmaßen und Dichtringabmessungen*

Parameter		
$D_1 = 10,1 \pm 0,1$	$D_2 = 10,45 \pm 0,15$	$h_2 = 1,6 \pm 0,1$
$h_1 = 1,35 \pm 0,005$	$d_2 = 7,15 \pm 0,15$	$Q = 1,08$ bis $1,12$

Mit:

Q: Quellfaktor des Kunststoffs
d : deformierter Innendurchmesser
D, h: spezifische Baumaße

Das hier diskutierte Problem kommt in der Hydraulik und Pneumatik sehr oft vor. Eingesetzte Dichtringe verengen unter ihrer Montagevorspannung Strömungsquerschnitte und stellen fluidische Widerstände dar, die eigentlich unerwünscht sind. Für eine Strömungssimulation ist die tatsächliche Querschnittsverengung eine wichtige Rechengröße, weshalb diese auch hier möglichst real bestimmt werden soll.

Im vorliegenden Fall handelt es sich um einen Hydraulikblock, der in sehr großer Stückzahl in der Mobilhydraulik (z. B. LKW-Hublader, Greifarme, Ladepritschen) eingesetzt wird. Da hier nur kleine Pumpvolumina verfügbar sind, sollten die inneren Widerstände möglichst klein sein. Eine Kenngröße dafür ist der „lichte Durchmesser" eines verpressten Dichtrings.

2. Schritt - Ermittlung des funktionellen Zusammenhangs

Volumen des verpressten Dichtrings

$$V_1 = \frac{\pi \cdot \left(D_1{}^2 - d^2\right)}{4} \cdot h_1$$

Volumen des unverpressten Dichtrings

$$V_2 = \frac{\pi \cdot \left(D_2{}^2 - d_2{}^2\right)}{4} \cdot h_2 \cdot Q$$

Annahme: $V_1 = V_2$

Durch die Einbausituation kann im Weiteren von einer Volumenkonstanz des Dichtrings ausgegangen werden, sodass in Verbindung mit der Senkung folgende Beziehung angesetzt werden kann:

$$\frac{\pi \cdot \left(D_1{}^2 - d^2\right)}{4} \cdot h_1 = \frac{\pi \cdot \left(D_2{}^2 - d_2{}^2\right)}{4} \cdot h_2 \cdot Q \,.$$

Daraus ergibt sich der **deformierte Innendurchmesser**

$$d = \sqrt{D_1{}^2 - \frac{\left(D_2{}^2 - d_2{}^2\right) \cdot h_2 \cdot Q}{h_1}} \tag{12.1}$$

oder das parameterielle Problem

$$d = f(d_2, D_1, h_1, D_2, h_2, Q).$$

3. Schritt – Ableitung eines Maßplans

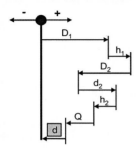

Aus dem funktionellen Zusammenhang nach Gl. (12.1) ist die Richtung der Maßvektoren zu bestimmen. Maße, deren Vergrößerung ebenfalls eine Vergrößerung des Schließmaßes – hier der Durchmesser d – bewirken, sind als positiv anzunehmen. Maße, deren Verringerung eine Vergrößerung des Schließmaßes bewirken, haben einen negativen Maßvektor.

Bild 12.2: *Maßplan für die Querschnittsänderung eines Dichtrings*

4. Schritt – Arithmetische Bestimmung des Schließmaßes der Maßkette

Minimal- und Maximalwerte des Innendurchmessers des deformierten Dichtringes

$$d_{min} = \sqrt{D_{1min}^2 - \frac{\left(D_{2max}^2 - d_{2min}\right)^2 \cdot h_{2max} \cdot Q_{max}}{h_{1min}}},$$

$$d_{min} = \sqrt{(10mm)^2 - \frac{\left[(10,6\ mm)^2 - (7\ mm)^2\right] \cdot 1,7\ mm \cdot 1,12}{1,3\ mm}} = 2,68364\ mm$$

bzw.

$$d_{max} = \sqrt{D_{1max}^2 - \frac{\left(D_{2min}^2 - d_{2max}^2\right) \cdot h_{2min} \cdot Q_{min}}{h_{1max}}},$$

$$d_{max} = \sqrt{(10,2\ mm)^2 - \frac{(10,3\ mm)^2 - (7,3\ mm)^2 \cdot 1,5\ mm \cdot 1,08}{1,4\ mm}} = 6,55308\ mm$$

Mittenwert bzw. Mittelwert des Innendurchmessers

$$C_{\overline{d}} \equiv d_0 = \frac{d_{min} + d_{max}}{2} = \frac{2,68364\ mm + 6,55308\ mm}{2} = 4,61836\ mm$$

Arithmetische Toleranz des Innendurchmessers

$$T_A = d_{max} - d_{min} = 6,55308 \text{ mm} - 2,68364 \text{ mm} = 3,86944 \text{ mm}$$

Schließmaß des Innendurchmessers des deformierten Gummiringes

$$M_0 = C_{\overline{d}} \pm \frac{T_A}{2} = 4,61836 \text{ mm} \pm \frac{3,86944 \text{ mm}}{2} = 4,61836 \pm 1,93472$$

5. Schritt - Bestimmung der statistischen Kenngrößen

Funktion der Zielgröße *in Abhängigkeit von den parameteriellen Mittelwerten*

$$\overline{d} = \sqrt{\overline{D}_1^{\;2} - \frac{\left(\overline{D}_2^{\;2} - \overline{d}_2^{\;2}\right) \cdot \overline{h}_2 \cdot \overline{Q}}{\overline{h}_1}}$$

Varianz der Zielgröße aus allgemeinem Abweichungsfortpflanzungsgesetz

$$s^2 = \sum_{i=1}^{n}\left(\frac{\partial f}{\partial x_i}\Big|_{\overline{x}}\right)^2 \cdot s_{x_i}^{\;2},$$

$$s_d^{\;2} = \left(\frac{\partial \overline{d}}{\partial \overline{D}_1}\right)^2 \cdot s_{D_1}^{\;2} + \left(\frac{\partial \overline{d}}{\partial \overline{D}_2}\right)^2 \cdot s_{D_2}^{\;2} + \left(\frac{\partial \overline{d}}{\partial \overline{d}_2}\right)^2 \cdot s_{d_2}^{\;2} + \left(\frac{\partial \overline{d}}{\partial \overline{h}_1}\right)^2 \cdot s_{h_1}^{\;2} + \left(\frac{\partial \overline{d}}{\partial \overline{h}_2}\right)^2 \cdot s_{h_2}^{\;2} + \left(\frac{\partial \overline{d}}{\partial \overline{Q}}\right)^2 \cdot s_Q^{\;2}$$

Partielle Ableitungen aller Parameter

$$\frac{\partial \overline{d}}{\partial \overline{D}_1} = \frac{\overline{D}_1}{\sqrt{\dfrac{\overline{D}_1^{\;2} \cdot \overline{h}_1 - \overline{D}_2^{\;2} \cdot \overline{h}_2 \cdot \overline{Q} + \overline{d}_2^{\;2} \cdot \overline{h}_2 \cdot \overline{Q}}{\overline{h}_1}}} = 1,96983,$$

$$\frac{\partial \overline{d}}{\partial \overline{D}_2} = -\frac{\overline{D}_2 \cdot \overline{h}_2 \cdot \overline{Q} \cdot \sqrt{\dfrac{\overline{D}_1^{\;2} \cdot \overline{h}_1 - \overline{D}_2^{\;2} \cdot \overline{h}_2 \cdot \overline{Q} + \overline{d}_2^{\;2} \cdot \overline{h}_2 \cdot \overline{Q}}{\overline{h}_1}}}{\overline{D}_1^{\;2} \cdot \overline{h}_1 - \overline{h}_2 \cdot \overline{Q} \cdot \left(\overline{D}_2^{\;2} - \overline{d}_2^{\;2}\right)} = -2,65700,$$

$$\frac{\partial \overline{d}}{\partial \overline{d}_2} = \frac{\overline{d}_2 \cdot \overline{h}_2 \cdot \overline{Q} \cdot \sqrt{\dfrac{\overline{D}_1^{\;2} \cdot \overline{h}_1 - \overline{D}_2^{\;2} \cdot \overline{h}_2 \cdot \overline{Q} + \overline{d}_2^{\;2} \cdot \overline{h}_2 \cdot \overline{Q}}{\overline{h}_1}}}{\overline{D}_1^{\;2} \cdot \overline{h}_1 - \overline{h}_2 \cdot \overline{Q} \cdot \left(\overline{D}_2^{\;2} - \overline{d}_2^{\;2}\right)} = 1,81795,$$

$$\frac{\partial \overline{d}}{\partial \overline{h}_1} = \frac{\overline{h}_2 \cdot \overline{Q} \cdot \left(\overline{D}_2 - \overline{d}_2\right) \cdot \sqrt{\dfrac{\overline{D}_1^{\,2} \cdot \overline{h}_1 - \overline{D}_2^{\,2} \cdot \overline{h}_2 \cdot \overline{Q} + \overline{d}_2^{\,2} \cdot \overline{h}_2 \cdot \overline{Q}}{\overline{h}_1}}}{2 \cdot h_1 \cdot \left(\overline{D}_1^{\,2} \cdot \overline{h}_1 - \overline{h}_2 \cdot \overline{Q} \cdot \left(\overline{D}_2^{\,2} - \overline{d}_2^{\,2}\right)\right)} = 5{,}46939 \, ,$$

$$\frac{\partial \overline{d}}{\partial \overline{h}_2} = -\frac{\overline{Q} \cdot \left(\overline{D}_2^{\,2} - \overline{d}_2^{\,2}\right) \cdot \sqrt{\dfrac{\overline{D}_1^{\,2} \cdot \overline{h}_1 - \overline{D}_2^{\,2} \cdot \overline{h}_2 \cdot \overline{Q} + \overline{d}_2^{\,2} \cdot \overline{h}_2 \cdot \overline{Q}}{\overline{h}_1}}}{2 \cdot \left(\overline{D}_1^{\,2} \cdot \overline{h}_1 - \overline{h}_2 \cdot \overline{Q} \cdot \left(\overline{D}_2^{\,2} - \overline{d}_2^{\,2}\right)\right)} = -4{,}61480 \, ,$$

$$\frac{\partial \overline{d}}{\partial \overline{Q}} = -\frac{\overline{h}_2 \cdot \left(\overline{D}_2^{\,2} - \overline{d}_2^{\,2}\right) \cdot \sqrt{\dfrac{\overline{D}_1^{\,2} \cdot \overline{h}_1 - \overline{D}_2^{\,2} \cdot \overline{h}_2 \cdot \overline{Q} + \overline{d}_2^{\,2} \cdot \overline{h}_2 \cdot \overline{Q}}{\overline{h}_1}}}{2 \cdot \left(\overline{D}_1^{\,2} \cdot \overline{h}_1 - \overline{h}_2 \cdot \overline{Q} \cdot \left(\overline{D}_2^{\,2} - \overline{d}_2^{\,2}\right)\right)} = -6{,}71243$$

Mit den partiellen Ableitungen erhält man

$$\begin{aligned}
s_d^{\,2} &= 1{,}96983^2 \cdot (0{,}03 \text{ mm})^2 + (-2{,}65700)^2 \cdot (0{,}05 \text{ mm})^2 + 1{,}81795^2 \cdot (0{,}05 \text{ mm})^2 \\
&\quad + 5{,}46939^2 \cdot (0{,}0166 \text{ mm})^2 + (-4{,}61480)^2 \cdot (0{,}03 \text{ mm})^2 + (-6{,}71243)^2 \cdot (0{,}006 \text{ mm})^2 \\
&= 0{,}06419 \text{ mm}^2
\end{aligned}$$

Standardabweichung der Zielgröße

$$s_d = \sqrt{s_d^{\,2}} = \sqrt{0{,}06419 \text{ mm}^2} = 0{,}25335 \text{ mm}$$

Statistische Toleranz des Innendurchmessers

$$T_S = \pm 3 \cdot s_d = 6 \cdot 0{,}25335 \text{ mm} = 1{,}5201 \text{ mm}$$

6. Schritt - Bestimmung des statistischen Schließmaßes

$$M_0 = d_0 \pm \frac{T_S}{2} = 4{,}618 \pm 0{,}76 \text{ mm}$$

7. Schritt - Bestimmung des Erweiterungs- und Reduktionsfaktors

Reduktionsfaktor

$$r = \frac{T_S}{T_A} = \frac{1{,}52 \text{ mm}}{3{,}86 \text{ mm}} = 0{,}3928$$

Dies entspricht einer Reduktion von 60,7 % oder es werden tatsächlich nur 39,3 % des Toleranzfeldes ausgenutzt.

Größtmaße, Kleinstmaße und Standardabweichung der einzelnen Parameter

Maß	Größtmaß (mm)	Kleinstmaß (mm)	Standardabweichung (mm) ($T_s = 6 \cdot s$) bei normalverteilten Fertigungstoleranzen
D_1	$G_o = 10,2$	$G_u = 10$	$s_{D1} = \dfrac{G_o - G_u}{6} = 0,033$
D_2	$G_o = 10,6$	$G_u = 10,3$	$s_{D2} = 0,05$
d_2	$G_o = 7,3$	$G_u = 7$	$s_{d2} = 0,05$
h_1	$G_o = 1,4$	$G_u = 1,3$	$s_{h1} = 0,0166$
h_2	$G_o = 1,7$	$G_u = 1,5$	$s_{h2} = 0,033$
Q	$G_o = 1,12$	$G_u = 1,08$	$s_Q = 0,0066$

Tabelle 12.1: Größtmaße, Kleinstmaße und Standardabweichungen

8. Schritt - Grafische Darstellung der Toleranzfelder/Verteilung

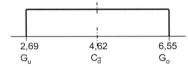

2,69   4,62   6,55   *Bild 12.3: Arithmetisches Toleranzfeld*
G_u $C_{\bar{d}}$ G_o

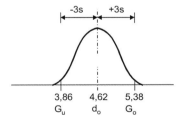

3,86   4,62   5,38   *Bild 12.4: Statistisches Toleranzfeld*
G_u d_o G_o

Resümee

Eine wichtige Erkenntnis der statistischen Maßanalyse ist, dass die tatsächliche Durchflussbehinderung und die Störung der Strömung durch die verquetschte Dichtung geringer ist, als nach der arithmetischen Rechnung ausgewiesen wird. Die Simulation des Hydraulikkreislaufs zeigt in dem vorliegenden Fall, dass mit der nächstkleineren Pumpe gearbeitet werden kann, was die Systemkosten insgesamt senkt.

12.4 Bestimmung eines Lochabstandes

Im *Bild 12.5* ist ein Plattensegment mit zwei Bohrungen dargestellt. Dieses Plattensegment soll so montiert werden, dass in die beiden Bohrungen zwei Zapfen eingreifen können. Für die Funktion ist somit der diagonale Lochabstand maßgebend, der sich aus einer nichtlinearen Maßbeziehung berechnet. Da derartige Fälle in der Praxis sehr häufig sind, soll hier eine exemplarische Lösung entwickelt werden. Angemerkt sei aber, dass die Vermaßung des Lochbildes nicht mehr normkonform ist. Nach der ISO 5458 ist die *Positionstolerierung* zu benutzen.

1. Schritt – Erstellung einer Funktionsskizze

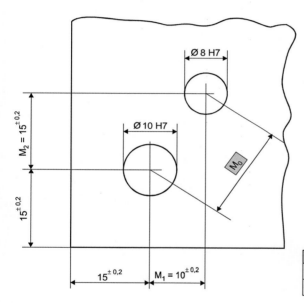

Bez.:	Maß	Toleranz
M_1	10 mm	±0,2 mm
M_2	15 mm	±0,2 mm

Bild 12.5: *Zeichnungsausschnitt eines Plattensegments*

2. Schritt - Ermittlung des funktionellen Zusammenhangs

Zunächst muss die Diagonale M_0 der beiden Bohrungsmittelpunkte bestimmt werden. Dazu wird der Satz des Pythagoras verwendet. Das Schließmaß M_0 ist somit eine Funktion der beiden Abstandsmaße. Es gilt:

$$M_0 = f(M_1, M_2) = \sqrt{M_1{}^2 + M_2{}^2} \tag{12.2}$$

3. Schritt – Ableitung eines Maßplans

In diesem Fall ist der Maßplan mit zwei unabhängigen Größen einfach zu bestimmen. Vergrößern sich M_1 oder M_2, vergrößert auch sich M_0, d. h., alle Maße sind positiv.

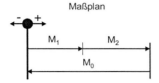

Bild 12.6: *Maßplan des Lochabstand nach Pythagoras*

4. Schritt – Arithmetische Bestimmung des Schließmaßes der Maßkette

Nennmaß, Höchstmaß und Mindestmaß des Lochabstandes

* Nennmaß

  Ausgehend von den Zeichnungsangaben ergibt sich das Nennmaß der Diagonalen zu

  $$N_0 = \sqrt{N_1^2 + N_2^2}$$
  $$= \sqrt{10^2 + 15^2} = 18,0278 \text{ mm.}$$

* Höchstmaß

  Sollten zwei Bohrungen zusammentreffen, welche die Abstandstoleranzen voll ausnutzen, erhält man für das Höchstmaß

  $$P_O = \sqrt{G_{o_1}^2 + G_{o_2}^2}$$
  $$= \sqrt{10,2^2 + 15,2^2} = 18,3052 \text{ mm.}$$

* Mindestmaß

  Für das Mindestmaß erhält man analog

  $$P_U = \sqrt{G_{u_1}^2 + G_{u_2}^2}$$
  $$= \sqrt{9,8^2 + 14,8^2} = 17,7505 \text{ mm.}$$

- Arithmetische Toleranz des Lochabstandes

  Der „worst-case" führt zu

  $$T_A = P_O - P_U$$
  $$= 18,3052 - 17,7505 = 0,5547 \text{ mm.}$$

  Daraus folgt: Der Lochabstand bewegt sich in einem Bereich von

  $$M_0 = N_0 {}_{P_U - N_0}^{P_O - N_0} = 18,03_{-0,28}^{+0,28} \text{ mm.}$$

5. Schritt - Bestimmung der statistischen Kenngrößen

- Grundannahmen

  Es soll angenommen werden, dass

  − die einzelnen Maße normalverteilt sind
  und
  − die Fertigungsstreuung $\pm 3 \cdot s$ betrage.

  Die Varianzen der Einzelmaße können nach der bekannten Beziehung

  $$s_i = \frac{T_i}{6}$$

  bestimmt werden.

	Toleranz T_i /[mm]	Streuung s_i /[mm]	Varianz s_i^2 /$\left[mm^2 \right]$
$+M_1$	0,4	0,0667	0,0044
$+M_2$	0,4	0,0667	0,0044

Nun muss nach dem Abweichungsfortpflanzungsgesetz die Varianz des Schließmaßes bestimmt werden, gemäß Gl. (4.15) gilt:

$$s^2(f(x_1,...x_n)) = \sum_{i=1}^{n} \left(\frac{\partial f}{\partial x_i} \bigg|_{\overline{x}} \right)^2 \cdot s_i^2 .$$

Daraus folgt für dieses Beispiel

$$s_0^2(f(M_1, M_2)) = \left(\frac{\partial \sqrt{M_1^2 + M_2^2}}{\partial M_1} \right)^2 s_1^2 + \left(\frac{\partial \sqrt{M_1^2 + M_2^2}}{\partial M_2} \right)^2 s_2^2 ,$$

mit den partiellen Ableitungen am Mittelwert

$$\left(\frac{\partial\sqrt{\overline{M}_1^2 + \overline{M}_2^2}}{\partial M_1}\right) = \frac{\overline{M}_1}{\sqrt{\overline{M}_1^2 + \overline{M}_2^2}} \quad \text{und} \quad \left(\frac{\partial\sqrt{\overline{M}_1^2 + \overline{M}_2^2}}{\partial M_2}\right) = \frac{\overline{M}_2}{\sqrt{\overline{M}_1^2 + \overline{M}_2^2}}$$

folgt

$$s_0^2(f(M_1, M_2)) = \left(\frac{\overline{M}_1}{\sqrt{\overline{M}_1^2 + \overline{M}_2^2}}\right)^2 \cdot s_1^2 + \left(\frac{\overline{M}_2}{\sqrt{\overline{M}_1^2 + \overline{M}_2^2}}\right)^2 \cdot s_2^2 .$$

Setzt man die Zahlenwerte ein, erhält man

$$s_0^2(f(M_1, M_2)) = \left(\frac{10 \text{ mm}}{\sqrt{(10 \text{ mm})^2 + (15 \text{ mm})^2}}\right)^2 \cdot 0,0044 + \left(\frac{15 \text{ mm}}{\sqrt{(10 \text{ mm})^2 + (15 \text{ mm})^2}}\right)^2 \cdot 0,0044$$

$$= 0,0044 \text{ mm}^2 .$$

Die Gesamtstreuung ist dann

$$s_0 = 0,0663 \text{ mm} .$$

6. Schritt - Bestimmung der Toleranz

$$T_S = \pm 3 \cdot s = 2 \cdot 3 \cdot s_0 = 6 \cdot 0,0663 \text{ mm}$$
$$\approx 0,40 \text{ mm}$$

gegenüber $T_A = 0,5547$.

Das statistisch tolerierte Schließmaß ist somit

$$M_0 = 18,03 \pm 0,20 \text{ mm} .$$

7. Schritt - Ermittlung des Erweiterungs- und Reduktionsfaktors

Reduktionsfaktor

$$r = \frac{T_S}{T_A} = \frac{0,40}{0,55} = 0,7273$$

Dies bedeutet:

Bei der jetzigen maßlichen Auslegung der Einzelteile wird das Schließmaß T_S nur $0,73 \cdot T_A$ betragen. Insofern können bei Beibehaltung von $T_A = T_S$ alle Einzeltoleranzen (im Beispiel die abstandsbildenden Maße) erweitert werden.

Der Erweiterungsfaktor beträgt somit

$$e = \frac{1}{r} = \frac{T_A}{T_S} = 1,37 \, .$$

Anmerkung: Nach der DIN EN ISO 5458 ist die benutzte Bemaßung über Abmaße nicht mehr zulässig, d. h., es ist die Positionstolerierung zu benutzen.

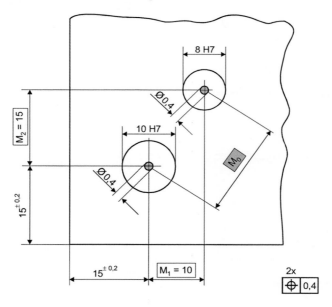

Bild 12.7: *Vermaßung mit Positionstoleranzen* (t_{PS})

Gemäß den in der Zeichnung dargestellten Verhältnissen ergibt sich eine völlig andere Betrachtung. Die Abstände M_1, M_2 sind hier wieder theoretisch genaue Maße (TED) ohne jede Toleranz. Es ergibt sich somit die theoretische Lage der Mitten der Toleranzfelder zu

$$N_0 = \sqrt{M_1{}^2 + M_2{}^2} = 18,0278 \text{ mm} \, .$$

Die Diagonale N_0 erweitert oder verkürzt sich jetzt in den beiden Toleranzfeldern t_{PS}. Somit ergibt sich:

- Höchstmaß

$$P_O = N_0 + 2 \cdot \frac{t_{PS}}{2} = 18,0278 + 0,4 = 18,43 \text{ mm}$$

- Mindestmaß

$$P_U = N_0 - 2 \cdot \frac{t_{PS}}{2} = 18,0278 - 0,4 = 17,63 \text{ mm}$$

Für die arithmetische Schließmaßtoleranz erhält man somit

$$T_A = P_O - P_U = 0,8 \text{ mm}.$$

Wie vorstehend schon im Kapitel 5.7.4 dargestellt, kann jede Positionstoleranz als normalverteilt[*] angenommen werden. Die Streuungen ergeben sich somit zu

$$s_{PS_1} = \frac{t_{PS}}{6} = \frac{0,4}{6} = 0,06667, \quad s_{PS_2} \equiv s_{PS_1}.$$

Gemäß dem Abweichungsfortpflanzungsgesetz ergibt sich die Gesamtstreuung der Abstandsdiagonalen zu

$$s_0 = \sqrt{s^2_{PS_1} + s^2_{PS_2}} = \sqrt{2} \cdot s_{PS_1} = 1,414 \cdot s_{PS_1} = 0,0943$$

und damit als diagonale Toleranz

$$T_S = 6 \cdot s_0 = 0,5657 = \pm 0,28 \text{ mm}.$$

Insofern ist ein Abstandsmaß im Bereich

$$M_0 = N_0 \pm \frac{T_S}{2} = 18,0278 \pm 0,28$$

zu erwarten. Dies hat ein Höchstmaß von

$$M_{0 \text{ max}} = 18,31 \text{ mm}$$

und ein Mindestschließmaß von

$$M_{0 \text{ mim}} = 17,75 \text{ mm}$$

zur Folge.

---

[*] Anmerkung: Positionstoleranzen für Bohrungsmitten sind 3-D-normalverteilt; hier soll vereinfacht eine 2-D-Schnitt-Normalverteilung angenommen werden.

12.5 Schaltung von Ohm´schen Widerständen

Zuvor wurde schon im Kapitel 4.2.4.3 (siehe Seite 28) die Ohm'sche Widerstandsschaltung als typisches nichtlineares Problem behandelt. Weil Widerstandsschaltungen in elektrische Seriengeräte häufig vorkommen, soll das zuvor entwickelte Bearbeitungsschema auch noch mal auf diesen Anwendungsfall übertragen werden.

1. Schritt - Erstellung einer Funktionsskizze

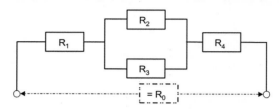

Bild 12.8: *Schaltung von Ohm'schen Widerständen*

Es sollen die folgenden Maßgrößen angenommen werden:

	Nennwerte/[Ω]	Toleranz	T/[Ω]
R_1	270	±10 %	54
R_2	100	±5 %	10
R_3	150	±20 %	60
R_4	330	±5 %	33

2. Schritt - Ermittlung des funktionellen Zusammenhangs

Bei in Reihe geschalteten Widerständen wird der Gesamtwiderstand durch Addition der Einzelwiderstände ermittelt. Bei parallel geschalteten Widerständen addieren sich die Leitwerte. Der Leitwert ist der Kehrwert des Ohm'schen Widerstands. Daher ist der Gesamtwiderstand zweier parallel geschalteter Ohm'scher Widerstände der Kehrwert des Gesamtleitwerts.

Demgemäß wird der Gesamtwiderstand R_0 berechnet zu

$$R_0 = R_1 + \left(\frac{1}{R_2} + \frac{1}{R_3} \right)^{-1} + R_4$$

$$= R_1 + \frac{R_2 \cdot R_3}{R_2 + R_3} + R_4.$$

(12.3)

Infolge des verknüpften Mittelterms liegt eine nichtlineare Beziehung vor.

3. Schritt – Ableitung eines Maßplans

Zur Erstellung des Maßplans muss zunächst wieder der funktionelle Zusammenhang betrachtet werden.

Diesen kann man im ersten Schritt in drei für das Schließmaß voneinander unabhängige Teile zerlegen. Es sind dies

- der Widerstand R_1,
- der Widerstand R_4

und
- die Parallelschaltung aus R_2 und R_3.

Für den Maßplan muss geklärt werden, wie sich der Ersatzwiderstand R_a bei extremen R_2 und R_3 verhält. Dazu muss man jeweils die Größt- und Kleinstwiderstände einsetzen:

$$R_a = \frac{R_2 \cdot R_3}{R_2 + R_3}.$$

Man erhält dann die folgenden Ergebnisse für den Ersatzwiderstand:

R_2	R_3	Ersatzwiderstand R_a
max = 105 Ω	max = 180 Ω	66,32 Ω (MAXIMAL)
max = 105 Ω	min = 120 Ω	56,00 Ω
min = 95 Ω	max = 180 Ω	62,18 Ω
min = 95 Ω	min = 120 Ω	53,02 Ω (MINIMAL)

Tabelle 12.2: Bestimmung des Parallelwiderstandes R_a mit extremen R_2- und R_3-Widerständen

Aus dieser Tabelle kann man ersehen, dass R_a maximal wird für maximale R_2 und R_3. Für R_2 und R_3 minimal wird auch R_a minimal. Somit sind die einzelnen Vektoren der Maßkette als positiv anzunehmen. Man erhält den folgenden Maßplan[*]:

Maßplan für Reihen-/Parallelschaltung

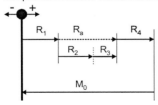

Bild 12.9: Maßplan für die Schaltung elektrischer Widerstände

---

[*] Anmerkung: Der Maßplan ist bei physikalischen Größen in Analogie zu den Maßgrößen zu verstehen.

4. Schritt – Arithmetische Bestimmung des Schließmaßes der Maßkette

Mittelwert, Höchstmaß und Mindestmaß des Gesamtwiderstands

Berechnung nach dem funktionellen Zusammenhang wegen des Mittelwertsatzes:

- Mittelwert

  Der mittlere Gesamtwiderstand $\overline{R}_0$ ist mit den Nennwerten $\overline{R}_i$ aller Einzelwiderstände zu bilden:

$$\overline{R}_0 = \overline{R}_1 + \frac{\overline{R}_2 \overline{R}_3}{\overline{R}_2 + \overline{R}_3} + \overline{R}_4 = 270\ \Omega + \frac{100\ \Omega \cdot 150\ \Omega}{100\ \Omega + 150\ \Omega} + 330\ \Omega = 660\ \Omega\,.$$

- Höchstmaß

$$R_O = R_{1max} + \frac{R_{2max} \cdot R_{3max}}{R_{2max} + R_{3max}} + R_{4max} = 297\ \Omega + \frac{105\ \Omega \cdot 180\ \Omega}{105\ \Omega + 180\ \Omega} + 363\ \Omega = 726{,}31\ \Omega$$

- Mindestmaß

$$R_U = R_{1min} + \frac{R_{2min} \cdot R_{3min}}{R_{2min} + R_{3min}} + R_{4min} = 243\ \Omega + \frac{95\ \Omega \cdot 120\ \Omega}{95\ \Omega + 120\ \Omega} + 297\ \Omega = 593{,}02\ \Omega$$

Arithmetische Toleranz des Gesamtwiderstandes T_A

$$T_A = R_O - R_U = 726{,}31\ \Omega - 593{,}02\ \Omega = 133{,}29\ \Omega$$

und

$$M_0 = R_0{}^{R_O - R_0}_{R_U - R_0} = 660\ \Omega^{726{,}31 - 660}_{593{,}02 - 660} = 660\ \Omega^{+66{,}31}_{-66{,}69} \cong 660\ \Omega \pm 10\ \%$$

5. Schritt - Bestimmung der statistischen Kenngrößen

Grundannahmen

Es wird auch hier angenommen, dass die Widerstände in Großserie hergestellt werden und ihre Werte somit **normalverteilt** sind.

Weiterhin wird eine beherrschte Produktion unterstellt, was ein $C_{pk} \geq 1$ bzw. eine Fertigungsstreuung von $\pm 3 \cdot s$ voraussetzt.

Bestimmung der Varianzen der Einzelmaße

	Nennwerte/[Ω]	Toleranz	T/[Ω]	Standardabw. s_R/[Ω]	Varianz s_R^2/[Ω]
R_1	270	±10 %	54	9,00	81,00
R_2	100	±5 %	10	1,67	2,78
R_3	150	±20 %	60	10,00	100,00
R_4	330	±5 %	33	5,50	30,25

Varianzbestimmung des Schließmaßes nach dem Abweichungsfortpflanzungsgesetz

$$s^2(f(R_1, R_2, R_3, R_4)) = \sum_{i=1}^{n} \left(\left. \frac{\partial f}{\partial x_i} \right|_{\overline{x}} \right)^2 \cdot s_i^2$$

mit den partiellen Ableitungen

$$\frac{\partial \overline{R}_{ges}}{\partial \overline{R}_1} = \left(\frac{\partial \left(\overline{R}_1 + \frac{\overline{R}_2 \cdot \overline{R}_3}{\overline{R}_2 + \overline{R}_3} + \overline{R}_4 \right)}{\partial \overline{R}_1} \right) = \frac{\partial \overline{R}_1}{\partial \overline{R}_1} + \frac{\partial \frac{\overline{R}_2 \cdot \overline{R}_3}{\overline{R}_2 + \overline{R}_3}}{\partial \overline{R}_1} + \frac{\partial \overline{R}_4}{\partial \overline{R}_1} = 1 + 0 + 0,$$

$$\frac{\partial \overline{R}_{ges}}{\partial \overline{R}_2} = \left(\frac{\partial \left(\overline{R}_1 + \frac{\overline{R}_2 \cdot \overline{R}_3}{\overline{R}_2 + \overline{R}_3} + \overline{R}_4 \right)}{\partial \overline{R}_2} \right) = \frac{\partial \overline{R}_1}{\partial \overline{R}_2} + \frac{\partial \frac{\overline{R}_2 \cdot \overline{R}_3}{\overline{R}_2 + \overline{R}_3}}{\partial \overline{R}_2} + \frac{\partial \overline{R}_4}{\partial \overline{R}_2} = 0 - \frac{\overline{R}_3^2}{(\overline{R}_2 + \overline{R}_3)^2} + 0,$$

$$\frac{\partial \overline{R}_{ges}}{\partial \overline{R}_3} = 0 - \frac{\overline{R}_2^2}{(\overline{R}_2 + \overline{R}_3)^2} + 0,$$

$$\frac{\partial \overline{R}_{ges}}{\partial \overline{R}_4} = \frac{\partial \overline{R}_{ges}}{\partial \overline{R}_1} = 1.$$

Einsetzen liefert nun die Gesamtvarianz

$$s_{\overline{R}_0}^2 \approx 1^2 \cdot s_{R_1}^2 + \left(\frac{\overline{R}_3^2}{(\overline{R}_2 + \overline{R}_3)^2} \right)^2 s_{R_2}^2 + \left(\frac{\overline{R}_2^2}{(\overline{R}_2 + \overline{R}_3)^2} \right)^2 s_{R_3}^2 + 1^2 \cdot s_{R_4}^2$$

$$\approx 81\,\Omega^2 + \left(\frac{(150\,\Omega)^2}{(150\,\Omega + 100\,\Omega)^2} \right)^2 \cdot 2,78\,\Omega^2 + \left(\frac{(100\,\Omega)^2}{(150\,\Omega + 100\,\Omega)^2} \right)^2 \cdot 100\,\Omega^2 + 30,25\,\Omega^2$$

$$\approx 81\,\Omega^2 + 0,130 \cdot 2,78\,\Omega^2 + 0,026 \cdot 100\,\Omega^2 + 30,25\,\Omega^2$$

$$\approx 114,17\,\Omega^2.$$

Die Gesamtstreuung ist somit $s_{\overline{R}_0} = 10,68\,\Omega$.

6. Schritt - Bestimmung der Toleranz

Auch für den Gesamtwiderstand soll wieder die gleiche Streubreite angenommen werden. Dann ergibt sich für die statistische Toleranz

$$T_S = 6 \cdot s_{\overline{R}_0} = 6 \cdot 10,68 \ \Omega$$
$$= 64,11 \ \Omega.$$

Als Gesamtwiderstand ist somit zu erwarten:

$$M_0 = \overline{R}_0 \pm \frac{T_S}{2} \ mm = 660 \ \Omega \pm 32,05 \ \Omega.$$

Dies entspricht ungefähr

$$M_0 = 660 \ \Omega \pm 5 \ \%.$$

Im Vergleich dazu beläuft sich die arithmetische Schließmaßtoleranz auf $T_A = 133,29 \ \Omega$. Dies entspricht einer Abweichungstoleranz von $\pm 10 \ \%$.

7. Schritt - Ermittlung des Erweiterungs- und Reduktionsfaktors

Äquivalent wie Längentoleranzen lassen sich auch die physikalischen Toleranzen steuern. Toleranzerweiterungen vereinfachen daher auch hier die Fertigung.

Reduktionsfaktor

$$r = \frac{T_S}{T_A} = \frac{64,11 \ \Omega}{133,29 \ \Omega} = 0,48,$$

d. h., nur ein Bereich von 48 % der arithmetischen Toleranz wird tatsächlich genutzt.

Erweiterungsfaktor

$$e = \frac{1}{r} = \frac{T_A}{T_S} = 2,07,$$

d. h., bei jedem Widerstand R_i kann die Toleranz um den 2,07fachen Wert erweitert werden.

12.6 Schubkurbelgetriebe

Für das in *Bild 12.10* dargestellte Schubkurbelgetriebe soll die augenblickliche Lage des Kolbens M_0 für einen Kurbelwinkel von $\varphi = 40°$ vor dem Auslass berechnet werden.

1. Schritt – Ermittlung eines Funktionsskizze

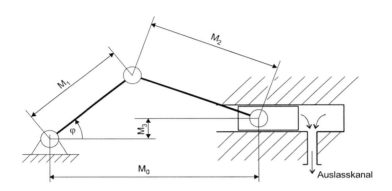

Bild 12.10: *Schubkurbelgetriebe*

	Bezeichnung	Nennwerte N_i /[mm]	Toleranz T_i /[mm]	Größtmaß G_{oi} /[mm]	Kleinstmaß G_{ui} /[mm]
M_1	Kurbelradius	240	±1,50	241,50	238,50
M_2	Länge des Übertragungsgelenks	400	±2,50	402,50	397,50
M_3	Versetzung	100	±0,75	100,75	99,25
φ	Kurbelwinkel	40°			
M_0	Position des Kolbens (Schließmaß)	?			

Tabelle 12.3: *Maße des Schubkurbelgetriebes*

2. Schritt - Ermittlung des funktionellen Zusammenhangs

Die Kolbenposition wird durch die folgende Übertragungsfunktion nullter Ordnung beschrieben:

$$M_0 = M_1 \cdot \cos\varphi + \sqrt{M_2{}^2 - (M_1 \cdot \sin\varphi - M_3)^2} \qquad (12.4)$$

3. Schritt – Ableitung eines Maßplans

Zur Erstellung eines Maßplans muss zunächst nochmals die Übertragungsfunktion betrachtet werden. Da der Verlauf des Schließmaßes nichtlinear ist, müssen zunächst die einzelnen Glieder der Übertragungsfunktion untersucht werden:

$$M_0 = M_1 \cdot \cos\varphi + \sqrt{M_2^2 - (M_1 \cdot \sin\varphi - M_3)^2} \ .$$

Diese kann man als Summe aus zwei Teilen mit unterschiedlicher Auswirkung auf das Endmaß beschreiben.

Der erste Teil M_a besteht aus

$$M_a = M_1 \cdot \cos\varphi \ .$$

Vergrößert sich M_a, so vergrößert sich auch M_0. Daher ist M_a als **positiv** anzunehmen.

Für den zweiten Teil betrachtet man das Verhalten der Wurzel bei sich ändernden Maßen:

$$M_b = \sqrt{M_2^2 - (M_1 \cdot \sin\varphi - M_3)^2} \ .$$

Vergrößert sich M_b, so vergrößert sich auch M_0. Daher auch ist auch M_b als **positiv** anzunehmen.

M_b kann nun wiederum in die einzelnen Faktoren M_{b1}, M_{b2} und M_{b3} zerlegt werden mit

- $M_{b1} = M_2^2$,
- $M_{b2} = M_1 \cdot \sin\varphi$

und

- $M_{b3} = M_3^2$.

Auf dieser Basis kann man dann den Maßplan erstellen:

Maßplan: Schubkurbelgetriebe

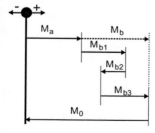

- M_{b1} größer => M_b vergrößert => M_0 vergrößert => M_{b1} ist als **positiv** anzunehmen

- M_{b2} größer => M_b verringert => M_0 verringert => M_{b2} ist als **negativ** anzunehmen

- M_{b3} größer => M_b vergrößert => M_0 vergrößert => M_{b3} ist als **positiv** anzunehmen

Dieser Maßplan gilt nur für Winkel φ ***Bild 12.11:** Maßplan des Schubkurbelgetriebes*
sin φ oder cos φ negativ werden, muss

4. Schritt – Arithmetische Bestimmung des Schließmaßes der Maßkette

- Mittenmaß/Nennwert

  Der Stellungs-Nennwert N_0 für den Kurbelwinkel $\varphi = 40°$ bestimmt sich zu

  $$N_0 = N_1 \cdot \cos 40° + \sqrt{N_2{}^2 - (N_1 \cdot \sin 40° - N_3)^2}$$
  $$= 240 \text{ mm} \cdot \cos 40° + \sqrt{(400 \text{ mm})^2 - (240 \text{ mm} \cdot \sin 40° - 100 \text{ mm})^2}$$
  $$= 580{,}15 \text{ mm}.$$

- Höchststellungswert

  Nach den Überlegungen bei der Aufstellung des Maßplanes folgt nun für

  $$P_O = G_{o1} \cdot \cos 40° + \sqrt{G_{o2}{}^2 - (G_{u1} \cdot \sin 40° - G_{o3})^2}$$
  $$= 241{,}5 \text{ mm} \cdot \cos 40° + \sqrt{(402{,}5 \text{ mm})^2 - (238{,}5 \text{ mm} \cdot \sin 40° - 100{,}75 \text{ mm})^2}$$
  $$= 584{,}054 \text{ mm}.$$

- Mindeststellungswert

  Für das Mindestmaß folgt entsprechend

  $$P_U = G_{u1} \cdot \cos 40° + \sqrt{G_{u2}{}^2 - (G_{o1} \cdot \sin 40° - G_{u3})^2}$$
  $$= 238{,}5 \text{ mm} \cdot \cos 40° + \sqrt{(397{,}5 \text{ mm})^2 - (301{,}5 \text{ mm} \cdot \sin 40° - 99{,}25 \text{ mm})^2}$$
  $$= 576{,}240 \text{ mm}.$$

Arithmetische Stellungstoleranz

$$T_A = P_O - P_U$$
$$= 584{,}054 \text{ mm} - 576{,}240 \text{ mm}$$
$$= 7{,}81 \text{ mm}$$

Arithmetisch eingegrenztes Stellungsmaß

$$M_0 = N_0 \frac{P_O - N_0}{P_U - N_0} = 580{,}15 \bigg|_{576{,}240-580{,}15}^{584{,}054-580{,}15} \ [mm]$$

$$= 580^{+3{,}9}_{-3{,}6} \ [mm]$$

5. Schritt - Bestimmung der statistischen Kenngrößen

Das gezeigte Schubkurbelgetriebe ist vom Aufbau her zwar einfach, steht aber für eine ganze Klasse von Mechanismen, wie sie für Klappenbewegungen (Motorhaube, Kofferraumdeckel etc.) in Fahrzeugen eingesetzt werden. Insofern wird man es hier mit einem Großserienbauteil zu tun haben.

Grundannahme: Die einzelnen Maße sollen normalverteilt angenommen werden, wobei die Fertigungsstreuung wieder $\pm 3 \cdot s$ betragen soll.

Bestimmung der Varianzen der Einzelmaße

Es gilt $s_i = \dfrac{T_i}{6}$, daraus folgt für die Einzelvarianzen:

	Toleranz $T_i/[mm]$	Streuung $s_i/[mm]$	Varianz $s_i^2 \left[mm^2 \right]$
M_1	3,0	0,50	0,25
M_2	5,0	0,83	0,69
M_3	1,5	0,25	0,06

Tabelle 12.4: Toleranzen des Schubkurbelgetriebes

Nun muss nach dem verallgemeinerten Abweichungsfortpflanzungsgesetz die Varianz des Schließmaßes bestimmt werden.

Es gilt wieder

$$s_0^2(f(x_1,...x_n)) = \sum_{i=1}^{n} \left(\frac{\partial f}{\partial x_i}\bigg|_{\overline{x}} \right)^2 \cdot s_i^2 .$$

Daraus folgt für dieses Beispiel der Zusammenhang

$$s_0^2(f(M_1, M_2, M_3)) = \sum_{i=1}^{n} \left(\frac{\partial \left(M_1 \cdot \cos \varphi + \sqrt{M_2^2 - (M_1 \cdot \sin \varphi - M_3)^2} \right)}{\partial x_i} \right)^2_{\bigg|_{\overline{x}}} \cdot s_i^2 .$$

Zur Bestimmung dieser Varianz müssen die Ableitungen von M_0 nach M_1, M_2 und M_3 gebildet werden.

Man erhält dann für die partiellen Ableitungen

$$\frac{\partial M_0}{\partial M_1} = \cos\varphi - \frac{M_1 \cdot \sin^2\varphi + M_3 \cdot \sin\varphi}{\sqrt{M_2^2 - (M_1 \cdot \sin\varphi - M_3)^2}}, \tag{12.5}$$

$$\frac{\partial M_0}{\partial M_2} = \frac{M_2}{\sqrt{M_2^2 - (M_1 \cdot \sin\varphi - M_3)^2}}, \tag{12.6}$$

$$\frac{\partial M_0}{\partial M_3} = \frac{M_1 \cdot \sin\varphi - M_3}{\sqrt{M_2^2 - (M_1 \cdot \sin\varphi - M_3)^2}}. \tag{12.7}$$

Anmerkung: Zur ausführlichen Berechnung der Differenziale siehe *Kapitel 14.3* im Anhang.

Diese Differenziale kann man nun in Gl. (12.4) einsetzen. Man erhält

$$s_0^2(f(M_1, M_2, M_3)) = \sum_{i=1}^{n} \left(\frac{\partial\left(M_1 \cdot \cos\varphi + \sqrt{M_2^2 - (M_1 \cdot \sin\varphi - M_3)^2} \right)}{\partial x_i} \Bigg|_{\overline{x}} \right)^2 \cdot s_i^2$$

$$= \left(\cos\varphi - \frac{M_1 \cdot \sin^2\varphi + M_3 \cdot \sin\varphi}{\sqrt{M_2^2 - (M_1 \cdot \sin\varphi - M_3)^2}} \right)^2 \cdot s_1^2$$

$$+ \left(\frac{M_2}{\sqrt{M_2^2 - (M_1 \cdot \sin\varphi - M_3)^2}} \right)^2 \cdot s_2^2$$

$$+ \left(\frac{M_1 \cdot \sin\varphi - M_3}{\sqrt{M_2^2 - (M_1 \cdot \sin\varphi - M_3)^2}} \right)^2 \cdot s_3^2.$$

Durch Einsetzen der Zahlenwerte bestimmt sich die Varianz wie folgt:

$$s_0{}^2 = \left[\frac{\cos 40° - 240 \text{ mm} \cdot \sin 40°^2 + 100 \text{ mm} \cdot \sin 40°}{\sqrt{400 \text{ mm}^2 - (240 \text{ mm} \cdot \sin 40° - 100 \text{ mm})^2}} \right] \cdot 0{,}5^2$$

$$+ \left[\frac{400 \text{ mm}}{\sqrt{(400 \text{ mm})^2 - (240 \text{ mm} \cdot \sin 40° - 100 \text{ mm})^2}} \right] \cdot 0{,}83^2$$

$$+ \left[\frac{240 \text{ mm} \cdot \sin 40°}{\sqrt{(400 \text{ mm})^2 - ((240 \text{ mm}) \cdot \sin 40° - 100 \text{ mm})^2}} \right] \cdot 0{,}25^2$$

$$= 0{,}8236 \text{ mm}^2.$$

Die Quadratwurzel aus der Varianz liefert dann die Streuung des Schließmaßes

$$s_0 = 0{,}9075 \text{ mm}.$$

6. Schritt - Bestimmung der Toleranz

$$T_S = \pm 3 \cdot s_0 = 2 \cdot 3 \cdot s_0 = 6 \cdot 0{,}9075 \text{ mm}$$
$$= 5{,}44 \text{ mm}$$

gegenüber $T_A = 7{,}81$ mm bei der arithmetischen Betrachtung. Das statistisch eingegrenzte Stellungsmaß ist somit

$$M_0 = 580{,}15 \pm 2{,}72 \text{ mm}.$$

7. Schritt - Ermittlung des Erweiterungs- und Reduktionsfaktors

Reduktionsfaktor

$$r = \frac{T_S}{T_A} = \frac{5{,}44}{7{,}81} = 0{,}6965$$

Dies bedeutet, dass tatsächlich nur 69,65 % des arithmetisch bestimmten Stellungsmaßes ausgenutzt werden.

Erweiterungsfaktor

$$e = \frac{1}{r} = \frac{T_A}{T_S} = 1{,}43 \,,$$

d. h., den arithmetisch zulässigen Stellungsbereich erreicht man auch, wenn alle Einzeltoleranzen um den Faktor 1,43 erweitert werden.

12.7 Reibschlussverbindung

Die in *Bild 12.12* dargestellte Reibschlussverbindung für eine Sicherheitskupplung soll auf ihr übertragbares Drehmoment hin abgestimmt werden. Es handelt sich hierbei um eine Momentübertragung von einer Hohlwelle aus Stahl auf eine Nabe aus gleichem Material.

1. Schritt – Erstellung einer Funktionsskizze

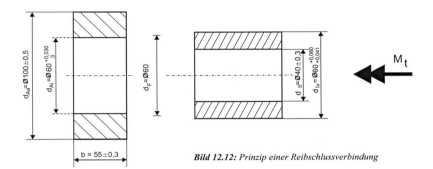

Bild 12.12: *Prinzip einer Reibschlussverbindung*

Hierbei sind folgende Werte für die Berechnung vorgegeben:

Bezeichnung		Maß/[mm]	Toleranz/[mm]
Hohlwelle			
- Innendurchmesser	d_{Ii}	40	±0,3
- Außendurchmesser	d_{Ia}	60 r6	+0,060/+0,041
Nabe			
- Innendurchmesser	d_{Ai}	60 H7	+0,030/0
- Außendurchmesser	d_{Aa}	100	±0,5
Nabenbreite	b	55	±0,3

Fügedurchmesser	d_F	60
Übermaß	U	$= d_{Ia} - d_{Ai}$

Rautiefe		Maß/[µm]
- der Hohlwelle bei d_I	R_{tI}	3
- der Nabe bei d_A	R_{tA}	4

Stahl St50		
- E-Modul	E	$2,1*10^5$ Nmm^{-2}
- Haftreibungskoeffizient	μ	0,1

Tabelle 12.5: *Maßtabelle zur Reibschlussverbindung*

2. Schritt - Ermittlung des funktionellen Zusammenhangs

Das übertragbare Drehmoment wird bei einer Reibschlussverbindung nach /DIN 7190/ durch die folgende Gleichung beschrieben:

$$M_t = \frac{1}{4}[U - 1{,}2(R_{tI} + R_{tA})]\mu \cdot \pi \cdot d_F \cdot b \cdot E\left(1 - \frac{d_{Ai}^2}{d_{Aa}^2}\right)$$

$$= \frac{1}{4}[(d_{Ia} - d_{Ai}) - 1{,}2(R_{tI} + R_{tA})]\mu \cdot \pi \cdot d_F \cdot b \cdot E\left(1 - \frac{d_{Ai}^2}{d_{Aa}^2}\right). \tag{12.8}$$

Die hierin eingehenden konstanten Größen sollen zu einzelnen Faktoren k_i zusammengefasst werden:

$$k_1 = 1{,}2\ (R_{tI} + R_{tA}) = 1{,}2\ (0{,}003\ \text{mm} + 0{,}004\ \text{mm}) = 0{,}0084\ \text{mm}$$

und

$$k_2 = \frac{1}{4}\mu \cdot \pi \cdot d_F \cdot E = \frac{1}{4} \cdot 0{,}1 \cdot 3{,}14 \cdot 60\ \text{mm} \cdot 2{,}1 \cdot 10^5\ \frac{N}{mm^2} = 989.100\ \frac{N}{mm}.$$

Man erhält somit

$$M_t = k_2(d_{Ia} - d_{Ai} - k_1) \cdot b \cdot \left(1 - \frac{d_{Ai}^2}{d_{Aa}^2}\right)$$

3. Schritt – Ableitung eines Maßplans

Im vorliegenden Zusammenhang trägt eine Toleranzänderung der folgenden Maße zur Änderung des übertragbaren Drehmoments bei:

	Bez. im Maßplan	Bemerkung	C_i /[mm]	G_{oi} /[mm]	G_{ui} /[mm]
d_{Ia}	$+M_1$		60,051	60,060	60,041
d_{Ai}	$-M_2$	siehe Analyse im Text	60,015	60,030	60,000
d_{Aa}	$+M_3$		100,000	100,500	99,500
b	$+M_4$		55,000	55,300	54,700
M_t	M_0	Schließmaß			

Für die Maße M_1, M_3 und M_4 liegt die Richtung des Maßvektors durch einfaches Betrachten des funktionellen Zusammenhangs vor:

$$M_0 = k_2(M_1 - M_2 - k_1) \cdot M_4 \cdot \left(1 - \frac{M_2^2}{M_3^2}\right).$$

Das Maß M_2 (Innendurchmesser der Nabe d_{Ai}) tritt in zwei funktionellen Zusammenhängen auf. Deshalb muss zur Bestimmung der Richtung des Vektors M_2 zunächst überprüft werden, wie die Toleranzgrenzen das Schließmaß beeinflussen.

Man diskutiert zur Überprüfung der Richtung die beiden Annahmen: Wirkt M_2 positiv oder negativ auf das Höchstmaß:

a) M_2 = positiv

$$P_{O_t} = k_2(G_{o1} - G_{o2} - k_1) \cdot G_{o4} \cdot \left(1 - \left(\frac{G_{o2}}{G_{o3}}\right)^2\right)$$

$$= 989.100 \, \frac{N}{mm} \cdot (60{,}060 \text{ mm} - 60{,}030 \text{ mm} - 0{,}0084 \text{ mm}) \cdot 55{,}3 \text{ mm} \cdot \left(1 - \left(\frac{60{,}030}{100{,}000}\right)^2\right)$$

$$= 756.135 \text{ Nmm}$$

b) M_2 = negativ

$$P_{O_t} = k_2(G_{o1} - G_{u2} - k_1) \cdot G_{o4} \cdot \left(1 - \left(\frac{G_{u2}}{G_{o3}}\right)^2\right)$$

$$= 989.100 \, \frac{N}{mm} \cdot (60{,}060 \text{ mm} - 60{,}000 \text{ mm} - 0{,}0084 \text{ mm}) \cdot 55{,}3 \text{ mm} \cdot \left(1 - \left(\frac{60{,}000}{100{,}000}\right)^2\right)$$

$$= 1.806.321 \text{ Nmm}$$

Da das Drehmoment für die zweite Annahme „M_2 kleiner" größer ist, ist M_2 als negativ anzunehmen.

4. Schritt – Arithmetische Bestimmung des Schließmaßes der Maßkette

• Nennwert

Die Bestimmung des Nennwertes erfolgt durch die Ermittlung der Mittenwerte auf den funktionalen Zusammenhang. Dieser berechnet sich zu

$$N_{0_t} = k_2 \cdot (C_1 - C_2 - k_1) \cdot C_4 \cdot \left(1 - \frac{C_2^{\,2}}{C_3^{\,2}}\right)$$

$$= 989.100 \, \frac{N}{mm} (60{,}0505 \text{mm} - 60{,}015 \text{mm} - 0{,}0084 \text{mm}) \cdot 55{,}000 \text{mm} \cdot \left(1 - \left(\frac{60{,}015 \text{mm}}{100{,}000 \text{mm}}\right)^2\right)$$

$$= 943.257 \text{ Nmm} = 943{,}257 \text{ Nm} \, .$$

- Höchstmaß

Für den Höchstwert des Drehmomentes erhält man

$$P_{O_t} = k_2(G_{o1} - G_{u2} - k_1) \cdot G_{o4} \cdot \left(1 - \left(\frac{G_{u2}}{G_{o3}}\right)^2\right)$$

$$= 989.100 \, \frac{N}{mm} \cdot (60{,}060 \, mm - 60{,}000 \, mm - 0{,}0084 \, mm) \cdot 55{,}3 \, mm \cdot \left(1 - \left(\frac{60{,}000}{100{,}000}\right)^2\right)$$

$$= 1.806.321 \, Nmm = 1.806{,}32 \, Nm.$$

- Mindestmaß

Entsprechend ermittelt man den Mindestwert des Drehmomentes

$$P_{U_t} = k_2(G_{u1} - G_{o2} - k_1) \cdot G_{u4} \cdot \left(1 - \left(\frac{G_{o2}}{G_{u3}}\right)^2\right)$$

$$= 989.100 \, \frac{N}{mm} \cdot (60{,}041 \, mm - 60{,}030 \, mm - 0{,}0084 \, mm) \cdot 54{,}7 \, mm \cdot \left(1 - \left(\frac{60{,}030}{99{,}5}\right)^2\right)$$

$$= 89.466 \, Nmm = 89{,}47 \, Nm.$$

Toleranz des zu übertragenden Drehmomentes

$$T_{A_t} = P_{O_t} - P_{U_t} = 1.806{,}321 \, Nm - 89{,}466 \, Nm = 1.716{,}86 \, Nm$$

Daraus folgt, das Drehmoment schwankt in einem Bereich von

$$M_{0_t} = N_{0_t} {}^{P_{O_t} - N_{0_t}}_{P_{U_t} - N_{0_t}} = 943{,}26^{+863}_{-854} \, Nm.$$

Für das Einsatzgebiet der Kupplung wäre der Streubereich jedoch viel zu groß.

5. Schritt - Bestimmung der statistischen Kenngrößen

Die ausgelegte Verbindung soll unter Großserienbedingungen hergestellt werden, insofern können wieder normalverteilte Verhältnisse innerhalb von $\pm 3 \cdot s$ angenommen werden.

Bestimmung der Varianzen der Einzelmaße

Innerhalb der folgenden Tabelle erkennt man extreme Einzelstreuungen, die jetzt wegen der großen Variabilität des Drehmomentes zu dem Schluss führen können, die Maße M_3 und M_4 stärker einzuschränken. Ob dies richtig ist, soll jetzt weiter untersucht werden.

	Toleranz T_i/[mm]	Streuung s_i/[mm]	Varianz s_i^2/[mm^2]
$+M_1$	0,019	0,003	$1,0 * 10^{-5}$
$-M_2$	0,030	0,005	$2,5 * 10^{-5}$
$+M_3$	$\pm 0,50$	0,167	0,027
$+M_4$	$\pm 0,30$	0,100	0,010

Zunächst gilt es, die Varianz des Schließmaßes zu bestimmen: Es gilt wiederum nach Gl. (4.15)

$$s_0^2(f(M_1, M_2, M_3, M_4)) = \sum_{i=1}^{4} \left(\left(\frac{\partial k_2 (M_1 - M_2 - k_1) \cdot M_4 \cdot \left(1 - \frac{M_2^2}{M_3^2}\right)}{\partial M_i} \right)^2 \Bigg|_{M_i = C_i} \cdot s_i^2 \right)$$

mit

$$\frac{\partial k_2 (M_1 - M_2 - k_1) \cdot M_4 \cdot \left(1 - \frac{M_2^2}{M_3^2}\right)}{\partial M_1} = k_2 \cdot M_4 \cdot \left(1 - \frac{M_2^2}{M_3^2}\right),$$

$$\frac{\partial k_2 (M_1 - M_2 - k_1) \cdot M_4 \cdot \left(1 - \frac{M_2^2}{M_3^2}\right)}{\partial M_2} = -k_2 \cdot M_4 - 2 \cdot k_2 \cdot M_4 (M_1 - k_1) \frac{M_2}{M_3^2} + 3 \cdot k_2 \cdot M_4 \frac{M_2^3}{M_3^2},$$

$$\frac{\partial k_2 (M_1 - M_2 - k_1) \cdot M_4 \cdot \left(1 - \frac{M_2^2}{M_3^2}\right)}{\partial M_3} = -2 \cdot k_2 \cdot M_4 \cdot (M_1 - M_2 - k_1) \cdot \frac{M_2^2}{M_3^3}$$

und

$$\frac{\partial k_2 (M_1 - M_2 - k_1) \cdot M_4 \cdot \left(1 - \frac{M_2^2}{M_3^2}\right)}{\partial M_4} = k_2 (M_1 - M_2 - k_1) \cdot \left(1 - \frac{M_2^2}{M_3^2}\right).$$

Setzt man die Zahlwerte ein, so erhält man für die Gesamtvarianz

$$s_0^2 = (34.816.320)^2 \cdot (0,003)^2 + (34.824.549)^2 \cdot (0,005)^2$$
$$+ (10.816)^2 \cdot (0,167)^2 + (17.466)^2 \cdot (0,1)^2$$
$$= 4,245 \cdot 10^{10} \ N^2 mm^2$$

und die Gesamtstreuung

$$s_0 = 206.025 \ Nmm = 206 \ Nm \,.$$

Zuvor wurde im Kapitel 5.5.4 die Sensitivität von Toleranzgrößen über die Analyse der Beiträge ausgedrückt. Angewandt auf den vorliegenden Fall führt dies zu den folgenden Beitragsleistern:

$$B_{M_1} = 28,56 \ \%,$$
$$B_{M_2} = 71,42 \ \%,$$
$$B_{M_3} = 0,0075 \ \%,$$
$$B_{M_4} = 0,0072 \ \%.$$

Daraus folgt, dass es sinnvoll ist, Toleranzerweiterungen nur auf die Maßgrößen M_1 und M_2 zu legen.

6. Schritt - Bestimmung der Toleranz

Da die Kupplung ein Sicherheitsteil ist, soll hier mit einer Toleranzgrenze von $\pm 4 \cdot s_0$ gearbeitet werden. Damit ergibt sich

$$T_{S_t} = 2 \cdot 4 \cdot 206 \ Nm = 1.648 \ Nm = \pm 824 \ Nm \,,$$

also nur eine geringfügige Eingrenzung gegen T_{A_t} .

7. Schritt - Ermittlung des Erweiterungs- und Reduktionsfaktors

Das Erweiterungspotenzial beträgt somit nur

$$e = \frac{T_{A_t}}{T_{S_t}} = \frac{1.716}{1.648} = 1,04 \,,$$

d. h. ca. 4-5 % für M_1 und M_2 .

13 Toleranzen und Passungen in der Kunststofftechnik

13.1 Einflussfaktoren auf Maßungenauigkeiten in der Kunststofftechnik

Wie auch in allen anderen Bereichen des Maschinenbaus sind Maßungenauigkeiten bei der Herstellung von Kunststoffformteilen sowie den dafür benötigten Werkzeugen unvermeidbar. Allerdings spielen in der Kunststofftechnik noch einige andere Einflussfaktoren, die sowohl die Werkzeuge als auch die Formteile betreffen, eine Rolle. Diese Einflussfaktoren sind nach /STA 96/ in der folgenden *Tabelle 13.1* zusammengefasst.

Ursache von Maßungenauigkeiten in der Kunststofftechnik	
Ursache von Maßungenauigkeiten am Werkzeug, verursacht bei der	
Herstellung	**Anwendung**
Ungenauigkeiten bei der Konturbearbeitung	Temperaturveränderung
Härteverzug	Verschleiß
Ungleichmäßigkeiten galvanischer Oberflächenschichten	elastische Verformung
	plastische Verformung
Versatz von Werkzeugteilen	ungenaue Führung
Messungenauigkeiten	ungenaue Zentrierung

Ursache von Maßungenauigkeiten am Formteil, verursacht bei der	
Herstellung	**Anwendung**
Streuung der Verarbeitungsschwindung	Nachschwindung
Schwindungsanisotropie	Temperaturveränderung
Anisotropie der Molekül- und Kristallorientierung	Flüssigkeitsaufnahme oder -abgabe
	Relaxation elastischer Eigenspannungen
Streuung in der Formmasse-Konditionierung	Verschleiß
ungleichmäßige Dosierung	elastische und plastische Verformung
Streuung der Prozessbedingungen	Strukturumwandlungen
Verzug	(Nachhärtung, Nachkristallisation)
ungleicher Werkzeugschluss	Orientierungsrelaxation
Maßungenauigkeiten des Werkzeuges	
Fertigungsungenauigkeiten bei spanender Bearbeitung	

Tabelle 13.1: Übersicht über die Ursachen von Maßungenauigkeiten

Im Allgemeinen lassen sich mit amorphen und glasfaserverstärkten Werkstoffen engere Toleranzen einhalten als mit teilkristallinen Thermoplasten.

Die Abweichungen werden jedoch maßgeblich vom Werkstoff, Werkzeug, Maschine und der Prozessführung beeinflusst.

13.1.1 Fertigungsbedingte Maßabweichungen

Die gemäß dem Stand der Technik erzielbaren Toleranzgruppen für urgeformte Kunststoffformteile aus härtbaren und nicht härtbaren Formmassen, die durch Pressen, Spritzpressen, Spritzprägen oder Spritzgießen hergestellt worden sind, sind in DIN 16901 angegeben. Diese sind abhängig von der jeweiligen Kunststoffart, dem Gehalt von Füllstoffen, zum Teil von der Wanddicke und von der Lage des Maßes zu der Formgravur (werkzeug- und nicht werkzeuggebundene Maße). Es ist zu unterscheiden, welche Toleranzgruppen mit normalem und welche mit erhöhtem technologischen Aufwand erzielt werden können.

Die DIN 16749 beschreibt die Beziehungen zwischen den erzielbaren Toleranzen am Formteil (nach DIN 16901) und den dazu erforderlichen Toleranzen am formgebenden Werkzeug. Die Toleranzfelder in der DIN 16901[*] sind abweichend vom ISO-Prinzip, welches in µm stuft, auf 1/100 mm skaliert. Gleichfalls werden für Maße größer 10 mm ein vereinfachtes Bildungsgesetz benutzt, welches sich prozentual am Nennmaß orientiert, und zwar wie folgt:

- Normaler Spritzguss

  $T_{Fert} < 1{,}0\ \%$ von N_0,

- technischer Spritzguss

  $T_{Fert} < 0{,}6\ \%$ von N_0

und

- Präzisionsspritzguss

  $T_{Fert} < 0{,}3\ \%$ von N_0.

Insofern gibt es auch keine Übereinstimmung zu den IT–Klassen.

13.1.2 Anwendungsbedingte Maßabweichungen

Kunststoffformteile erfahren nach Ihrer Herstellung nachträgliche Maßveränderungen, welche verursacht werden durch das Einwirken von Umwelteinflüssen (z. B. durch Nachschwindung, Quellen, thermische Ausdehnung und elastische bzw. plastische Verformung). Diese können sich sowohl in einer Vergrößerung oder Verkleinerung des betrachteten Maßes als auch in einer zusätzlichen Vergrößerung der Streuung auswirken. Um somit eine bestimmte Genauigkeitsforderung unter Einsatzbedingungen aufrechterhalten zu können, muss an den Herstellprozess eine verschärfte Genauigkeitsanforderung gestellt werden. Hieraus folgt, dass normalerweise kleine Toleranzen von den bestimmenden Werkzeugmaßen gefordert werden. Der Weg über die Statistik zeigt aber auch hier, dass eine andere Denkweise derartige Situationen ebenfalls entschärfen kann.

---

[*] Anmerkung: Nach Erkenntnissen von Fa. Bayer (Anwendungstechn. Information 370/82) können im Maßbereich von 10-100 mm bei erhöhtem Fertigungsaufwand die Bauteiltoleranzen auf 1/3 gegenüber Normangaben verringert werden.

13.2 Ursachen für die Maßabweichungen

Wie bereits erwähnt, haben bei der Herstellung von Kunststoffprodukten vielfältige Einfluss-größen unterschiedlich starke Auswirkungen auf die Maßabweichungen. Als wichtigster werkstoffabhängiger Faktor für Maßabweichungen kann die Verarbeitungsschwindung VS betrachtet werden. Diese ist in DIN 16901 und DIN 16749 wie folgt definiert:

„Unter der Verarbeitungsschwindung VS versteht man den Unterschied zwischen den Maßen des Werkzeugs L_W und den Maßen des Kunststoffformteils L_F bei folgenden Bedingungen":

Werkzeugtemperatur	23 ±2 °C
Zeitpunkt des Vermessens des Formteiles	16 Stunden nach seiner Herstellung
Lagerung des Formteiles bis zum Messen	bei Normalklima DIN 50014-23/50-2

Tabelle 13.2: Bedingungen zur Ermittlung der Verarbeitungsschwindung

Berechnet wird die lineare Verarbeitungsschwindung wie folgt:

$$VS = \left(1 - \frac{L_F}{L_W}\right) \cdot 100 \text{ in \%} \tag{13.1}$$

VS: Verarbeitungsschwindung
L_F: Maß des Formteils
L_W: Maß des Werkzeugs

Die Verarbeitungsschwindung ist keine reine Werkstoffkenngröße, sondern sie ist stark von den Prozessbedingungen (Druck- und Temperaturverlauf im Werkzeug, Fließrichtung, Fließ-geschwindigkeit) abhängig. Aufgrund der Fließbedingungen im Werkzeug entsteht eine Schwindungsanisotropie, d. h., die Verarbeitungsschwindung tritt in radialer (Fließ-) und tan-gentialer (Quer-)Richtung unterschiedlich stark auf. Die Verarbeitungsschwindungsdifferenz berechnet sich mit

$$\Delta VS = VS_R - VS_T \tag{13.2}$$

ΔVS: Verarbeitungsschwindungsdifferenz
VS_R: radiale Verarbeitungsschwindung
VS_T: tangentiale Verarbeitungsschwindung

Durch die von außen nach innen einfrierende Schmelze treten oft Behinderungen der Längs- und Breitenschwindungen auf. In diesen Fällen wird dann ein Großteil der Schwindung (etwa 90-95 %) in Wandstärkenschwankungen verbraucht, weil hier meist zwangsfreies Schwinden möglich ist.

Die Schwindung selbst folgt einer Verteilungsfunktion, d. h., innerhalb einer Charge tritt eine gewisse Streuung der Schwindungswerte auf. Diese Verteilungsfunktion ist mit Mittelwert und Streuung beschreibbar.

Ebenfalls einen Einfluss auf die Maßbildung haben die Schwankungen der Prozessgrößen der Maschine (Druck, Temperatur, Zeiten, Geschwindigkeit), da sich diese auf den Füllgrad und den Füllzustand des Werkzeuges auswirken. Von großer Bedeutung sind auch die Steifigkeit und die Erwärmung der Schließeinheit. Es entstehen elastische Verformungen, die sich insbesondere bei mechanischen Schließsystemen als ein durch den Werkzeuginnendruck bedingtes Auffedern des Werkzeugs sowie als verstärkte Kompression auswirken.

Neben den selbstverständlich auch hier auftretenden fertigungsbedingten Maßungenauigkeiten im Werkzeug spielt zusätzlich dessen Verschleiß eine wesentliche Rolle. Dieser Verschleiß bezieht sich nicht nur auf die formgebende Kontur, sondern auch in starkem Maße auf die Führungen und die Trennebene. Der durch die fließende Formmasse verursachte Verschleiß (Kavitation) tritt besonders stark an Stellen hoher Fließgeschwindigkeiten und hoher Drücke auf. Dies sind vor allem die angussnahen Bereiche.

13.3 Einflussfaktoren auf Werkzeug- und Formteilmaß

Ergänzend zu dem bereits erteilten Überblick über die werkzeugseitigen Einflussfaktoren auf die Maßbildung sollen nun diese Faktoren noch mal analysiert und die entsprechenden Schlussfolgerungen für den Werkzeugbau gezogen werden.

Da die sich ergebende Maßabweichung des Formteils zu einem großen Teil vom Werkzeug[*] abhängt, müssen die Werkzeugtoleranzen in jedem Fall deutlich enger gewählt werden als die gewünschten Formteiltoleranzen. Bei der Konstruktion ist darauf zu achten, dass größere elastische Verformungen auf jeden Fall verhindert werden. Der Gesamtkonstruktion muss durch große Wanddicken der Platten, geschlossener Distanzrahmen, kleinen Auswerferräumen, großen Querschnitten bei der Verriegelung von Schiebern und Kernzügen eine möglichst hohe Steifigkeit gegeben werden. Die Fertigungsverfahren für die Werkzeuge müssen so gewählt werden, dass die hohen Präzisionsanforderungen erfüllt werden können (z. B. verzugsarme Werkzeugstähle, Einsatzhärtung, etc.).

Um Maßunterschieden sowie Temperatur- und Druckdifferenzen zwischen den einzelnen Formnestern vorzubeugen, ist aus qualitativer Sicht stets eine möglichst geringe Fachzahl (Anzahl der Nester) des Werkzeuges anzustreben. Die Erhöhung der Fachzahl um nur ein Nest erhöht die Schwindungsstreuung um 1 bis 5 %. Damit in allen Nestern die gleichen Druckverhältnisse wirken, müssen bei Mehrfachwerkzeugen die Fließweglängen und -querschnitte entweder gleich oder rheologisch angepasst sein. Günstiger ist jedoch die Einzelanspritzung mittels Heißkanalverteilern. Bei der Festlegung der konturgebenden Maße kann man lediglich die Maßverschiebung durch den geschätzten mittleren Schwindungswert berücksichtigen. Die Schwindungsstreuungen bewirken eine generelle Verbreiterung des Toleranzfeldes.

---

[*] Anmerkung: Nach der DIN 16749 sollten formgebende Werkzeugmaße etwa 7-33 % der Toleranzen und Grenzabmaße des Kunststoffformteils erhalten. Hiervon abweichend kalkuliert man in der Praxis mit 15-30 %.

13.4 Verarbeitungsschwindung

Während des Fertigungsvorganges ist der Einhaltung der als optimal ermittelten Füll- und Nachdrücke besondere Aufmerksamkeit zu schenken, da durch die Veränderung der Werkzeugfülldrücke theoretisch jede beliebige Verarbeitungsschwindung realisiert werden kann. Insbesondere zeigen Nachdruck und Temperatur den größten Einfluss. Bei der Temperatur ist weiter ein Kompromiss zwischen erhöhter Temperaturschwindung und erforderlicher Viskosität der Schmelze zur Formfüllung zu suchen.

13.5 Beispiel zur Tolerierung von Kunststoffteilen

13.5.1 Verteilungsgesetzmäßigkeit

Anhand von zwei Beispielen soll jetzt ermittelt werden, wie sich beim Spritzgießen einmal die Maßverteilung und einmal die Verteilung der Schwindung (/STA 96/) einstellt.

13.5.2 Auswertung

13.5.2.1 Ermittlung des Maßverhaltens

Das Werkzeug des Bauteils „Straßenleuchte" für Modellbausätze besteht aus vier Nestern. Am Bauteil wurden jeweils an einer Stichprobe von 50 Spritzzyklen aus allen vier Nestern jeweils vier Maße pro Bauteil aufgenommen. Der Stichprobenumfang beträgt demnach 200 Maße.

Bild 13.1 zeigt das Bauteil. Exemplarisch soll hier die Verteilung von Maß **D** (der Breite der Straßenleuchte) über alle Nester betrachtet werden.

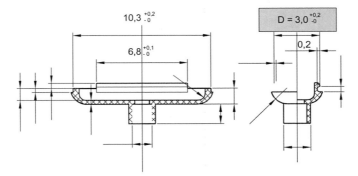

Bild 13.1: Bauteil „Straßenleuchte"

Man erhält dann die folgende Verteilung:

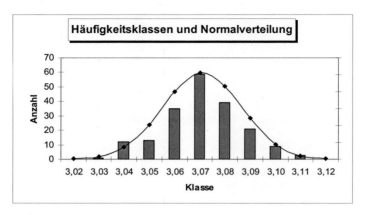

Bild 13.2: *Häufigkeitsverteilung und Normalverteilung des Kunststoffteils „Straßenleuchte"*

Die Parameter zur Bestimmung der Normalverteilung sind:

Mittelwert $\bar{x}$:	Standardabweichung s:
3,07 mm	0,02 mm

Dieses Beispiel zeigt:

Wie anfänglich vermutet wurde, tritt auch bei werkzeugbildenden Maßen eine Normalverteilung auf. Da dieses Bauteil in Serienfertigung montiert wird, kann diese Erkenntnis bei der Fertigung neuer Werkzeuge und bei der Konzipierung der Montagehilfen berücksichtigt werden.

13.5.2.2   Ermittlung der Schwindungsverteilung

In diesem Fall soll die Schwindungsverteilung mehrerer Maße betrachten. Es handelt sich um das in *Bild 13.3* gezeigte Werkzeug für das Gehäuse einer Bahnhofsuhr, ebenfalls für einen Modellbaukasten.

Werkzeug Bahnhofsuhr

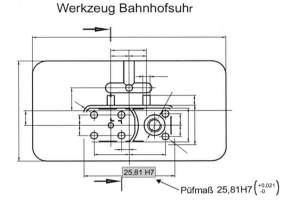

Püfmaß 25,81H7 $\left(^{+0,021}_{-0}\right)$

Bild 13.3: Werkzeug "Bahnhofsuhr"

An diesem Bauteil wurde exemplarisch die Schwindungsverteilung des Prüfmaßes gemessen.

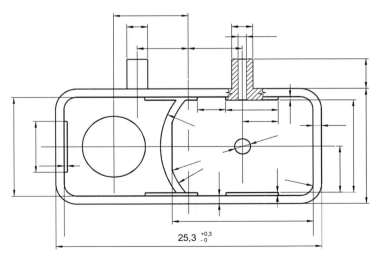

25,3 $^{+0,3}_{-0}$

Bild 13.4: Bauteil "Bahnhofsuhr"

Die Messung des Bauteils ergab die folgende Häufigkeitsverteilung:

Häufigkeitsverteilung	
Klasse K	Anzahl n
25,45	1
25,46	6
25,47	5
25,48	8
25,49	16
25,50	10
25,51	4

Tabelle 13.3: *Häufigkeitsverteilung der Verarbeitungsschwindung eines Kunststoffteils*

Mit diesen Kenngrößen wird die Gauß´sche Normalverteilung bestimmt:

Mittelwert $\bar{x}$:	Standardabweichung s:
25,4856 mm	0,0153

Man erhält die in *Bild 13.5* angedeutete grafische Auswertung:

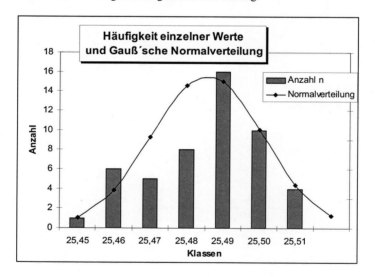

Bild 13.5: *Häufigkeitsverteilung der Verarbeitungsschwindung des Kunststoffteils „Bahnhofsuhr"*

Über Standardabweichung, Mittelwert und Verteilungsdichte konnte die gezeigte Gauß´sche Normalverteilung ermittelt werden.

Auch bei diesem Bauteil wird sichtbar, dass die Schwindung als Maßeffekt einer Normalverteilung gehorcht, daher können eventuell bei zukünftigen Werkzeugen die Passungen gröber gewählt werden.

14 Rechnerunterstützte Toleranzsimulation*)

Erkenntnis der vorstehenden Kapitel war, dass die Statistische Tolerierung in der Herstellung und Montage große funktionale und wirtschaftliche Vorteile bietet und daher zu einem unverzichtbaren Werkzeug des Produktentstehungsprozesses gereift ist. Großen Anteil hieran hat sicherlich die Verfügbarwerdung von Computerprogrammen (s. Auflistung im Anhang) bzw. heute die umfassende 3-D-Toleranzsimulation (CAT = Computer Aided Tolerancing).

Moderne CAT-Software koppelt mittlerweile CAD, FEM und Toleranzrechnung zu einer bisher nicht verfügbaren Aussagetiefe und ermöglicht eine präzise Simulation hochkomplexer dreidimensionaler Toleranzketten sowie die Überprüfung der resultierenden Produkteigenschaften in Abhängigkeit von den dimensionalen Streuungen in Einzelteilen und Fertigungsmitteln. Mithilfe mathematischer und statistischer Techniken können funktionale und kundenrelevante Qualitätsmerkmale analysiert, die dafür kritischen Beitragsleister identifiziert und – durch den Vergleich von Produkt- und Prozessvarianten – die Stabilität der geplanten Produktionsprozesse erhöht werden. Im Folgenden werden die wesentlichen Hauptschritte für eine 3-D-Toleranzsimulation zur Analyse fertigungsbedingter dimensionaler Abweichungen in einem Fahrwerk für Pkws dargestellt. Die Prozesskette in Bezug auf die Anwendung einer leistungsfähigen Simulationssoftware (VisVSA®) wird hierfür exemplarisch beschrieben.

Zu Anfang müssen alle maßgeblichen Parameter und Informationen hinsichtlich der Produktgestaltung (Geometrie, Abmaße, Bezugselemente), des Fertigungsprozesses (Fügefolge, Positionierung, Betriebsmittel, Montagespiel) und der zu gewährleistenden Qualitätsmerkmale (Typologie, Lage, Messprüfung) spezifiziert werden (*Bild 14.1*).

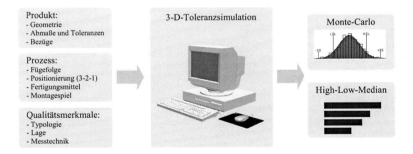

Bild 14.1: *Prozesskette für eine 3-D-Toleranzsimulation (nach Variation Systems Analysis GmbH)*

Die Produktgestaltung wird aus der nominalen CAD-Geometrie von Einzelteilen und Baugruppen als Ersatzgeometrie in die CAT-Software eingelesen. Allgemein entspricht die Ersatzgeometrie einem tessellierten 3-D-Format, das aus unterschiedlichen CAD-Systemen sowohl direkt als auch über standardisierte Schnittstellen generiert werden kann. Die Bezugssysteme werden dann zusammen mit Ausrichtungselementen und Spannvorrichtungen festgelegt und in der Simulationsumgebung die Modelle der Einzelteile hinzugefügt. Darüber hinaus werden die Toleranzen in den funktional relevanten Bauteilelementen (z. B. Montage-

---

*) Anmerkung: Das Kapitel wurde von M. Carnevale und F. Weidenhiller, Experten der Firma Variation Systems Analysis GmbH, Feldkirchen ausgearbeitet.

fläche, Positionierbolzen, Messstelle, usw.) abgeleitet und dargestellt. Nur durch eine realistische Auslegung von Bezugssystemen und Einzelteiltoleranzen ist es möglich, das Verhalten von Werkstoffen und Materialien sowie die Ungenauigkeiten aus den Fertigungsverfahren (wie z. B. Pressen, Drehen, Spritzgießen) hinreichend genug abzubilden und zu untersuchen. Um die Montageprozesse spezifisch zu analysieren, können die realen Vorgehensweisen und Fügefolgen, die zum Zusammenbau der Einzelteile geplant wurden, systematisch erfasst und in das Simulationsmodell eingefügt werden. Zu diesem Zweck wird jede Fügeoperation durch die Sperrung unterschiedlicher Freiheitsgrade (3 Rotationen und 3 Translationen im dreidimensionalen Raum) definiert und dargestellt. Gleichzeitig können auch kinematische Zusammenhänge sowie statisch überbestimmte Zustände mitberücksichtigt werden. Damit wird der gesamte Prozess von der Entstehung der Komponenten bis zum fertigen Endprodukt detailliert betrachtet. Die qualitativen Anforderungen werden durch zielgerichtete Qualitätsmerkmale dargestellt, die in dem Fall eines Fahrwerks hauptsächlich funktionalen Kriterien (wie z. B. Spur und Sturz) entsprechen.

Alle dieser Daten sind als Eingangswerte für die 3-D-Toleranzsimulation erforderlich und werden in einem so genannten „Prozessdokument" (PDO) strukturiert abgelegt (*Bild 14.2*).

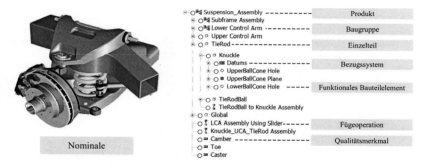

Bild 14.2: *Simulationsdaten und Prozessparameter (nach Variation Systems Analysis GmbH)*

Nach Bearbeitung aller benötigten Daten und Informationen kann die Simulationsprozedur initiiert werden. Mittels der Analysesoftware VisVSA® werden zwei voneinander unabhängige statistische Simulationstechniken angewandt, um die zu erwartende Produktqualität zu ermitteln.

Das Ergebnis einer *Monte-Carlo-Simulation* erzeugt die Vorhersage, welche Streuung bzw. Prozessstabilität die untersuchten Qualitätsmerkmale in der Realität höchstwahrscheinlich aufweisen werden. Dafür werden viele digitale Modelle der Einzelteile automatisch generiert und mittels eines iterativen Verfahrens virtuell montiert, gemessen ausgetauscht und erneut zusammengebaut. Nach zahlreichen Iterationsschleifen (in der Regel mehrere hundert) werden die Messergebnisse statistisch analysiert und eine Aussage bezüglich der Standardabweichung, Prozessfähigkeit und dem Ausschuss abgeleitet. Durch eine so genannte *High-Low-Median-Simulation* können der prozentuale Beitrag und die Sensitivität jeder dimensionalen Abweichung auf die untersuchten Qualitätsmerkmale berechnet werden. Bei dieser Simulationsart nehmen die einzelnen Toleranzwerte jeder Komponente abwechselnd ihren statistischen Höchst-, Median- und Tiefstwert an, während alle restlichen Toleranzen der Baugruppe und aller weiterer Komponenten ihren statistischen Medianwert behalten. Für das betrachtete Fahrwerk war die Auslenkung vom Nominalzustand von besonderem Interesse. Die Ergebnisse der Toleranzsimulation sind in *Bild 14.3* dargestellt.

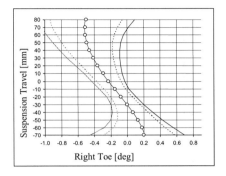

Bild 14.3: Variation der Vorspur über Auslenkung von Nulllage (nach Variation Systems Analysis GmbH)

Mittels der zuvor beschriebenen Methoden ist es möglich, die Auswirkungen von fertigungsbedingten dimensionalen Abweichungen bei der Montage *starrer Einzelteile* zu untersuchen. Sollten aber im Montageprozess *nachgiebigen Komponenten* auftreten, deren Verformungen nicht vernachlässigt werden können (wie z. B. Blechteile im Karosserierohbau), würden die Simulationsergebnisse die Realität nicht mehr deutlich darstellen. Falls z. B. das gewöhnliche Verfahren des Punktschweißens zu analysieren ist, sollte man berücksichtigen, dass die Effekte von Vorrichtungen und Einspannungen schon in der Positionierungsphase wesentliche Verformungen der Bauteile verursachen. Darüber hinaus findet der Zusammenbau unter Spannung statt und der Prozess endet mit einer elastischen Rückfederung, welche von der gesamten Steifigkeit des Zusammenbaus abhängig ist (*Bild 14.4*). Als Folge daraus resultiert eine Gestaltabweichung der Komponenten, die die Anwendung von Simulationsmethoden, die nur auf der Analyse der dimensionalen Einzelabweichungen basieren, nicht ermöglicht.

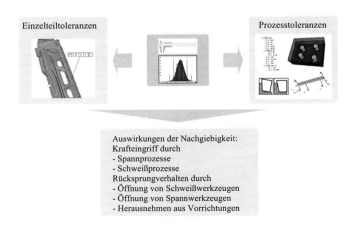

Bild 14.4: Dimensionale Abweichungen und Auswirkungen der Nachgiebigkeit (nach Variation Systems Analysis GmbH)

Das Problem der Untersuchung von Baugruppen elastischer Bauteilen kann durch einen spezifischen Ansatz bewältigt werden, der die Integration zwischen Finite-Elemente-Methode (FEM) und 3-D-Toleranzsimulation betrifft /LIU 97/ und /ZÄH 03/. Mithilfe der FEM-Simulation werden die Wechselwirkungen von Komponenten und Betriebsmitteln modelliert und die Auswirkungen der Verformungen, die während des Montageprozesses auftreten, abgebildet. Auf dieser Basis wird der Montageprozess in vier Schritte, die das Positionieren, das Einspannen, das Fügen und das Ausspannen der Bauteile repräsentieren, unterteilt.

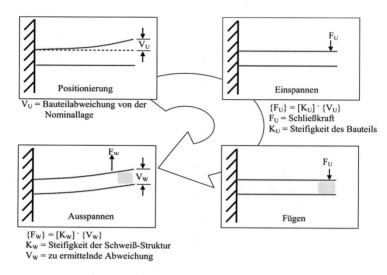

Positionierung

V_U = Bauteilabweichung von der Nominallage

Einspannen

$\{F_U\} = [K_U] \cdot \{V_U\}$
F_U = Schließkraft
K_U = Steifigkeit des Bauteils

Ausspannen

$\{F_W\} = [K_W] \cdot \{V_W\}$
K_W = Steifigkeit der Schweiß-Struktur
V_W = zu ermittelnde Abweichung

Fügen

Bild 14.5: *Modellierung des Montageprozesses nachgiebiger Bauteile (nach Variation Systems Analysis GmbH)*

Die resultierenden Deformationen werden mittels einer FEM-Analyse berechnet und bei der Durchführung der 3-D-Toleranzsimulation in einer integrierten Prozesskette mitberücksichtigt. Diese Funktionalitäten werden derzeit exklusiv von der Software VisVSA® angeboten, die auf Basis der nominalen CAD-Geometrie die Einbindung der Ergebnisse aus I-DEAS Master FEM® oder Nastran® ermöglicht. Die geometrischen und topologischen Randbedingungen sind in beiden Systemen identisch und die Freiheitsgrade der Toleranzsimulation werden bei der FEM-Analyse in Form von „Single Point Constraints" dargestellt. Wichtig ist, dass die geometrischen Punkte übereinstimmen mit den Spann- und Schweißvorgängen und diese wiederum den Angriffspunkt für die in den FEM-Modellen zu definierenden Prozesskräfte darstellen.

Die Ergebnisse der FEM-Simulationen können in VisVSA® direkt eingelesen und mit den entsprechenden Bauteilen verlinkt werden.

| Vernetzung, FEM-Analyse und Export der Ergebnisse | Prozess- und Toleranz-Modellierung sowie Integration der FEM-Analyseergebnisse | 3-D-Toleranzsimulation und realitätsnahe Prozessabbildung |

Bild 14.6: *Vorgehensweise zur Integration von 3-D-Toleranzsimulation und FEM-Analyse (nach Variation Systems Analysis GmbH)*

Zusammenfassend lässt sich feststellen, dass durch die Ausrichtung auf eine durchgängige CAT-Lösung die Akzeptanz der Konstrukteure für die Statistische Tolerierung zunimmt. Für die weitere Verknüpfung mit FEM wurde eine neue Funktionalität hergestellt, die elastische Vorgänge miterfassen kann. Damit kann als wichtiges Anwendungsfeld der Blechleichtbau (Fahrzeugindustrie bzw. Karosseriebau) erschlossen werden, wo elastische Rückfeder- oder Ausdehnungseffekte funktionsrelevant sein können.

Die vorgestellte Softwarelösung VisVSA® ist in dieser Hinsicht richtungsweisend und bietet ungeahnte Möglichkeiten, den Produktentwicklungsprozess weiterzuentwickeln. Damit ist eine bisher noch bestehende Methodenlücke in der Bauteilentwicklung geschlossen worden. In einigen Jahren wird die dargestellte Methodenkette ein etabliertes Vorgehen in jeder integrierten CAE-Lösungn sein.

A Anhang

A.1 Vorgehen bei der Bearbeitung linearer Maßketten

1. Zählrichtung für Einzelmaße festlegen
2. Maßplan zeichnen
3. Tabelle der benötigten Maße erstellen
4. Nennschließmaß N_0 bestimmen
5. Höchstschließmaß P_O bestimmen
6. Mindestschließmaß P_U bestimmen
7. Schließmaß mit Toleranzen zusammenstellen
8. Kontrolle
9. Ermittlung der Mittelwerte und Standardabweichungen der Einzelmaße
10. Ermittlung der statistischen Schließtoleranz
11. Toleranzreduktion/Erweiterung

A.2 Vorgehen bei der Bearbeitung nichtlinearer Maßketten

1. Schritt – Erstellung einer Funktionsskizze

ZEICHNUNG

Bez.:	Maß M/[mm]	Toleranz T/[mm]
M_1	xxx	± xxx
M_2	xxx	± xxx
...		
M_i	xxx	± xxx

2. Schritt - Ermittlung des funktionellen Zusammenhangs

GEMÄSS GEOMETRISCHER BZW. PHYSIKALISCHER RELATION

3. Schritt – Ableitung eines Maßplans

ZEICHNUNG und BETRACHTUNG DER RICHTUNG DER MAßVEKTOREN

ZU BEACHTEN: Wenn Maße auf unterschiedliche Weise miteinander verknüpft sind (wie z. B. parallel geschaltete Widerstände als Summe **und** als Produkt, siehe auch *Kapitel 12.5*) muss ermittelt werden, wie sich das Schließmaß für extreme Ausdehnungen der Einzelmaße verhält.

4. Schritt – Arithmetische Bestimmung des Schließmaßes der Maßkette

Berechnung des Schließmaßes nach dem entsprechenden funktionellen Zusammenhang

- **Nennmaß** N_0, **Höchstwert** P_O **und Kleinstwert** P_U

$$M_0 = N_0 \frac{P_O - N_0}{P_U - N_0}$$

- **Arithmetische Toleranz** T_A **des Schließmaßes**

$$T_A = P_O - P_U$$

5. Schritt - Bestimmung der statistischen Kenngrößen

GRUNDANNAHMEN   VERTEILUNGSART
FERTIGUNGSSTREUUNG als $\pm$ u $\cdot$ s

	Bestimmung der Einzelmaßgrößen		
	Toleranz T_i /[mm]	Streuung s_i /[mm]	Varianz $s_i{}^2/\left[mm^2\right]$
M_1	$\pm$		
M_2	$\pm$		
...			
M_i			

VARIANZBESTIMMUNG DES SCHLIEßMAßES NACH DEM ABWEICHUNGSFORT-
PFLANZUNGSGESETZ

$$s_0{}^2 (f(x_1,...x_n)) = \sum_{i=1}^{n} \left(\frac{\partial f}{\partial x_i}\bigg|_{\bar{x}} \right)^2 \cdot s_i{}^2$$

BESTIMMUNG DER STREUUNG DES SCHLIEßMAßES $s_0 = \sqrt{s_0{}^2}$

6. Schritt - Bestimmung der Toleranz

$$M_0 = \bar{x} \pm T_S/2 \text{ mm}$$

7. Schritt - Bestimmung des Erweiterungs- und Reduktionsfaktors

	Formel	Bedeutung
Reduktionsfaktor r	$r = \dfrac{T_S}{T_A}$	Schließmaßtoleranz kann bei Beibehaltung der Einzeltoleranzen um 1-r % reduziert werden.
Erweiterungsfaktor e	$e = \dfrac{1}{r} = \dfrac{T_A}{T_S}$	Einzeltoleranzen können bei Beibehaltung des Schließmaßes um das e-fache erweitert werden.

A.3 Gesetzmäßigkeiten der Verteilungen

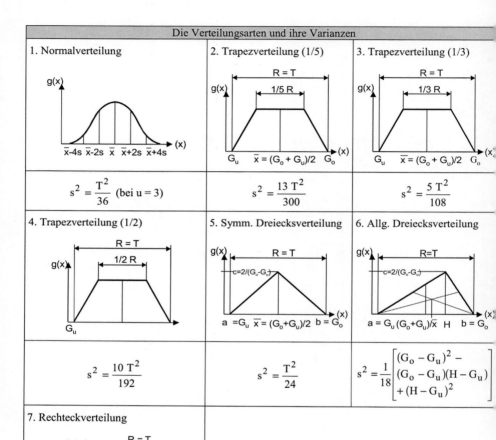

Tabelle A.1: *Die Verteilungsarten und ihre Varianzen*

Maßbe- zeichnung	Anzahl n	Toleranz T	Art der Verteilung	Berechnung Varianz s^2	Wert Varianz s^2	Summe $s^2 \cdot n$
				$\displaystyle\sum_{i=1}^{n} s_i^2 =$		
				$u =$		
				$T_S = 2 \cdot u \cdot \sqrt{\displaystyle\sum_{i=1}^{n} s_i^2} =$		

Tabelle A.2: Rechenschema zur Ermittlung der statistischen Schließmaßtoleranz bei linearen Maßketten

A.4 Berechnung der Ableitungen für das Schubkurbelbeispiel

Im *Kapitel 12.6* ist als Beispiel für eine nichtlineare Maßkette die Übertragungsfunktion eines Schubkurbelgetriebes ausgewertet worden. Die bereits abgeleitete Gl. (12.4) lautete:

$$M_0 = M_1 \cdot \cos \varphi + \sqrt{M_2^2 - (M_1 \cdot \sin \varphi - M_3)^2} \; .$$

Im Einzelnen bestimmen sich die erforderlichen Differenziale wie folgt:

1.) $\dfrac{\partial M_0}{\partial M_1}$

Hierbei sind M_2, M_3 und $\sin \varphi$ als konstant zu betrachten.

Zuerst erfolgt die Anwendung der **Summenregel**[*)]

$$\boxed{\left[f(x) \pm g(x) \right]' = f'(x) \pm g'(x)}$$

mit

$$f(M_1) = M_1 \cdot \cos \varphi \text{ und } g(M_1) = \sqrt{\dots} \; .$$

Man erhält dann für

$$\frac{\partial M_0}{\partial M_1} = \cos \varphi + \frac{\partial \sqrt{M_2^2 - (M_1 \cdot \sin \varphi - M_3)^2}}{\partial M_1} \; . \tag{A.1}$$

Zur Bestimmung der Ableitung der Wurzel muss man die **Kettenregel** anwenden.

Für drei ineinander verschachtelte Funktionen gilt beispielsweise

$$f(g(h(x)))' = h'(x) \cdot g'(h(x)) \cdot f'(g(h(x))) \; .$$

Hier ist

[*)] Anmerkung:: $\left(\; \right)'$ heißt $\partial / \partial x$

$$f(g(h(M_1)) = \sqrt{M_2^2 - (M_1 \cdot \sin \varphi - M_3)^2}$$

mit

$$h(M_1) = M_1 \cdot \sin \varphi - M_3 \quad \Rightarrow h'(M_1) = \sin \varphi$$
$$g(h(M_1)) = M_2^2 - (h(M_1))^2 \quad \Rightarrow g'(h(M_1)) = 2h(M_1) = 2(M_1 \cdot \sin \varphi - M_3) \tag{A.2}$$

und

$$f(g(h(M_1))) = \sqrt{g(h(M_1))} \quad \Rightarrow f'(g(h(M_1)))$$
$$= \frac{1}{2\sqrt{g(h(M_1))}} = \frac{1}{2\sqrt{M_2^2 - (M_1 \cdot \sin \varphi - M_3)^2}}$$

Daraus folgt dann für diesen Teil der Ableitung durch Einsetzen:

$$\frac{\partial M_0}{\partial M_1} = \cos \varphi - \frac{M_1 \cdot \sin^2 \varphi + M_3 \cdot \sin \varphi}{\sqrt{M_2^2 - (M_1 \cdot \sin \varphi - M_3)^2}} \tag{A.3}$$

2.) $\quad \dfrac{\partial M_0}{\partial M_2}$

Hierbei sind M_1, M_3 und *sin* φ als konstant zu betrachten.

In diesem Fall muss man nur die **Kettenregel** für zweifach verschachtelte Funktionen anwenden, da die Ableitung des ersten Summanden der Funktion Null wird.

Die Ableitung der Wurzelfunktion nach M_2 ergibt nach folgender Ableitungsregel:

$$f(x) = \sqrt{ax^2 + b} \quad \Rightarrow f'(x) = \frac{ax}{\sqrt{ax^2 + b}}$$

mit

$$a = 1, \quad x^2 = M_2^2 \quad \text{und} \quad b = -(M_1 \cdot \sin \varphi - M_3)^2$$

folgt

$$f'(M_1) = \frac{M_2}{\sqrt{M_2 - (M_1 \cdot \sin \varphi - M_3)}}.$$

Daher erhält man für

$$\frac{\partial M_0}{\partial M_2} = \frac{M_2}{\sqrt{M_2 - (M_1 \cdot \sin \varphi - M_3)}} . \tag{A.4}$$

3.) $\quad \dfrac{\partial M_0}{\partial M_3}$

Hier muss wieder analog die **Kettenregel** für dreifach verschachtelte Funktionen angewendet werden. Der erste Summand der Übertragungsfunktion wird wieder null, da in diesem Fall M_1, M_2 und *sin* φ als konstant zu betrachten sind.

Es gilt in diesem Fall

$$f(g(h(M_3)) = \sqrt{M_2^2 - (M_1 \cdot \sin \varphi - M_3)^2}$$

mit

$$h(M_3) = M_1 \cdot \sin \varphi - M_3 \quad \Rightarrow h'(M_3) = 1$$
$$g(h(M_3)) = M_2^2 - (h(M_3))^2 \quad \Rightarrow g'(h(M_3)) = 2h(M_3) = 2(M_1 \cdot \sin \varphi - M_3)$$

und

$$f(g(h(M_3))) = \sqrt{g(h(M_3))} \quad \Rightarrow f'(g(h(M_3)))$$
$$= \frac{1}{2\sqrt{g(h(M_3))}} = \frac{1}{2\sqrt{M_2^2 - (M_1 \cdot \sin \varphi - M_3)^2}} .$$

Daraus folgt für

$$\frac{\partial M_0}{\partial M_3} = f'(g(h(M_3))) = h'(M_3) \cdot g'(h(M_3)) \cdot f'(g(h(M_3)))$$

$$= 1 \cdot 2(M_1 \cdot \sin \varphi - M_3) \cdot \frac{1}{2\sqrt{M_2^2 - (M_1 \cdot \sin \varphi - M_3)^2}} \tag{A.5}$$

$$= \frac{M_1 \cdot \sin \varphi - M_3}{\sqrt{M_2^2 - (M_1 \cdot \sin \varphi - M_3)^2}} .$$

Der mathematische Exkurs zeigt, dass die Auflösung des allgemeinen Abweichungsfortpflanzungsgesetzes teils komplizierter werden kann. Dies ist auch der Grund dafür, weshalb die nichtlineare Toleranzrechnung so gut wie gar nicht automatisiert werden kann.

B Glossar

B.1 Toleranzbegriffe nach DIN ISO 286

Begriff		Erklärung
Nennmaß	N	Größenangabe, auf welche die Abmaße bezogen werden
Istmaß	I	wird durch Messen des Bauteils ermittelt. Es ist mit einer Messunsicherheit behaftet.
Abmaß	E, e	ist die Algebraische Toleranz zwischen Grenzmaß und Nennmaß. • **Kleinbuchstaben (es, ei)** bezeichnen **Wellenabmaße**. • **Großbuchstaben (ES, EI)** bezeichnen **Bohrungsabmaße**.
Oberes Abmaß	Es, es	Differenz zwischen dem Höchstmaß und Nennmaß • Bei Wellen **es** • Bei Bohrungen **ES**
Unteres Abmaß	EI, ei	Differenz zwischen dem Mindestmaß und Nennmaß • Bei Wellen **ei** • Bei Bohrungen **EI**
Grundabmaß		legt die Lage des Toleranzfeldes bezüglich der Nulllinie fest.
Grenzmaße	G	sind die zulässigen Maße zwischen denen das Istmaß liegen soll. Liegt das Istmaß außerhalb der Grenzmaße, ist das Bauteil in der Regel zu verwerfen.
Höchstmaß	$G_{O, o}$	ist das größte zugelassene Grenzmaß. • Welle: $G_{oW} = N + es$ • Bohrung: $G_{oB} = N + ES$
Mindestmaß	$G_{U, u}$	ist das kleinste zugelassene Grenzmaß. • Welle: $G_{uW} = N - ei$ • Bohrung: $G_{uB} = N - EI$
Maßtoleranz	T	ist die algebraische Differenz von Höchstmaß und Mindestmaß. Sie ist nicht vorzeichenbehaftet. • Allgemein: $T = \lvert G_o - G_u \rvert$ • Welle: $T = \lvert G_{oW} - G_{uW} \rvert = \lvert es - ei \rvert$ • Bohrung: $T = \lvert G_{oB} - G_{uB} \rvert = \lvert ES - EI \rvert$
Toleranzfeld		wird durch das obere und untere Abmaß begrenzt. Es wird durch die Größe der Toleranz und die Lage zur Nulllinie festgelegt.
Indizes	O, o U, u	für Schließmaß große Buchstaben, für Einzelmaße kleine Buchstaben

Tabelle B.1: Toleranzbegriffe nach DIN ISO 286

B.2 Begriffe zur Beschreibung von Maßketten

Begriff		Erklärung
Maßkette		Einzelmaße M_i, die sich in einer Richtung erstrecken, bilden eine Maßkette.
Einzelmaß	M_i	Maß eines Bauteils einer Maßkette in Richtung der Maßkette
Schließmaß	M_0	verbindet Anfang und Ende der Maßkette.
Positive Zählrichtung		Maße, bei denen eine **Vergrößerung der Maßabweichung** eine **Vergrößerung des Schließmaßes** bewirkt, werden als **positiv** angenommen. Die Vektoren dieser Maße zeigen in die **positive Zählrichtung.**
Negative Zählrichtung		Maße, bei denen eine **Verringerung der Maßabweichung** eine **Vergrößerung des Schließmaßes** bewirkt, werden als **negativ** angenommen. Die Vektoren dieser Maße zeigen in die **negative Zählrichtung.**
Nennschließmaß	N_0	wird ermittelt durch die vorzeichenbehaftete Addition der Vektoren der Nennmaße der Bauteile der Maßkette. $N_0 = \sum N_{i+} - \sum N_{i-}$
Höchstschließmaß	P_O	$P_O = \sum G_{o_{i+}} - \sum G_{u_{i-}}$ Man setzt ein: • für **positiv** gerichtete Maße das **Höchstmaß** • für **negativ** gerichtete Maße das **Mindestmaß**
Mindestschließmaß	P_U	$P_U = \sum G_{u_{i+}} - \sum G_{o_{i-}}$ Man setzt ein: • für **positiv** gerichtete Maße das **Mindestmaß** • für **negativ** gerichtete Maße das **Höchstmaß**
Abmaße der Toleranzkette		
Oberes Abmaß	T_{A1}	$T_{A1} = P_O - N_0$
Unteres Abmaß	T_{A2}	$T_{A2} = P_U - N_0$
Gesamttoleranz	T_A	$T_A = P_O - P_U$
Darstellung des Schließmaßes		$M_0 = N_0 {}^{T_{A1}}_{T_{A2}} = N_0 {}^{P_O - N_0}_{P_U - N_0}$

Tabelle B.2: *Begriffe zur Beschreibung von Maßketten*

B.3 Begriffe zu Grundlagen der Statistik

Begriff		Erklärung
Relative Häufigkeit		ist definiert als das Verhältnis des Eintretens eines bestimmten Ereignisses im Verhältnis zur Anzahl der Beobachtungen.
Wahrscheinlichkeit	p	gibt an, wie viele Ereignisse im Mittel bei einer großen Gesamtzahl zu dem betrachteten Ergebnis führen.
Stichprobe		Eine Stichprobe besteht aus einer begrenzten Anzahl von Werten aus der Grundgesamtheit, z. B. der real gefertigte Durchmesser einer Welle im Vergleich mit dem Nennmaß oder der wirkliche Widerstandswerte eines elektrischen Widerstands im Vergleich mit dem Nennwert.
Mittelwert	$\bar{x}$	$\bar{x} = \dfrac{1}{n}\displaystyle\sum_{i=1}^{n} x_i$
Standardabweichung	s	Dies ist die mittlere quadratische Abweichung der Stichprobenwerte vom Mittelwert. $$s = \sqrt{\dfrac{1}{n-1}\sum_{i=1}^{n}(x_i - \bar{x}_i)^2}$$
Varianz	s^2	$s^2 = \dfrac{1}{n-1}\displaystyle\sum_{i=1}^{n}(x_i - \bar{x}_i)^2$

Tabelle B.3: *Begriffe zu Grundlagen der Statistik*

B.4 Begriffe zur Verknüpfung mehrerer Maße

Begriff	Erklärung
Mittelwertsatz	Der Mittelwertsatz beschreibt die Verknüpfung von Mittelwerten von Einzelmaßen in einer Maßkette zur Bestimmung des Gesamtmittelwerts einer Maßkette.. $$\bar{x}_0 = \sum_{i=1}^{n} \bar{x}_i \qquad siehe\ Gl.\ (4.13)$$
Abweichungsfortpflanzungsgesetz	Das Abweichungsfortpflanzungsgesetz beschreibt die Verknüpfung von Einzelvarianzen zur Bestimmung der Gesamtvarianz einer Maßkette: Bei eindimensionalen Maßketten: $$s_0^2 = \sum_{i=1}^{n} s_i^2 \qquad siehe\ Gl.\ (4.16)$$ Bei mehrdimensionalen Maßketten mit voneinander unabhängigen Messgrößen x_i: $$s_0^2(f(x_1, \ldots x_n)) = \sum_{i=1}^{n}\left(\frac{\delta f}{\delta x_i}\Big|_{\bar{x}}\right)^2 \cdot s_i^2 \qquad siehe\ Gl.\ (4.15)$$

Tabelle B.4: *Begriffe zu Mittelwertsatz und Abweichungsfortpflanzungsgesetz*

Art der Verteilung		Varianz s^2 Toleranz T	Reduktionsfaktor r_{RV} Statistische Schließtoleranz T_S[*)] mit $u_{1-p} = 3$
Rechteck-verteilung		$s^2 = \dfrac{T^2}{12}$ $T = 2\sqrt{3} \cdot s$ $= 3{,}4641 \cdot s$	$r_{RV} = \dfrac{u_{1-p}}{\sqrt{3k}}$ $T_S = 1{,}7321\sqrt{\sum T_i^2}$ mit k = Anzahl der Bauteile
Trapez-verteilung ①		$s^2 = \dfrac{10 \cdot T^2}{192}$ $T = 2\sqrt{48/10} \cdot s$ $= 4{,}3818 \cdot s$	$r_{RV} = \dfrac{\sqrt{10} \cdot u_{1-p}}{\sqrt{48k}}$ $T_S = 1{,}3694\sqrt{\sum T_i^2}$
Trapez-verteilung ②		$s^2 = \dfrac{5 \cdot T^2}{108}$ $T = 2\sqrt{27/5} \cdot s$ $= 4{,}6476 \cdot s$	$r_{RV} = \dfrac{\sqrt{5} \cdot u_{1-p}}{\sqrt{27k}}$ $T_S = 1{,}2910\sqrt{\sum T_i^2}$
Trapez-verteilung ③		$s^2 = \dfrac{13 \cdot T^2}{300}$ $T = 2\sqrt{75/13} \cdot s$ $= 4{,}8038 \cdot s$	$r_{RV} = \dfrac{\sqrt{13} \cdot u_{1-p}}{\sqrt{75k}}$ $T_S = 1{,}2490\sqrt{\sum T_i^2}$
Dreiecks-verteilung		$s^2 = \dfrac{T^2}{24}$ $T = 2\sqrt{6} \cdot s$ $= 4{,}8990 \cdot s$	$r_{RV} = \dfrac{\sqrt{2} \cdot u_{1-p}}{2\sqrt{3k}}$ $T_S = 1{,}2247\sqrt{\sum T_i^2}$
Normal-verteilung		$s^2 = \dfrac{T^2}{36}$ $T = 2 \cdot 3 \cdot s$ $= 6 \cdot s$ außerhalb der Toleranz liegen 0,27 % der Teile	$r_{RV} = \dfrac{u_{1-p}}{3\sqrt{k}}$ $T_S = 1{,}0000 \cdot \sqrt{\sum T_i^2}$

Tabelle B.5: *Quantifizierung der geläufigen, mathematischen Verteilungen*

[*)] Anmerkung: Hier ist der allgemeine Ansatz benutzt worden: $T_S = 2 \cdot u\sqrt{\sum s_i^2}$

B.5 Tabelle der Summenfunktion $F_{NV}(u_i)$ der standardisierten Normalverteilung

Standardisierte Normalverteilung mit der Variablen $u = \dfrac{x - \overline{x}}{s}$

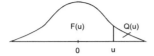

u	F(u)	Q(u)	F(u)-Q(u)	f(u)	u	F(u)	Q(u)	F(u)-Q(u)	f(u)
0	0,5	0,5	0	0,39894	0,41	0,6591	0,3409	0,31819	0,36678
0,01	0,50399	0,49601	0,00798	0,39892	0,41	0,6591	0,3409	0,31819	0,36678
0,02	0,50798	0,49202	0,01596	0,39886	0,42	0,66276	0,33724	0,32551	0,36526
0,03	0,51197	0,48803	0,02393	0,39876	0,43	0,6664	0,3336	0,3328	0,36371
0,04	0,51595	0,48405	0,03191	0,39862	0,44	0,67003	0,32997	0,34006	0,36213
0,05	0,51994	0,48006	0,03988	0,39844	0,45	0,67364	0,32636	0,34729	0,36053
0,06	0,52392	0,47608	0,04784	0,39822	0,46	0,67724	0,32276	0,35448	0,35889
0,07	0,5279	0,4721	0,05581	0,39797	0,47	0,68082	0,31918	0,36165	0,35723
0,08	0,53188	0,46812	0,06376	0,39767	0,48	0,68439	0,31561	0,36877	0,35553
0,09	0,53586	0,46414	0,07171	0,39733	0,49	0,68793	0,31207	0,37587	0,35381
0,1	0,53983	0,46017	0,07966	0,39695	0,5	0,69146	0,30854	0,38293	0,35207
0,11	0,5438	0,4562	0,08759	0,39654	0,51	0,69497	0,30503	0,38995	0,35029
0,12	0,54776	0,45224	0,09552	0,39608	0,52	0,69847	0,30153	0,39694	0,34849
0,13	0,55172	0,44828	0,10343	0,39559	0,53	0,70194	0,29806	0,40389	0,34667
0,14	0,55567	0,44433	0,11134	0,39505	0,54	0,7054	0,2946	0,4108	0,34482
0,15	0,55962	0,44038	0,11924	0,39448	0,55	0,70884	0,29116	0,41768	0,34294
0,16	0,56356	0,43644	0,12712	0,39387	0,56	0,71226	0,28774	0,42452	0,34105
0,17	0,56749	0,43251	0,13499	0,39322	0,57	0,71566	0,28434	0,43132	0,33912
0,18	0,57142	0,42858	0,14285	0,39253	0,58	0,71904	0,28096	0,43809	0,33718
0,19	0,57535	0,42465	0,15069	0,39181	0,59	0,7224	0,2776	0,44481	0,33521
0,2	0,57926	0,42074	0,15852	0,39104	0,6	0,72575	0,27425	0,45149	0,33322
0,21	0,58317	0,41683	0,16633	0,39024	0,61	0,72907	0,27093	0,45814	0,33121
0,22	0,58706	0,41294	0,17413	0,3894	0,62	0,73237	0,26763	0,46474	0,32918
0,23	0,59095	0,40905	0,18191	0,38853	0,63	0,73565	0,26435	0,47131	0,32713
0,24	0,59483	0,40517	0,18967	0,38762	0,64	0,73891	0,26109	0,47783	0,32506
0,25	0,59871	0,40129	0,19741	0,38667	0,65	0,74215	0,25785	0,48431	0,32297
0,26	0,60257	0,39743	0,20514	0,38568	0,66	0,74537	0,25463	0,49075	0,32086
0,27	0,60642	0,39358	0,21284	0,38466	0,67	0,74857	0,25143	0,49714	0,31874
0,28	0,61026	0,38974	0,22052	0,38361	0,68	0,75175	0,24825	0,5035	0,31659
0,29	0,61409	0,38591	0,22818	0,38251	0,69	0,7549	0,2451	0,50981	0,31443
0,3	0,61791	0,38209	0,23582	0,38139	0,7	0,75804	0,24196	0,51607	0,31225
0,31	0,62172	0,37828	0,24344	0,38023	0,71	0,76115	0,23885	0,5223	0,31006
0,32	0,62552	0,37448	0,25103	0,37903	0,72	0,76424	0,23576	0,52848	0,30785
0,33	0,6293	0,3707	0,2586	0,3778	0,73	0,7673	0,2327	0,53461	0,30563
0,34	0,63307	0,36693	0,26614	0,37654	0,74	0,77035	0,22965	0,5407	0,30339
0,35	0,63683	0,36317	0,27366	0,37524	0,75	0,77337	0,22663	0,54675	0,30114
0,36	0,64058	0,35942	0,28115	0,37391	0,76	0,77637	0,22363	0,55275	0,29887
0,37	0,64431	0,35569	0,28862	0,37255	0,77	0,77935	0,22065	0,5587	0,29659
0,38	0,64803	0,35197	0,29605	0,37115	0,78	0,7823	0,2177	0,56461	0,29431
0,39	0,65173	0,34827	0,30346	0,36973	0,79	0,78524	0,21476	0,57047	0,292
0,4	0,65542	0,34458	0,31084	0,36827	0,8	0,78814	0,21185	0,57629	0,28969

u	F(u)	Q(u)	F(u)-Q(u)	f(u)	u	F(u)	Q(u)	F(u)-Q(u)	f(u)
0,81	0,79103	0,20897	0,58206	0,28737	1,41	0,92073	0,07927	0,84146	0,14764
0,82	0,79389	0,20611	0,58778	0,28504	1,42	0,9222	0,0778	0,84439	0,14556
0,83	0,79673	0,20327	0,59346	0,28269	1,43	0,92364	0,07636	0,84728	0,1435
0,84	0,79955	0,20045	0,59909	0,28034	1,44	0,92507	0,07493	0,85013	0,14146
0,85	0,80234	0,19766	0,60468	0,27798	1,45	0,92647	0,07353	0,85294	0,13943
0,86	0,80511	0,19489	0,61021	0,27562	1,46	0,92786	0,07215	0,85571	0,13742
0,87	0,80785	0,19215	0,6157	0,27324	1,47	0,92922	0,07078	0,85844	0,13542
0,88	0,81057	0,18943	0,62114	0,27086	1,48	0,93056	0,06944	0,86113	0,13344
0,89	0,81327	0,18673	0,62653	0,26848	1,49	0,93189	0,06811	0,86378	0,13147
0,9	0,81594	0,18406	0,63188	0,26609	1,5	0,93319	0,06681	0,86639	0,12952
0,91	0,81859	0,18141	0,63718	0,26369	1,51	0,93448	0,06552	0,86896	0,12758
0,92	0,82121	0,17879	0,64243	0,26129	1,52	0,93574	0,06426	0,87149	0,12566
0,93	0,82381	0,17619	0,64763	0,25888	1,53	0,93699	0,06301	0,87398	0,12376
0,94	0,82639	0,17361	0,65278	0,25647	1,54	0,93822	0,06178	0,87644	0,12188
0,95	0,82894	0,17106	0,65789	0,25406	1,55	0,93943	0,06057	0,87886	0,12001
0,96	0,83147	0,16853	0,66294	0,25164	1,56	0,94062	0,05938	0,88124	0,11816
0,97	0,83398	0,16602	0,66795	0,24923	1,57	0,94179	0,05821	0,88358	0,11632
0,98	0,83646	0,16354	0,67291	0,24681	1,58	0,94295	0,05705	0,88589	0,1145
0,99	0,83891	0,16109	0,67783	0,24439	1,59	0,94408	0,05592	0,88817	0,1127
1	0,84134	0,15866	0,68269	0,24197	1,6	0,9452	0,0548	0,8904	0,11092
1,01	0,84375	0,15625	0,6875	0,23955	1,61	0,9463	0,0537	0,8926	0,10915
1,02	0,84614	0,15386	0,69227	0,23713	1,62	0,94738	0,05262	0,89477	0,10741
1,03	0,8485	0,15151	0,69699	0,23471	1,63	0,94845	0,05155	0,8969	0,10567
1,04	0,85083	0,14917	0,70166	0,2323	1,64	0,9495	0,0505	0,89899	0,10396
1,05	0,85314	0,14686	0,70628	0,22988	1,65	0,95053	0,04947	0,90106	0,10226
1,06	0,85543	0,14457	0,71086	0,22747	1,66	0,95154	0,04846	0,90309	0,10059
1,07	0,85769	0,14231	0,71538	0,22506	1,67	0,95254	0,04746	0,90508	0,09892
1,08	0,85993	0,14007	0,71986	0,22265	1,68	0,95352	0,04648	0,90704	0,09728
1,09	0,86214	0,13786	0,72429	0,22025	1,69	0,95449	0,04551	0,90897	0,09566
1,1	0,86433	0,13567	0,72867	0,21785	1,7	0,95543	0,04457	0,91087	0,09405
1,11	0,8665	0,1335	0,733	0,21546	1,71	0,95637	0,04363	0,91273	0,09246
1,12	0,86864	0,13136	0,73729	0,21307	1,72	0,95728	0,04272	0,91457	0,09089
1,13	0,87076	0,12924	0,74152	0,21069	1,73	0,95818	0,04182	0,91637	0,08933
1,14	0,87286	0,12714	0,74571	0,20831	1,74	0,95907	0,04093	0,91814	0,0878
1,15	0,87493	0,12507	0,74986	0,20594	1,75	0,95994	0,04006	0,91988	0,08628
1,16	0,87698	0,12302	0,75395	0,20357	1,76	0,9608	0,0392	0,92159	0,08478
1,17	0,879	0,121	0,758	0,20121	1,77	0,96164	0,03836	0,92327	0,08329
1,18	0,881	0,119	0,762	0,19886	1,78	0,96246	0,03754	0,92492	0,08183
1,19	0,88298	0,11702	0,76595	0,19652	1,79	0,96327	0,03673	0,92655	0,08038
1,2	0,88493	0,11507	0,76986	0,19419	1,8	0,96407	0,03593	0,92814	0,07895
1,21	0,88686	0,11314	0,77372	0,19186	1,81	0,96485	0,03515	0,9297	0,07754
1,22	0,88877	0,11123	0,77754	0,18954	1,82	0,96562	0,03438	0,93124	0,07614
1,23	0,89065	0,10935	0,7813	0,18724	1,83	0,96638	0,03363	0,93275	0,07477
1,24	0,89251	0,10749	0,78502	0,18494	1,84	0,96712	0,03288	0,93423	0,07341
1,25	0,89435	0,10565	0,7887	0,18265	1,85	0,96784	0,03216	0,93569	0,07206
1,26	0,89617	0,10383	0,79233	0,18037	1,86	0,96856	0,03144	0,93711	0,07074
1,27	0,89796	0,10204	0,79592	0,1781	1,87	0,96926	0,03074	0,93852	0,06943
1,28	0,89973	0,10027	0,79945	0,17585	1,88	0,96995	0,03005	0,93989	0,06814
1,29	0,90147	0,09853	0,80295	0,1736	1,89	0,97062	0,02938	0,94124	0,06687
1,3	0,9032	0,0968	0,8064	0,17137	1,9	0,97128	0,02872	0,94257	0,06562
1,31	0,9049	0,0951	0,8098	0,16915	1,91	0,97193	0,02807	0,94387	0,06438
1,32	0,90658	0,09342	0,81317	0,16694	1,92	0,97257	0,02743	0,94514	0,06316
1,33	0,90824	0,09176	0,81648	0,16474	1,93	0,9732	0,0268	0,94639	0,06195
1,34	0,90988	0,09012	0,81975	0,16256	1,94	0,97381	0,02619	0,94762	0,06077
1,35	0,91149	0,08851	0,82298	0,16038	1,95	0,97441	0,02559	0,94882	0,05959
1,36	0,91309	0,08692	0,82617	0,15822	1,96	0,975	0,025	0,95	0,05844
1,37	0,91466	0,08534	0,82931	0,15608	1,97	0,97558	0,02442	0,95116	0,0573
1,38	0,91621	0,08379	0,83241	0,15395	1,98	0,97615	0,02385	0,9523	0,05618
1,39	0,91774	0,08226	0,83547	0,15183	1,99	0,9767	0,0233	0,95341	0,05508
1,4	0,91924	0,08076	0,83849	0,14973	2	0,97725	0,02275	0,9545	0,05399

u	F(u)	Q(u)	F(u)-Q(u)	f(u)	u	F(u)	Q(u)	F(u)-Q(u)	f(u)
2,01	0,97778	0,02222	0,95557	0,05292	2,61	0,99547	0,00453	0,99095	0,01323
2,02	0,97831	0,02169	0,95662	0,05186	2,62	0,9956	0,0044	0,99121	0,01289
2,03	0,97882	0,02118	0,95764	0,05082	2,63	0,99573	0,00427	0,99146	0,01256
2,04	0,97932	0,02068	0,95865	0,0498	2,64	0,99585	0,00415	0,99171	0,01223
2,05	0,97982	0,02018	0,95964	0,04879	2,65	0,99598	0,00404	0,99195	0,01191
2,06	0,9803	0,0197	0,9606	0,0478	2,66	0,99609	0,00391	0,99219	0,0116
2,07	0,98077	0,01923	0,96155	0,04682	2,67	0,99621	0,00379	0,99241	0,0113
2,08	0,98124	0,01876	0,96247	0,04486	2,68	0,99632	0,00368	0,99264	0,011
2,09	0,98169	0,01831	0,96338	0,04491	2,69	0,99643	0,00357	0,99285	0,01071
2,1	0,98214	0,01786	0,96427	0,04398	2,7	0,99653	0,00347	0,99307	0,01042
2,11	0,98257	0,01743	0,96514	0,04307	2,71	0,99664	0,00336	0,99327	0,01014
2,12	0,983	0,017	0,96599	0,04217	2,72	0,99674	0,00326	0,99347	0,00987
2,13	0,98341	0,01659	0,96683	0,04128	2,73	0,99683	0,00317	0,99367	0,00961
2,14	0,98382	0,01618	0,96765	0,04041	2,74	0,99693	0,00307	0,99386	0,00935
2,15	0,98422	0,01578	0,96844	0,03955	2,75	0,99702	0,00298	0,99404	0,00909
2,16	0,98461	0,01539	0,96923	0,03871	2,76	0,99711	0,00289	0,99422	0,00885
2,17	0,985	0,015	0,96999	0,03788	2,77	0,9972	0,0028	0,99439	0,00861
2,18	0,98537	0,01463	0,97074	0,03706	2,78	0,99728	0,00272	0,99456	0,00837
2,19	0,98574	0,01426	0,97148	0,03626	2,79	0,99736	0,00264	0,99473	0,00814
2,2	0,9861	0,0139	0,97219	0,03547	2,8	0,99744	0,00256	0,99489	0,00792
2,21	0,98645	0,01355	0,97289	0,0347	2,81	0,99752	0,00248	0,99505	0,0077
2,22	0,98679	0,01321	0,97358	0,03394	2,82	0,9976	0,0024	0,9952	0,00748
2,23	0,98713	0,01287	0,97425	0,03319	2,83	0,99767	0,00233	0,99535	0,00727
2,24	0,98745	0,01255	0,97491	0,03246	2,84	0,99774	0,00226	0,99549	0,00707
2,25	0,98778	0,01222	0,97555	0,03174	2,85	0,99781	0,00219	0,99563	0,00687
2,26	0,98809	0,01191	0,97618	0,03103	2,86	0,99788	0,00212	0,99576	0,00668
2,27	0,9884	0,0116	0,97679	0,03034	2,87	0,99795	0,00205	0,9959	0,00649
2,28	0,9887	0,0113	0,97739	0,02965	2,88	0,99801	0,00199	0,99602	0,00631
2,29	0,98899	0,01101	0,97798	0,02898	2,89	0,99807	0,00193	0,99615	0,00613
2,3	0,98928	0,01072	0,97855	0,02833	2,9	0,99813	0,00187	0,99627	0,00595
2,31	0,98956	0,01044	0,97911	0,02768	2,91	0,99819	0,00181	0,99639	0,00578
2,32	0,98983	0,01017	0,97966	0,02705	2,92	0,99825	0,00175	0,9965	0,00562
2,33	0,9901	0,0099	0,98019	0,02643	2,93	0,99831	0,00169	0,99661	0,00545
2,34	0,99036	0,00964	0,98072	0,02582	2,94	0,99836	0,00164	0,99672	0,0053
2,35	0,99061	0,00939	0,98123	0,02522	2,95	0,99841	0,00159	0,99682	0,00514
2,36	0,99086	0,00914	0,98173	0,02463	2,96	0,99846	0,00154	0,99692	0,00499
2,37	0,99111	0,00889	0,98221	0,02406	2,97	0,99851	0,00149	0,99702	0,00485
2,38	0,99134	0,00866	0,98269	0,02349	2,98	0,99856	0,00144	0,99712	0,00471
2,39	0,99158	0,00842	0,98315	0,02294	2,99	0,99861	0,00139	0,99721	0,00457
2,4	0,9918	0,0082	0,98361	0,02239	3	0,99865	0,00135	0,9973	0,00443
2,41	0,99202	0,00798	0,98405	0,02186	3,01	0,99869	0,00131	0,99739	0,0043
2,42	0,99224	0,00776	0,98448	0,02134	3,02	0,99874	0,00126	0,99747	0,00417
2,43	0,99245	0,00755	0,9849	0,02083	3,03	0,99878	0,00122	0,99755	0,00405
2,44	0,99266	0,00734	0,98531	0,02033	3,04	0,99882	0,00118	0,99763	0,00393
2,45	0,99286	0,00714	0,98571	0,01984	3,05	0,99886	0,00114	0,99771	0,00381
2,46	0,99305	0,00695	0,98611	0,01936	3,06	0,99889	0,00111	0,99779	0,0037
2,47	0,99324	0,00676	0,98649	0,01889	3,07	0,99893	0,00107	0,99786	0,00358
2,48	0,99343	0,00657	0,98686	0,01842	3,08	0,99897	0,00104	0,99793	0,00348
2,49	0,99361	0,00639	0,98723	0,01797	3,09	0,999	0,001	0,998	0,00337
2,5	0,99379	0,00621	0,98759	0,01753	3,1	0,99903	0,00097	0,99806	0,00327
2,51	0,99396	0,00604	0,98793	0,01709	3,11	0,99906	0,00094	0,99813	0,00317
2,52	0,99413	0,00587	0,98826	0,01667	3,12	0,9991	0,0009	0,99819	0,00307
2,53	0,9943	0,0057	0,98859	0,01625	3,13	0,99913	0,00087	0,99825	0,00298
2,54	0,99446	0,00554	0,98891	0,01585	3,14	0,99916	0,00084	0,99831	0,00288
2,55	0,99461	0,00539	0,98923	0,01545	3,15	0,99918	0,00082	0,99837	0,00279
2,56	0,99477	0,00523	0,98953	0,01506	3,16	0,99921	0,00079	0,99842	0,00271
2,57	0,99492	0,00508	0,98983	0,01468	3,17	0,99924	0,00076	0,99848	0,00262
2,58	0,99506	0,00494	0,99012	0,0143	3,18	0,99926	0,00074	0,99853	0,00254
2,59	0,9952	0,0048	0,9904	0,01394	3,19	0,99929	0,00071	0,99858	0,00246
2;60	0,99534	0,00466	0,99068	0,01358	3,2	0,99931	0,00069	0,99863	0,00238

u	F(u)	Q(u)	F(u)-Q(u)	f(u)	u	F(u)	Q(u)	F(u)-Q(u)	f(u)
3,21	0,99934	0,00066	0,99867	0,00231	3,61	0,99985	0,00015	0,99969	0,00059
3,22	0,99936	0,00064	0,99872	0,00224	3,62	0,99985	0,00015	0,99971	0,00057
3,23	0,99938	0,00062	0,99876	0,00216	3,63	0,99986	0,00014	0,99972	0,00055
3,24	0,9994	0,0006	0,9988	0,0021	3,64	0,99986	0,00014	0,99973	0,00053
3,25	0,99942	0,00058	0,99885	0,00203	3,65	0,99987	0,00013	0,99974	0,00051
3,26	0,99944	0,00056	0,99889	0,00196	3,66	0,99987	0,00013	0,99975	0,00049
3,27	0,99946	0,00054	0,99892	0,0019	3.67	0,99988	0,00012	0,99976	0,00047
3,28	0,99948	0,00052	0,99896	0,00184	3,68	0,99988	0,00012	0,99977	0,00046
3,29	0,9995	0,0005	0,999	0,00178	3,69	0,99989	0,00011	0,99978	0,00044
3,3	0,99952	0,00048	0,99903	0,00172	3,7	0,99989	0,00011	0,99978	0,00042
3,31	0,99953	0,00047	0,99907	0,00167	3.71	0,9999	0,0001	0,99979	0,00041
3,32	0,99955	0,00045	0,9991	0,00161	3,72	0,9999	0,0001	0,9998	0,00039
3,33	0,99957	0,00043	0,99913	0,00156	3,73	0,9999	0,0001	0,99981	0,00038
3,34	0,99958	0,00042	0,99916	0,00151	3,74	0,99991	0,00009	0,99982	0,00037
3,35	0,9996	0,0004	0,99919	0,00146	3,75	0,99991	0,00009	0,99982	0,00035
3,36	0,99961	0,00039	0,99922	0,00141	3,76	0,99992	0,00009	0,99983	0,00034
3,37	0,99962	0,00038	0,99925	0,00136	3,77	0,99992	0,00008	0,99984	0,00033
3,38	0,99964	0,00036	0,99928	0,00132	3,78	0,99992	0,00008	0,99984	0,00031
3,39	0,99965	0,00035	0,9993	0,00127	3,79	0,99992	0,00008	0,99985	0,0003
3,4	0,99966	0,00034	0,99933	0,00123	3,8	0,99993	0,00007	0,99986	0,00029
3,41	0,99968	0,00032	0,99935	0,00119	3,81	0,99993	0,00007	0,99986	0,00028
3,42	0,99969	0,00031	0,99937	0,00115	3,82	0,99993	0,00007	0,99987	0,00027
3,43	0,9997	0,0003	0,9994	0,00111	3,83	0,99994	0,00006	0,99987	0,00026
3,44	0,99971	0,00029	0,99942	0,00107	3,84	0,99994	0,00006	0,99988	0,00025
3,45	0,99972	0,00028	0,99944	0,00104	3,85	0,99994	0,00006	0,99988	0,00024
3,46	0,99973	0,00027	0,99946	0,001	3,86	0,99994	0,00006	0,99989	0,00023
3,47	0,99974	0,00026	0,99948	0,00097	3,87	0,99995	0,00005	0,99989	0,00022
3,48	0,99975	0,00025	0,9995	0,00094	3,88	0,99995	0,00005	0,9999	0,00021
3,49	0,99976	0,00024	0,99952	0,0009	3,89	0,99995	0,00005	0,9999	0,00021
3,5	0,99977	0,00023	0,99953	0,00087	3,9	0,99995	0,00005	0,9999	0,0002
3,51	0,99978	0,00022	0,99955	0,00084	3,91	0,99995	0,00005	0,99991	0,00019
3,52	0,99978	0,00022	0,99957	0,00081	3,92	0,99996	0,00004	0,99991	0,00018
3,53	0,99979	0,00021	0,99958	0,00079	3,93	0,99996	0,00004	0,99992	0,00018
3,54	0,9998	0,0002	0,9996	0,00076	3,94	0,99996	0,00004	0,99992	0,00017
3,55	0,99981	0.00019	0,99961	0,00073	3,95	0,99996	0,00004	0,99992	0,00016
3,56	0,99981	0,00019	0,99963	0,00071	3,96	0,99996	0,00004	0,99993	0,00016
3,57	0,99982	0,00018	0,99964	0,00068	3,97	0,99996	0,00004	0,99993	0,00015
3,58	0,99983	0,00017	0,99966	0,00066	3,98	0,99997	0,00003	0,99993	0,00014
3,59	0,99983	0,00017	0,99967	0,00063	3,99	0,99997	0,00003	0,99993	0,00014
3,6	0,99984	0,00016	0,99968	0,00061	4	0,99997	0,00003	0,99994	0,00013

Näherung für u > 4:

$$g(u) = \frac{1}{\sqrt{2\pi}}\, e^{-\frac{n^2}{2}}$$

$$Q(u) = \frac{g(u)}{u}\left\{1 - \frac{1}{u^2} + \frac{3}{u^4} - \frac{15}{u^6} + \frac{105}{u^8}\right\}$$

F	Q	u_g
0,5	0,5	0
0,6	0,4	0,2533
0,7	0,3	0,5244
0,8	0,2	0,8416
0,9	0,1	1,2816
0,95	0,05	1,6449
0,975	0,025	1,96
0,99	0,01	2,3263
0,995	0,005	2,5758
0,9975	0,0025	2,807
0,999	0,001	3,0902
0,9995	0,0005	3,2905
0,9999	0,0001	3,719
0,99995	0,00005	3,8906
0,99999	0.00001	4,2649

Tabelle B.6: *Tabelle der Summenfunktion der standardisierten Normalverteilung*

B.6 Schwellenwerte der Fisher-Verteilung für alle Vertrauensniveaus

		Freiheitsgrad f_1												
	1	**2**	**3**	**4**	**5**	**6**	**7**	**8**	**9**	**10**	**11**	**12**	**13**	**14**
1	161,4	199,5	215,7	224,6	230,2	234,0	236,8	238,9	240,5	241,5	243,0	243,9	244,7	245,4
2	18,51	19,00	19,16	19,25	19,30	19,33	19,35	19,37	19,38	19,40	19,41	19,41	19,42	19,42
3	10,13	9,55	9,28	9,12	9,01	8,94	8,89	8,85	8,81	8,79	8,76	8,74	8,73	8,71
4	7,71	6,94	6,59	6,39	6,20	6,16	6,09	6,04	6,00	5,96	5,94	5,91	5,89	5,87
5	6,61	5,79	5,41	5,19	5,05	4,95	4,88	4,82	4,77	4,74	4,70	4,68	4,66	4,64
6	5,99	5,14	4,76	4,53	4,39	4,28	4,21	4,15	4,10	4,06	4,03	4,00	3,98	3,96
7	5,59	4,74	4,35	4,12	3,97	3,87	3,79	3,73	3,68	3,64	3,60	3,57	3,55	3,53
8	5,32	4,46	4,07	3,84	3,84	3,58	3,50	3,44	3,39	3,35	3,31	3,28	3,26	3,24
9	5,12	4,26	3,86	3,63	3,48	3,37	3,29	3,23	3,18	3,14	3,10	3,07	3,05	3,03
10	4,96	4,10	3,71	3,48	3,33	3,22	3,14	3,07	3,02	2,98	2,94	2,91	2,89	2,86
11	4,84	3,98	3,59	3,36	3,20	3,09	3,01	2,95	2,90	2,85	2,82	2,79	2,76	2,74
12	4,75	3,89	3,49	3,26	3,11	3,00	2,91	2,85	2,80	2,75	2,72	2,69	2,66	2,64
13	4,67	3,81	3,41	3,18	3,03	2,92	2,83	2,77	2,71	2,67	2,63	2,60	2,58	2,55
14	4,60	3,74	3,34	3,11	2,96	2,85	2,76	2,70	2,65	2,60	2,57	2,53	2,51	2,48
15	4,54	3,68	3,29	3,06	2,90	2,79	2,71	2,64	2,59	2,54	2,51	2,48	2,45	2,42
16	4,49	3,63	3,24	3,01	2,85	2,74	2,66	2,59	2,54	2,49	2,46	2,42	2,40	2,37
17	4,45	3,59	3,20	2,96	2,81	2,70	2,61	2,55	2,49	2,45	2,41	2,38	2,35	2,33
18	4,41	3,55	3,16	2,93	2,77	2,66	2,58	2,51	2,46	2,41	2,37	2,34	2,31	2,29
19	4,38	3,52	3,13	2,90	2,74	2,63	2,54	2,48	2,42	2,38	2,34	2,31	2,28	2,26
20	4,35	3,49	3,10	2,87	2,71	2,60	2,51	2,45	2,39	2,35	2,31	2,28	2,25	2,23
21	4,32	3,47	3,07	2,84	2,68	2,57	2,49	2,42	2,37	2,32	2,28	2,25	2,22	2,20
22	4,30	3,44	3,05	2,82	2,66	2,55	2,46	2,40	2,34	2,30	2,26	2,23	2,20	2,17
23	4,28	3,42	3,03	2,80	2,64	2,53	2,44	2,37	2,32	2,27	2,24	2,20	2,18	2,15
24	4,26	3,40	3,01	2,78	2,62	2,51	2,42	2,36	2,30	2,25	2,22	2,18	2,15	2,13
25	4,24	3,39	2,99	2,76	2,60	2,49	2,40	2,34	2,28	2,24	2,20	2,16	2,14	2,11
26	4,23	3,37	2,98	2,74	2,59	2,47	2,39	2,32	2,27	2,22	2,18	2,15	2,12	2,09
27	4,21	3,35	2,96	2,73	2,57	2,46	2,37	2,31	2,25	2,20	2,17	2,13	2,10	2,08
28	4,20	3,34	2,95	2,71	2,56	2,45	2,36	2,29	2,24	2,19	2,15	2,12	2,09	2,06
29	4,18	3,33	2,93	2,70	2,55	2,43	2,35	2,28	2,22	2,18	2,14	2,10	2,08	2,05
30	4,17	3,32	2,92	2,69	2,53	2,42	2,33	2,27	2,21	2,16	2,13	2,09	2,06	2,04
35	4,12	3,27	2,87	2,64	2,49	2,37	2,29	2,22	2,16	2,11	2,08	2,04	2,01	1,99
40	4,08	3,23	2,84	2,61	2,45	2,34	2,25	2,18	2,12	2,08	2,04	2,00	1,97	1,95
45	4,06	3,20	2,81	2,58	2,42	2,31	2,22	2,15	2,10	2,05	2,01	1,97	1,94	1,92
50	4,03	3,18	2,79	2,56	2,40	2,29	2,20	2,13	2,07	2,03	1,99	1,95	1,92	1,89
60	4,00	3,15	2,76	2,53	2,37	2,25	2,17	2,10	2,04	1,99	1,95	1,92	1,89	1,86
70	3,98	3,13	2,74	2,50	2,35	2,23	2,14	2,07	2,02	1,97	1,93	1,89	1,86	1,84
80	3,96	3,11	2,72	2,49	2,33	2,21	2,13	2,06	2,00	1,95	1,91	1,88	1,84	1,82
100	3,94	3,09	2,70	2,46	2,31	2,19	2,10	2,03	1,97	1,93	1,89	1,85	1,82	1,79
120	3,92	3,07	2,68	2,45	2,29	2,17	2,09	2,02	1,96	1,91	1,87	1,83	1,80	1,78
240	3,88	3,03	2,64	2,41	2,25	2,14	2,05	1,98	1,92	1,87	1,83	1,79	1,76	1,73
∞	3,84	3,00	2,60	2,37	2,21	2,10	2,01	1,94	1,88	1,83	1,79	1,75	1,72	1,69

Freiheitsgrad f_2 (left axis label)

Tabelle B.7: Fisher-Verteilung 95 % (Teil 1)

Schwellenwerte für ein Vertrauensniveau von $1 - \alpha = 95\ \%$

		Freiheitsgrad f_1											
		15	16	17	18	19	20	24	30	40	60	120	240	∞
	1	245,9	246,5	246,9	247,3	247,7	248,0	249,1	250,1	251,1	152,2	253,3	253,8	254,3
	2	19,43	19,43	19,44	19,44	19,44	19,45	19,45	19,46	19,47	19,48	19,49	19,49	19,50
	3	8,70	8,69	8,68	8,67	8,67	8,66	8,64	8,62	8,59	8,57	8,55	8,54	8,53
	4	5,86	5,84	5,83	5,82	5,81	5,80	5,77	5,75	5,72	5,69	5,66	5,64	5,63
	5	4,62	4,60	4,59	4,58	4,57	4,56	4,53	4,50	4,46	4,43	4,40	4,38	4,36
	6	3,94	3,92	3,91	3,90	3,88	3,87	3,84	3,81	3,77	3,74	3,70	3,69	3,67
	7	3,51	3,49	3,48	3,47	3,46	3,44	3,41	3,38	3,34	3,30	3,27	3,25	3,23
	8	3,22	3,20	3,19	3,17	3,16	3,15	3,12	3,08	3,04	3,01	2,97	2,95	2,93
	9	3,01	2,99	2,97	2,96	2,95	2,94	2,90	2,86	2,83	2,79	2,75	2,73	2,71
	10	2,85	2,83	2,81	2,80	2,79	2,77	2,74	2,70	2,66	2,62	2,58	2,56	2,54
	11	2,72	2,70	2,69	2,67	2,66	2,65	2,61	2,57	2,53	2,49	2,45	2,43	2,40
	12	2,62	2,60	2,58	2,57	2,56	2,54	2,51	2,47	2,43	2,38	2,34	2,32	2,30
	13	2,53	2,51	2,50	2,48	2,47	2,46	2,42	2,38	2,34	2,30	2,25	2,23	2,21
	14	2,46	2,44	2,43	2,41	2,40	2,39	2,35	2,31	2,27	2,22	2,18	2,16	2,13
	15	2,40	2,38	2,37	2,35	2,34	2,33	2,29	2,25	2,20	2,16	2,11	2,09	2,07
	16	2,35	2,33	2,32	2,30	2,29	2,28	2,24	2,19	2,15	2,11	2,06	2,04	2,01
	17	2,31	2,29	2,27	2,26	2,24	2,23	2,19	2,15	2,10	2,06	2,01	1,99	1,96
	18	2,27	2,25	2,23	2,22	2,20	2,19	2,15	2,11	2,06	2,02	1,97	1,94	1,92
Freiheitsgrad f_2	19	2,23	2,21	2,20	2,18	2,17	2,16	2,11	2,07	2,03	1,98	1,93	1,91	1,88
	20	2,20	2,18	2,17	2,15	2,14	2,12	2,08	2,04	1,99	1,95	1,90	1,87	1,84
	21	2,18	2,16	2,14	2,12	2,11	2,10	2,05	2,01	1,96	1,92	1,87	1,84	1,81
	22	2,15	2,13	2,11	2,10	2,08	2,07	2,03	1,98	1,94	1,89	1,84	1,81	1,78
	23	2,13	2,11	2,09	2,08	2,06	2,05	2,01	1,96	1,91	1,86	1,81	1,79	1,76
	24	2,11	2,09	2,07	2,05	2,04	2,03	1,98	1,94	1,89	1,84	1,79	1,76	1,73
	25	2,09	2,07	2,05	2,04	2,02	2,01	1,96	1,92	1,87	1,82	1,77	1,74	1,71
	26	2,07	2,05	2,03	2,02	2,00	1,99	1,95	1,90	1,85	1,80	1,75	1,72	1,69
	27	2,06	2,04	2,02	2,00	1,99	1,97	1,93	1,88	1,84	1,79	1,73	1,70	1,67
	28	2,04	2,02	2,00	1,99	1,97	1,96	1,91	1,87	1,82	1,77	1,71	1,69	1,65
	29	2,03	2,01	1,99	1,97	1,96	1,94	1,90	1,85	1,81	1,75	1,70	1,67	1,64
	30	2,01	1,99	1,98	1,96	1,95	1,93	1,89	1,84	1,79	1,74	1,68	1,65	1,62
	35	1,96	1,94	1,92	1,91	1,89	1,88	1,83	1,79	1,74	1,68	1,62	1,59	1,56
	40	1,92	1,90	1,89	1,87	1,85	1,84	1,79	1,74	1,69	1,64	1,58	1,54	1,51
	45	1,89	1,87	1,86	1,84	1,82	1,81	1,76	1,71	1,66	1,60	1,54	1,51	1,47
	50	1,87	1,85	1,83	1,81	1,80	1,78	1,74	1,69	1,63	1,58	1,51	1,48	1,44
	60	1,84	1,82	1,80	1,78	1,76	1,75	1,70	1,67	1,59	1,53	1,47	1,43	1,39
	70	1,81	1,79	1,77	1,75	1,74	1,72	1,67	1,62	1,57	1,50	1,44	1,40	1,35
	80	1,79	1,77	1,75	1,73	1,72	1,70	1,65	1,60	1,54	1,48	1,41	1,37	1,32
	90	1,78	1,76	1,74	1,72	1,70	1,69	1,64	1,59	1,53	1,46	1,39	1,35	1,30
	100	1,77	1,75	1,73	1,71	1,69	1,68	1,63	1,57	1,52	1,45	1,38	1,33	1,28
	120	1,75	1,73	1,71	1,69	1,67	1,66	1,61	1,55	1,50	1,43	1,35	1,31	1,25
	240	1,71	1,69	1,67	1,65	1,63	1,61	1,56	1,51	1,45	1,38	1,29	1,24	1,17
	∞	1,67	1,64	1,62	1,60	1,59	1,57	1,52	1,46	1,39	1,32	1,22	1,15	1,00

Tabelle B.8: Fisher-Verteilung 95 % (Teil 2)

Schwellenwerte für ein Vertrauensniveau von 1 − α = 99 %

							Freiheitsgrad f_1							
	1	2	3	4	5	6	7	8	9	10	11	12	13	14
1	4052	4999	5403	5625	5764	5859	5928	5981	6022	6056	6083	6106	6126	6143
2	98,50	99,00	99,17	99,25	99,30	99,33	99,36	99,37	99,39	99,40	99,41	99,42	99,42	99,43
3	34,12	30,87	29,46	28,71	28,24	27,91	27,67	27,49	27,35	27,23	27,13	27,05	26,98	26,92
4	21,20	18,00	16,69	15,98	15,52	15,21	14,98	14,80	14,66	14,55	14,45	14,37	14,31	14,25
5	16,26	13,27	12,06	11,39	10,97	10,67	10,46	10,29	10,16	10,05	9,96	9,89	9,82	9,77
6	13,75	10,92	9,78	9,15	8,75	8,47	8,26	8,10	7,98	7,87	7,79	7,72	7,66	7,60
7	12,25	9,55	8,45	7,85	7,46	7,19	6,99	6,84	6,72	6,62	6,54	6,47	6,41	6,36
8	11,26	8,65	7,59	7,01	6,63	6,37	6,18	6,03	5,91	5,81	5,73	5,67	5,61	5,56
9	10,56	8,02	6,99	6,42	6,06	5,80	5,61	5,47	5,35	5,26	5,18	5,11	5,05	5,01
10	10,04	7,56	6,55	5,99	5,64	5,39	5,20	5,06	4,94	4,85	4,77	4,71	4,65	4,60
11	9,65	7,21	6,22	5,67	5,32	5,07	4,89	4,74	4,63	4,54	4,46	4,40	4,34	4,29
12	9,33	6,93	5,95	5,41	5,06	4,82	4,64	4,50	4,39	4,30	4,22	4,16	4,10	4,05
13	9,07	6,70	5,74	5,21	4,86	4,62	4,44	4,30	4,19	4,10	4,02	3,96	3,91	3,86
14	8,86	6,51	5,56	5,04	4,69	4,46	4,28	4,14	4,03	3,94	3,86	3,80	3,75	3,70
15	8,68	6,36	5,42	4,89	4,56	4,32	4,14	4,00	3,89	3,80	3,73	3,67	3,61	3,56
16	8,53	6,23	5,29	4,77	4,44	4,20	4,03	3,89	3,78	3,69	3,62	3,55	3,50	3,45
17	8,40	6,11	5,18	4,67	4,34	4,10	3,93	3,79	3,68	3,59	3,52	3,46	3,40	3,35
18	8,29	6,01	5,09	4,58	4,25	4,01	3,84	3,71	3,60	3,51	3,43	3,37	3,32	3,27
19	8,18	5,93	5,01	4,50	4,17	3,94	3,77	3,63	3,52	3,43	3,36	3,30	3,24	3,19
20	8,10	5,85	4,94	4,43	4,10	3,87	3,70	3,56	3,46	3,37	3,29	3,23	3,18	3,13
21	8,02	5,78	4,87	4,37	4,04	3,81	3,64	3,51	3,40	3,31	3,24	3,17	3,12	3,07
22	7,95	5,72	4,82	4,31	3,99	3,76	3,59	3,45	3,35	3,26	3,18	3,12	3,07	3,02
23	7,88	5,66	4,76	4,26	3,94	3,71	3,54	3,41	3,30	3,21	3,14	3,07	3,02	2,97
24	7,82	5,61	4,72	4,22	3,90	3,67	3,50	3,36	3,26	3,17	3,09	3,03	2,98	2,93
25	7,77	5,57	4,68	4,18	3,85	3,63	3,46	3,32	3,22	3,13	3,06	2,99	2,94	2,89
26	7,72	5,53	4,64	4,14	3,82	3,59	3,42	3,29	3,18	3,09	3,02	2,96	2,90	2,86
27	7,68	5,49	4,60	4,11	3,78	3,56	3,39	3,26	3,15	3,06	2,99	2,93	2,87	2,82
28	7,64	5,45	4,57	4,07	3,75	3,53	3,36	3,23	3,12	3,03	2,96	2,90	2,84	2,79
29	7,60	5,42	4,54	4,04	3,73	3,50	3,33	3,20	3,09	3,00	2,93	2,87	2,81	2,77
30	7,56	5,39	4,51	4,02	3,70	3,47	3,30	3,17	3,07	2,98	2,91	2,84	2,79	2,74
35	7,42	5,27	4,40	3,91	3,59	3,37	3,20	3,07	2,96	2,88	2,80	2,74	2,69	2,64
40	7,31	5,18	4,31	3,83	3,51	3,29	3,12	2,99	2,89	2,80	2,73	2,66	2,61	2,56
45	7,23	5,11	4,25	3,77	3,45	3,23	3,07	2,94	2,83	2,74	2,67	2,61	2,55	2,51
50	7,17	5,06	4,20	3,72	3,41	3,19	3,02	2,89	2,79	2,70	2,63	2,56	2,51	2,46
60	7,08	4,98	4,13	3,65	3,34	3,12	2,95	2,82	2,72	2,63	2,56	2,50	2,44	2,39
70	7,01	4,92	4,07	3,60	3,29	3,07	2,91	2,78	2,67	2,59	2,51	2,45	2,40	2,35
80	6,96	4,88	4,04	3,56	3,26	3,04	2,87	2,74	2,64	2,55	2,48	2,42	2,36	2,31
90	6,93	4,85	4,01	3,54	3,23	3,01	2,84	2,72	2,61	2,52	2,45	2,39	2,33	2,29
100	6,90	4,82	3,98	3,51	3,21	2,99	2,82	2,69	2,59	2,50	2,43	2,37	2,31	2,27
120	6,85	4,79	3,95	3,48	3,17	2,96	2,79	2,66	2,56	2,47	2,40	2,34	2,28	2,23
240	6,74	4,70	3,86	3,40	3,09	2,88	2,71	2,59	2,48	2,40	2,32	2,26	2,21	2,16
∞	6,63	4,61	3,78	3,32	3,02	2,80	2,64	2,51	2,41	2,32	2,25	2,18	2,13	2,08

(Zeilenbeschriftung links: Freiheitsgrad f_2)

Tabelle B.9: *Fisher-Verteilung 99 % (Teil 1)*

Schwellenwerte für ein Vertrauensniveau von $1 - \alpha = 99$ %

		\multicolumn{13}{c}{Freiheitsgrad f_1}
		15	16	17	18	19	20	24	30	40	60	120	240	∞
	1	6157	6170	6181	6192	6201	6209	6235	6261	6287	6313	6339	6353	6366
	2	99,43	99,44	99,44	99,44	99,45	99,45	99,46	99,47	99,47	99,48	99,49	99,45	99,50
	3	26,87	26,83	26,79	26,75	26,72	26,69	26,40	26,50	26,41	26,32	26,22	26,17	26,13
	4	14,20	14,15	14,12	14,08	14,05	14,02	13,93	13,84	13,75	13,65	13,56	13,51	13,46
	5	9,72	9,68	9,64	9,61	9,58	9,55	9,47	9,38	9,29	9,20	9,11	9,07	9,02
	6	7,56	7,52	7,48	7,45	7,42	7,40	7,31	7,23	7,14	7,06	6,97	6,93	6,88
	7	6,31	6,28	6,24	6,21	6,18	6,16	6,07	5,99	5,91	5,82	5,74	5,69	5,65
	8	5,52	5,48	5,44	5,41	5,38	5,36	5,28	5,20	5,12	5,03	4,95	4,90	4,86
	9	4,96	4,92	4,89	4,86	4,83	4,81	4,73	4,65	4,57	4,48	4,40	4,35	4,31
	10	4,56	4,52	4,49	4,46	4,43	4,41	4,33	4,25	4,17	4,08	4,00	3,95	3,91
	11	4,25	4,21	4,18	4,15	4,12	4,10	4,02	3,94	3,86	3,78	3,69	3,65	3,60
	12	4,01	3,97	3,94	3,91	3,88	3,86	3,78	3,70	3,62	3,54	3,45	3,41	3,36
	13	3,82	3,78	3,75	3,72	3,69	3,66	3,59	3,51	3,43	3,34	3,25	3,21	3,17
	14	3,66	3,62	3,59	3,56	3,53	3,51	3,43	3,35	3,27	3,18	3,09	3,05	3,00
	15	3,52	3,49	3,45	3,42	3,40	3,37	3,29	3,21	3,13	3,05	2,96	2,91	2,87
	16	3,41	3,37	3,34	3,31	3,28	3,26	3,18	3,10	3,02	2,93	2,84	2,80	2,75
	17	3,31	3,27	3,24	3,21	3,19	3,16	3,08	3,00	2,92	2,83	2,75	2,70	2,65
	18	3,23	3,19	3,16	3,13	3,10	3,08	3,00	2,92	2,84	2,75	2,66	2,61	2,57
	19	3,15	3,12	3,08	3,05	3,03	3,00	2,92	2,84	2,76	2,67	2,58	2,54	2,49
	20	3,09	3,05	3,02	2,99	2,96	2,94	2,86	2,78	2,69	2,61	2,52	2,47	2,42
	21	3,03	2,99	2,96	2,93	2,90	2,88	2,80	2,72	2,64	2,55	2,46	2,41	2,36
	22	2,98	2,94	2,91	2,88	2,85	2,83	2,75	2,67	2,58	2,50	2,40	2,36	2,31
	23	2,93	2,89	2,86	2,83	2,80	2,78	2,70	2,62	2,54	2,45	2,35	2,31	2,26
	24	2,89	2,85	2,82	2,79	2,76	2,74	2,66	2,58	2,49	2,40	2,31	2,26	2,21
	25	2,85	2,81	2,78	2,75	2,72	2,70	2,62	2,54	2,45	2,36	2,27	2,22	2,17
	26	2,81	2,78	2,75	2,72	2,69	2,66	2,58	2,50	2,42	2,33	2,23	2,18	2,13
	27	2,78	2,75	2,71	2,68	2,66	2,63	2,55	2,47	2,38	2,29	2,20	2,15	2,10
	28	2,75	2,72	2,68	2,65	2,63	2,60	2,52	2,44	2,35	2,26	2,17	2,12	2,06
	29	2,73	2,69	2,66	2,63	2,60	2,57	2,49	2,41	2,33	2,23	2,14	2,09	2,03
	30	2,70	2,66	2,63	2,60	2,57	2,55	2,47	2,39	2,30	2,21	2,11	2,06	2,01
	35	2,60	2,56	2,53	2,50	2,47	2,44	2,36	2,28	2,19	2,10	2,00	1,95	1,89
	40	2,52	2,48	2,45	2,42	2,39	2,37	2,29	2,20	2,11	2,02	1,92	1,86	1,80
	45	2,46	2,43	2,39	2,36	2,34	2,31	2,23	2,14	2,05	1,96	1,85	1,80	1,74
	50	2,42	2,38	2,35	2,32	2,29	2,27	2,18	2,10	2,01	1,91	1,80	1,75	1,68
	60	2,35	2,31	2,28	2,25	2,22	2,20	2,12	2,03	1,94	1,84	1,73	1,67	1,60
	70	2,31	2,27	2,23	2,20	2,18	2,15	2,07	1,98	1,89	1,78	1,67	1,61	1,54
	80	2,27	2,23	2,20	2,17	2,14	2,12	2,03	1,94	1,85	1,75	163	1,57	1,49
	90	2,24	2,21	2,17	2,14	2,11	2,09	2,00	1,92	1,82	1,72	1,60	1,53	1,46
	100	2,22	2,19	2,15	2,12	2,09	2,07	1,98	1,89	1,80	1,69	1,57	1,50	1,43
	120	2,19	2,15	2,12	2,09	2,06	2,03	1,95	1,86	1,76	1,66	1,53	1,46	1,38
	240	2,11	2,08	2,04	2,01	1,98	1,87	1,87	1,78	1,68	1,57	1,43	1,35	1,25
	∞	2,04	2,00	1,97	1,93	1,90	1,88	1,79	1,70	1,59	1,47	1,32	1,22	1,00

(Zeilenindex: Freiheitsgrad f_2)

Tabelle B.10: Fisher-Verteilung 99 % (Teil 2)

Schwellenwerte für ein Vertrauensniveau von $1 - \alpha = 99,9$ %

		Freiheitsgrad f_1												
	1	**2**	**3**	**4**	**5**	**6**	**7**	**8**	**9**	**10**	**11**	**12**	**13**	**14**
1	4053*	5000*	5404*	5625*	5764*	5859*	5929*	5981*	6023*	6056*	6084*	6107*	6126*	6143*
2	998,5	999,0	999,2	999,2	999,3	999,3	999,4	999,4	999,4	999,4	999,4	999,4	999,4	999,4
3	167,0	148,5	141,1	137,1	134,6	132,8	131,6	130,6	129,9	129,2	128,7	128,3	128,0	127,6
4	74,14	61,25	56,18	53,44	51,71	50,53	49,66	49,00	48,47	48,05	47,70	47,41	47,16	46,95
5	47,18	37,12	33,20	31,09	29,75	28,84	28,16	27,64	27,24	26,92	26,65	26,42	26,22	26,06
6	35,51	27,00	23,70	21,92	20,81	20,03	19,46	19,03	18,69	18,41	18,18	17,99	17,82	17,68
7	29,25	21,69	18,77	17,19	16,21	15,52	15,02	14,63	14,33	14,08	13,88	13,71	13,56	13,43
8	25,42	18,49	15,83	14,39	13,49	12,86	12,40	12,04	11,77	11,54	11,35	11,19	11,06	10,94
9	22,86	16,39	13,90	12,56	11,75	11,13	10,70	10,37	10,11	9,89	9,72	9,57	9,44	9,33
10	21,04	14,91	12,55	11,28	10,48	9,92	9,52	9,20	8,96	8,75	8,59	8,45	8,32	8,22
11	19,69	13,81	11,56	10,35	9,58	9,05	8,66	8,35	8,12	7,92	7,76	7,63	7,51	7,41
12	18,64	12,97	10,80	9,63	8,89	8,38	8,00	7,71	7,48	7,29	7,14	7,00	6,89	6,79
13	17,81	12,31	10,21	9,07	8,35	7,86	7,49	7,21	6,98	6,80	6,65	6,52	6,41	6,31
14	17,14	11,78	9,73	8,62	7,92	7,43	7,08	6,80	6,58	6,40	6,26	6,13	6,02	5,93
15	16,59	11,34	9,34	8,25	7,57	7,09	6,74	6,47	6,26	6,08	5,94	5,81	5,71	5,62
16	16,12	10,97	9,00	7,94	7,27	6,81	6,46	6,19	5,98	5,81	5,67	5,55	5,44	5,35
17	15,72	10,66	8,73	7,68	7,02	6,56	6,22	5,96	5,75	5,58	5,44	5,32	5,22	5,13
18	15,38	10,39	8,49	7,46	6,81	6,35	6,02	5,76	5,56	5,39	5,25	5,13	5,03	4,94
19	15,08	10,16	8,28	7,26	6,62	6,18	5,85	5,59	5,39	5,22	5,08	4,97	4,87	4,78
20	14,82	9,95	8,10	7,10	6,46	6,02	5,69	5,44	5,24	5,08	4,94	4,82	4,72	4,64
21	14,59	9,77	7,94	6,95	6,32	5,88	5,56	5,31	5,11	4,95	4,81	4,70	4,60	4,51
22	14,38	9,61	7,80	6,81	6,19	5,76	5,44	5,19	4,99	4,83	4,70	4,58	4,49	4,40
23	14,19	9,47	7,67	6,69	6,08	5,65	5,33	5,09	4,89	4,73	4,60	4,48	4,39	4,30
24	14,03	9,34	7,55	6,59	5,98	5,55	5,23	4,99	4,80	4,64	4,51	4,39	4,30	4,21
25	13,88	9,22	7,45	6,49	5,88	5,46	5,15	4,91	4,71	4,56	4,42	4,31	4,22	4,13
26	13,74	9,12	7,35	6,41	5,80	5,38	5,07	4,83	4,64	4,48	4,35	4,24	4,14	4,06
27	13,61	9,02	7,27	6,33	5,73	5,31	5,00	4,76	4,57	4,41	4,28	4,17	4,08	3,99
28	13,50	8,93	7,19	6,25	5,66	5,24	4,93	4,69	4,50	4,35	4,22	4,11	4,01	3,93
29	13,39	8,85	7,12	6,19	5,59	5,18	4,87	4,64	4,45	4,29	4,16	4,05	3,96	3,88
30	13,29	8,77	7,05	6,12	5,53	5,12	4,82	4,58	4,39	4,24	4,11	4,00	3,91	3,82
35	12,90	8,47	6,79	5,88	5,30	4,89	4,60	4,36	4,18	4,03	3,90	3,79	3,70	3,62
40	12,61	8,25	6,60	5,70	5,13	4,73	4,44	4,21	4,02	3,887	3,75	3,64	3,55	3,47
45	12,39	8,09	6,45	5,56	5,00	4,61	4,32	4,09	3,91	3,76	3,64	3,53	3,44	3,36
50	12,22	7,96	6,34	5,46	4,90	4,51	4,22	4,00	3,82	3,67	3,55	3,44	3,35	3,27
60	11,97	7,76	6,17	5,31	4,76	4,37	4,09	3,87	3,69	3,54	3,42	3,31	3,23	3,15
70	11,80	7,64	6,06	5,20	4,66	4,28	3,99	3,77	3,60	3,45	3,33	3,23	3,14	3,06
80	11,67	7,54	5,97	5,12	4,58	4,20	3,92	3,70	3,53	3,39	3,27	3,16	3,07	3,00
90	11,57	7,47	5,91	5,06	4,53	4,15	3,87	3,65	3,48	3,34	3,22	3,11	3,02	2,95
100	11,50	7,41	5,86	5,02	4,48	4,11	3,83	3,61	3,44	3,30	3,18	3,07	2,99	2,91
120	11,38	7,32	5,79	4,95	4,42	4,04	3,77	3,55	3,38	3,24	3,12	3,02	2,93	2,85
240	11,10	7,11	5,60	4,78	4,26	3,89	3,62	3,41	3,24	3,10	2,98	2,88	2,79	2,71
∞	10,83	6,91	5,42	4,62	4,10	3,74	3,47	3,27	3,10	2,96	2,84	2,74	2,66	2,58

Row labels at left: **Freiheitsgrad f_2**

Tabelle B.11: Fisher-Verteilung 99,9 % (Teil 1)

Schwellenwerte für ein Vertrauensniveau von $1 - \alpha = 99{,}9\ \%$

		15	16	17	18	19	20	24	30	40	60	120	240	∞
							Freiheitsgrad f_1							
	1	6158*	6170*	6182*	6192*	6201*	6209*	6235*	6261*	6287*	6313*	6340*	6353*	6366*
	2	999,4	999,4	999,4	999,4	999,4	999,4	999,5	999,5	999,5	999,5	999,5	999,5	999,5
	3	127,4	127,1	126,9	126,7	126,6	126,4	125,9	125,4	125,0	124,5	124,0	123,7	123,5
	4	46,76	46,60	46,45	46,32	46,21	46,10	45,77	45,43	45,09	44,75	44,40	44,23	44,05
	5	25,91	25,78	25,67	25,57	25,48	25,39	25,14	24,87	24,60	24,33	24,06	23,92	23,79
	6	17,56	17,45	17,35	17,27	17,19	17,12	16,89	16,67	16,44	16,21	15,99	15,86	15,75
	7	13,32	13,14	13,14	13,06	12,99	12,93	12,73	12,53	12,33	12,12	11,91	11,80	11,70
	8	10,84	10,67	10,67	10,60	10,54	10,48	10,30	10,11	9,92	9,73	9,53	9,43	9,33
	9	9,24	9,15	9,08	9,01	8,95	8,90	8,72	8,55	8,37	8,19	8,00	7,91	7,81
	10	8,13	8,05	7,98	7,91	7,86	7,80	7,64	7,47	7,30	7,12	6,94	6,85	6,76
	11	7,32	7,24	7,17	7,11	7,06	7,01	6,85	6,68	6,52	6,35	6,17	6,09	6,00
	12	6,71	6,63	6,57	6,51	6,45	6,40	6,25	6,09	5,93	5,76	5,59	5,51	5,42
	13	6,23	6,16	6,09	6,03	5,98	5,93	5,78	5,63	5,47	5,30	5,14	5,05	4,97
	14	5,85	5,78	5,71	5,66	5,60	5,56	5,41	5,25	5,10	4,94	4,77	4,69	4,60
	15	5,54	5,46	5,40	5,35	5,29	5,25	5,10	4,95	4,80	4,64	4,47	4,39	4,31
	16	5,27	5,20	5,14	5,09	5,04	4,99	4,84	4,70	4,54	4,39	4,23	4,14	4,06
	17	5,05	4,99	4,92	4,87	4,82	4,78	4,63	4,48	4,33	4,18	4,14	3,93	3,85
	18	4,87	4,80	4,74	4,68	4,63	4,59	4,45	4,30	4,15	4,00	3,84	3,75	3,67
Freiheitsgrad f_2	19	4,70	4,64	4,58	4,52	4,47	4,43	4,29	4,14	3,99	3,84	3,68	3,60	3,51
	20	4,56	4,49	4,44	4,38	4,33	4,29	4,15	4,00	3,86	3,70	3,54	3,46	3,38
	21	4,44	4,37	4,31	4,26	4,21	4,17	4,03	3,88	3,74	3,58	3,42	3,34	3,26
	22	4,33	4,26	4,20	4,15	4,10	4,06	3,92	3,78	3,63	3,48	3,32	3,24	3,15
	23	4,23	4,16	4,10	4,05	4,00	3,96	3,82	3,68	3,53	3,38	3,22	3,14	3,05
	24	4,14	4,07	4,02	3,96	3,92	3,87	3,74	3,59	3,45	3,29	3,14	3,05	2,97
	25	4,06	3,99	3,94	3,88	3,84	3,79	3,66	3,52	3,37	3,22	3,06	2,98	2,89
	26	3,99	3,92	3,86	3,81	3,77	3,72	3,59	3,44	3,30	3,15	2,99	2,91	2,82
	27	3,92	3,86	3,80	3,75	3,70	3,66	3,52	3,38	3,23	3,08	2,92	2,84	2,75
	28	3,86	3,80	3,74	3,69	3,64	3,60	3,46	3,32	3,18	3,02	2,86	2,78	2,69
	29	3,80	3,74	3,68	3,63	3,59	3,54	3,41	3,27	3,12	2,97	2,81	2,73	2,64
	30	3,75	3,69	3,63	3,58	3,53	3,49	3,36	3,36	3,07	2,92	2,76	2,68	2,59
	35	3,55	3,48	3,43	3,38	3,33	3,29	3,16	3,02	2,87	2,72	2,56	2,47	2,38
	40	3,40	3,34	3,28	3,23	3,19	3,15	3,01	2,87	2,73	2,57	2,41	2,32	2,23
	45	3,29	3,23	3,17	3,12	3,08	3,04	2,90	2,76	2,62	2,46	2,30	2,21	2,12
	50	3,20	3,14	3,09	3,04	2,99	2,95	2,82	2,68	2,53	2,38	2,21	2,12	2,03
	60	3,08	3,02	2,96	2,91	2,87	2,83	2,69	2,55	2,41	2,25	2,08	1,99	1,89
	70	2,99	2,93	2,88	2,83	2,78	2,74	2,61	2,47	2,32	2,16	1,99	1,90	1,79
	80	2,93	2,87	2,81	2,76	2,72	2,68	2,54	2,41	2,26	2,10	1,92	1,83	1,72
	90	2,88	2,82	2,76	2,71	2,67	2,63	2,50	2,36	2,21	2,05	1,87	1,77	1,66
	100	2,84	2,78	2,73	2,68	2,63	2,59	2,46	2,32	2,17	2,01	1,83	1,73	1,61
	120	2,78	2,72	2,67	2,62	2,58	2,53	2,40	2,26	2,11	1,95	1,76	1,66	1,54
	240	2,65	2,59	2,53	2,48	2,44	2,40	2,27	2,12	1,97	1,80	1,61	1,49	1,35
	∞	2,51	2,45	2,40	2,35	2,31	2,27	2,13	1,99	1,84	1,66	1,45	1,31	1,00

Tabelle B.12: Fisher-Verteilung 99,9 % (Teil 2)

B.7 Faltung von Verteilungen

Verteilung 1		Verteilung 2	Ergebnis	
$f_1(x)$ a T_1 b	$*$	$f_2(x)$ c $T_1{=}T_2$ d	$f(x)$ a+c T_S b+d	Dreiecks-verteilung
$f_1(x)$ a T_1 b	$*$	$f_2(x)$ c T_2 d	$f(x)$ a+c b+c T_S a+d b+d	Trapez-verteilung
$f_1(x)$ a T_1 b	$*$	$f_2(x)$ T_2	$f(x)$ T_S	Normal-verteilung
$f_1(x)$ T_1	$*$	$f_2(x)$ T_2	$f(x)$ T_S	Normal-verteilung
$f_1(x)$ T_1	$*$	$f_2(x)$ T_2	$f(x)$ $T_S{<}T_1{+}T_2$	Normal-verteilung

Tabelle B.13: Verschiedene Verteilungen und deren Faltprodukte

B.8 Begriffe zur Statistischen Tolerierung von Maßketten

Begriff		Erklärung
Mittelwert	$\overline{x}_0$	Wird berechnet auf jeweils Mitte Toleranzfeld $$\overline{x} \equiv \sum_{i=1}^{n} C_i$$
Mittenmaß	C	$$C_i \equiv x_i = \frac{P_{oi} + P_{ui}}{2}$$
Quadratische Schließtoleranz	T_q	$$T_q = \sqrt{\sum_{i=1}^{n} T_i^2}$$
Statistisches Schließmaß		$$M_0 = x_0 \pm \frac{T_S}{2}$$
Toleranzerweiterung	e	$$e = \frac{T_A}{T_S} = \frac{1}{r}$$
Toleranzreduktion	r	$$r = \frac{T_S}{T_A} = \frac{1}{e}$$

Tabelle B.14: *Begriffe Statistischen Tolerierung von Maßketten*

B.9 Begriffe zu Prozessfähigkeit

Begriff		Erklärung
Grenzwerte		geben die Grenzen eines Prozesses an. Bei Fertigung eines Bauteils in der Regel die Abmaße.
- oberer	OGW	
- unterer	UGW	
Eingriffsgrenzen		Grenzen, deren Überschreitung ein Eingreifen in den Prozess erforderlich macht
- obere	OEG	
- untere	UEG	
relative Prozessstreubreite	f_p	Prozessstreubereich/Toleranz
Prozessfähigkeit	C_p	Toleranz/Prozessstreubereich $$C_p = \frac{OSG - USG}{6\hat{\sigma}} = \frac{1}{f_p} \qquad \textit{siehe Gl. (8.2)}$$
Prozessfähigkeits-index	C_{pk}	$$C_{pk} = \frac{z_{krit}}{3\hat{\sigma}} \qquad \textit{siehe Gl. (8.3)}$$
Kritischer Abstand zur Spezifikations-grenze	z_{krit}	$\Delta_{krit\,1} = \mu - USG$ sollte μ zur unteren Spezifikationsgrenze hin verschoben sein, bzw. $\Delta_{krit} = OSG - \mu$ bei Verschiebung von μ in Richtung der oberen Spezifikationsgrenze mit $z_{krit} = Min\left|\Delta_{krit\,1}, \Delta_{kri\,2}\right|$.

Tabelle B.15: Begriffe zur Bestimmung der Prozessfähigkeit

B.10 Begriffe zur Qualitätsverlustfunktion

Begriff		Erklärung
Qualitätsverlustfunktion	$Q(y)$	$Q(y) = \dfrac{A_0}{\left(T/2\right)^2}(y-m)^2$
Toleranz	T_i	... eines Einzelteils
Sollwert	m	
Istwert	y	$y = \left| m + T/2 \right|$ oder $y = \left| m - T/2 \right|$
Kundentoleranz	Δ_0	$\Delta_0 = \dfrac{y_{i_{max}} - y_{i_{min}}}{2}$
Herstellertoleranz	Δ	
globaler Qualitätsverlust einer Serie	$\overline{Q}$	$\overline{Q} = \dfrac{A_0}{\left(T/2\right)^2}\left[(x_0 - m)^2 + s_0^2\right]$
ANOVA Analyse		
Freiheitsgrad	f_i	f_{SQM_m} FHG für Mittelwert f_{SQX} FHG für Faktoren
Quadratsummen	SQX	
Summe der quadrierten Abweichungen vom Mittelwert	SQA_Δ	$SQA_\Delta = \sum\limits_{i=1}^{n}\Delta_i^2$
Summe der Mittelwertabweichungen der betrachteten Größe	SQM_m	$SQM_m = \dfrac{\left(\sum\limits_{i=1}^{n}\Delta_i\right)^2}{n}$
Quadratsumme des Wiederholungsfehlers	SQF_{s^2}	des Wiederholungsfehlers $SQF_{s^2} = SQA_\Delta - SQM_m$
Varianz	V	SQ/f
Fisher-Wert	F	Maß für die Signifikanz eines Faktors $F \leq V$ Streuungsunterschied signifikant $F > V$ Streuungsunterschied zufällig $\quad V \leq F_{95\%}$ noch keine Aussage möglich $F_{95\%} < V \leq F_{99\%}$, Streuungsunterschied zufällig $F_{99\%} < V \leq F_{99,9\%}$, Streuungsunterschied signifikant $F_{99\%} < V$, Streuungsunterschied hochsignifikant

Tabelle B.16: *Begriffe zur Ermittlung der Qualitätsverlustfunktion*

B.11 Streuungsübersicht

Aus SPC-Auswertungen von verschiedenen Produktionsunternehmen sind die folgenden Richtwerte entwickelt worden:

	Herstellverfahren	Anzahl Messwerte	Fertigungsstreuung	Bemerkung
Feinbearbeitung	Längsdrehen		$s \approx 0{,}030$	
	Plandrehen		$s \approx 0{,}040$	
	Umfangsfräsen		$s \approx 0{,}035$	
	Stirnfräsen		$s \approx 0{,}035$	
	Bohren	150	$s \approx 0{,}0413$	CNC-Maschine
	Bohren	150	$s \approx 0{,}018$	Teil in Vorrichtung auf Fräsmaschine
	Räumen		$s \approx 0{,}030$	
Feinstbearbeitung	Längsschleifen		$s \approx 0{,}0055$	
	Rundschleifen	456	$s \approx 0{,}006$	Außenform, spitzenlos
	Planschleifen	152	$s \approx 0{,}03$	
	Einstechschleifen	150	$s \approx 0{,}022$	
	Reiben	1.526	$s \approx 0{,}001$	Innenform
	Honen		$s \approx 0{,}0005$	
	Läppen		$s \approx 0{,}0005$	
Sonder	Erodieren	556	$s \approx 0{,}013$	Elektrode m. konst. Breite
	Erodieren	278	$s \approx 0{,}018$	mit Verfahrweg-Nullung

kursiv = abgeschätzte Werte
gerade = gemessene Werte

Tabelle B.17: Fertigungsstreuungen in der Serie aus Messungen bzw. Abschätzungen

B.12 Verwendete Abkürzungen

Zeichen und Abkürzungen

Allgemein:

k	:	Anzahl der Bauteile
N	:	Nennmaß
G_o	:	Größtmaß
G_u	:	Kleinstmaß
es	:	oberes Grenzabmaß einer Welle
ei	:	unteres Grenzabmaß einer Welle
Es	:	oberes Grenzabmaß einer Bohrung
EI	:	unteres Grenzabmaß einer Bohrung
A_o	:	Oberes Abmaß
A_u	:	Unteres Abmaß
I	:	Istmaß
T	:	Toleranz
f	:	Abstand
t	:	Toleranzzone

Maßketten:

M_i	:	Einzelmaße	[i =1..n]
M_0	:	Schließmaß	
N_i	:	Nenneinzelmaße	[i =1..n]
N_0	:	Nennschließmaß	
P_{oi}	:	Höchsteinzelmaß	[i =1..n]
P_O	:	Höchstschließmaß	
P_{ui}	:	Mindesteinzelmaß	[i =1..n]
P_U	:	Mindestschließmaß	
n	:	Anzahl der Einzelmaße	
r	:	Toleranzreduktionsfaktor	
e	:	Toleranzerweiterungsfaktor	
T_i	:	Einzeltoleranzen	[i=1..n]
T_A	:	Arithmetische Schließtoleranz	
T_S	:	Statistische Schließtoleranz	
T_q	:	Quadratische Schließtoleranz	
z_O	:	Höchstmaß des stat. Schließmaß	
z_U	:	Mindestmaß des stat. Schließmaß	
x_i	:	Mittelwert eines Einzelmaßes	
x_0	:	Mittelwert eines Schließmaßes	
s_i	:	Standardabweichung eines Einzelmaßes	
s_0	:	Standardabweichung eines Schließmaßes	

Grundlagen der Statistik:

$\bar{x}$: Mittelwert
s : Standardabweichung
s^2 : Varianz
p : Wahrscheinlichkeit
p_a : Annahmewahrscheinlichkeit
$f(x)$: Wahrscheinlichkeitsdichte
$F(x)$: Verteilungsfunktion
u_{1-p} : Standard-Normalvariable

$P(x)$: Faltprodukt aus diskreten Verteilungen
P_i : Diskrete Verteilungen

T_F : Funktionstoleranz einer Montagegruppe
α_i : Relationsfaktor
β_i : Streuungsweitenfaktor

Qualitätsverlustfunktion:

$Q(y)$: Qualitätsverlustfunktion
$\bar{Q}$: Globaler Qualitätsverlust einer Serie
A : Kosten für den Hersteller aufgrund von Toleranzüberschreitungen
A_0 : Kosten für die Gesellschaft aufgrund von Toleranzüberschreitungen
Δ : Toleranz des Herstellers
Δ_0 : Toleranz des Kunden
Δ_μ : Mittlere Toleranz
Q_μ : Durchschnittlicher Qualitätsverlust
f : Freiheitsgrad
F^* : Fisher-Wert

Prozessüberwachung:

OEG : obere Eingriffsgrenze
UEG : untere Eingriffsgrenze
OSG : obere Spezifikationsgrenze
USG : Untere Spezifikationsgrenze
OGW : oberer Grenzwert
UGW : unterer Grenzwert

f_p : relative Prozessstreubreite
C_p : Prozessfähigkeit
C_{pk} : Prozessfähigkeitsindex
z_{krit} : kritischer Abstand zur Spezifikationsgrenze

RQL   :   Rejectable Quality Level

W_{OEG} :   Wahrscheinlichkeit des Überschreitens des oberen Grenzwertes

W_{UEG} :   Wahrscheinlichkeit des Überschreitens des unteren Grenzwertes

Indizes

Allgemein:

o, O   :   Oben

u, U :   Unten

i   :   Zählvariable

Statistische Tolerierung:

i   :   Zählvariable

0   :   Bezeichnung des Schließmaßes

a   :   arithmetisch   (Einzeltoleranz)

A   :   arithmetisch   (Maßkette)

s   :   statistisch   (Einzeltoleranz)

S   :   statistisch   (Maßkette)

q   :   quadratisch

Toleranzen in der Kunststofftechnik

VS   :   Verarbeitungsschwindung

L_F :   Maß Formteil

L_W :   Maß Werkzeug

ΔVS :   Verarbeitungsschwindungsdifferenz

VR_S :   radiale Verarbeitungsschwindung

VS_T :   tangentiale Verarbeitungsschwindung

C Fallbeispiele zur Statistischen Tolerierung

Fallbeispiel 1:   Nachfolgend ist eine einfache Scheibenkupplung dargestellt. Von dieser Scheibenkupplung wird in einem Los eine Kleinserie von 100 Stück gefertigt. Der Distanzring soll allerdings von einem Hersteller bezogen werden, der diesen in Großserie herstellt (größer 1.000 Stück). Kontrollieren Sie die Montierbarkeit durch eine arithmetische und statistische Maßkettenanalyse.

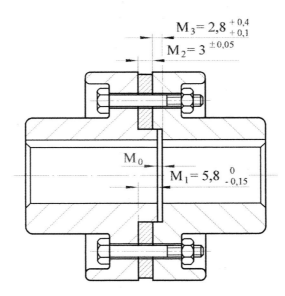

$$M_3 = 2,8 \; ^{+0,4}_{+0,1}$$
$$M_2 = 3 \; ^{\pm 0,05}$$
$$M_1 = 5,8 \; ^{0}_{-0,15}$$

M_0

Arbeitsprogramm:

A) Arithmetische Kontrolle $\left(N_0, P_O, P_U, T_A, M_0 \right)$

B) Statistische Kontrolle $\left(\overline{x}_0, T_S, M_0 \right)$
   Hinweis: Kleinserie = Dreieckverteilung
   Großserie = Normalverteilung

C) Stellen Sie die beiden Verteilungen aus den Rechnungen grafisch gegenüber

Musterlösung zu Fallbeispiel 1:

zu A) Nennmaß: $N_0 = 0$ mm, $P_O = 0,6$ mm, $P_U = 0,05$ mm

Toleranzfeld: $T_A = 0,55$ mm

Schließmaß: $M_0 = N_0 \begin{smallmatrix} P_O - N_0 \\ P_U - N_0 \end{smallmatrix} = 0 \begin{smallmatrix} 0,6 \\ 0,05 \end{smallmatrix}$ mm

oder

$$M_0 = C_0 \pm \frac{T_A}{2} = 0,325^{\pm 0,275} \text{ mm}$$

zu B) Erwartungswert: $\overline{x}_0 = 0,325$

Statistische Toleranz: $T_S = 0,422 = \pm 0,21$

Schließmaß: $$M_0 = \overline{x}_0 \pm \frac{T_S}{2} = 0,325^{\pm 0,21} \text{ mm}$$

Höchstmaß: $P_O = 0,535,$

Mindestmaß: $P_U = 0,115$

Fallbeispiel 2: Für die dargestellte Situation aus einem Cabrioverdeckmechanismus ist die Montierbarkeit zu überprüfen. Da etwa 1.000 Seitenteile arbeitstäglich hergestellt werden, kann von Großserienverhältnissen ausgegangen werden, weshalb alle Bauteile als normalverteilt angenommen werden können.

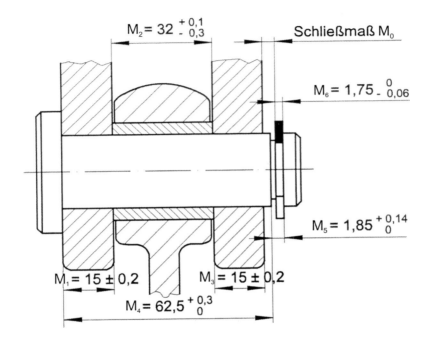

$$M_2 = 32 \, ^{+\,0,1}_{-\,0,3}$$

Schließmaß M_0

$$M_6 = 1,75 \, ^{0}_{-\,0,06}$$

$$M_5 = 1,85 \, ^{+\,0,14}_{0}$$

$$M_1 = 15 \pm 0,2$$

$$M_3 = 15 \pm 0,2$$

$$M_4 = 62,5 \, ^{+\,0,3}_{0}$$

Arbeitsprogramm:

A) Arithmetische Kontrolle $(N_0, P_O, P_U, T_A, M_0)$

B) Statistische Kontrolle $(\overline{x}_0, s_0 \text{ bzw. } M_0)$

Musterlösung zu Fallbeispiel 2:

zu A) Arithmetische Kontrollrechnung

Nennmaß: $N_0 = N_4 + N_5 - N_1 - N_2 - N_3 - N_6 = 0,6$ mm

Höchstmaß: $P_O = (G_{o4} + G_{o5}) - (G_{u1} + G_{u2} + G_{u3} + G_{u6}) = 1,8$ mm

Mindestmaß: $P_U = (G_{u4} + G_{u5}) - (G_{o1} + G_{o2} + G_{o3} + G_{o6}) = 0,1$ mm

Toleranzfeld: $T_A = P_O - P_U = 1,7$ mm

Schließmaß: $M_0 = N_0 \genfrac{}{}{0pt}{}{P_O - N_0}{P_U - N_0} = 0,6^{+1,2}_{-0,5}$

zu B) Statistische Kontrollrechnung

Streuungen:
$s_1 = s_2 = s_3 = 0,067$ mm
$s_4 = 0,05$ mm
$s_5 = 0,023$ mm
$s_6 = 0,01$ mm

Abweichungsfort-
pflanzungsgesetz: $s_0 = \sqrt{\sum_{i=1}^{6} s_i^2} = \sqrt{0,01663} = 0,1289$

Statistische Toleranz: $T_S = 2 \cdot 3 \cdot s_0 = 0,77$ mm

Erwartungswert: $\overline{x}_0 = \overline{x}_4 + \overline{x}_5 - \overline{x}_1 - \overline{x}_2 - \overline{x}_3 - \overline{x}_6$
$= 62,65 + 1,92 - 15 - 31,9 - 15 - 1,72 = 0,95$ mm

Schließmaß: $M_0 = \overline{x}_0 \pm \dfrac{T_S}{2} = 0,95 \pm \dfrac{0,77}{2} = 0,95^{\pm 0,385}$ mm

Fallbeispiel 3: Ein Zusammenbau soll aus drei Teilen bestehen, wovon zwei Kaufteile sind und ein Teil in Eigenfertigung hergestellt wird. Bei allen Teilen handelt es sich um Großserienbauteile.

Führen Sie eine Toleranzsynthese für das Eigenfertigungsteil durch, weil die Kaufteile mit festen Toleranzen geliefert werden.

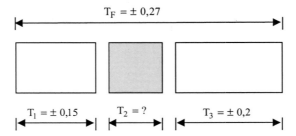

1. Lösung über Ansatz der „Quadratischen Tolerierung" nach DIN 7186

2. Lösung über „Synthese der Funktionstoleranz" nach Kapitel 6

Musterlösung zu Fallbeispiel 3:

Lösungsweg 1

$$T_q^2 = T_1^2 + T_2^2 + T_3^2$$
$$T_2^2 = T_q^2 - T_1^2 - T_3^2 = 0,0416$$
$$T_2 = 0,2 = \pm 0,1 \text{ mm}$$

Lösungsweg 2

1. Annahme: $\alpha_1 = 1,5$, $\boxed{\alpha_2 = 1,0}$, $\alpha_3 = 2,0$

$$T_2 = \frac{T_F}{\sqrt{\alpha_1^2 + \alpha_2^2 + \alpha_3^2}} \cdot \alpha_1 = \frac{0,54}{\sqrt{1,5^2 + 1^2 + 2,0^2}} \cdot 1 = \pm 0,11$$

Hier sind auch beliebige andere Annahmen möglich!

Fallbeispiel 4: Bei einem Klappenmechanismus für Pkws wird eine drehbare Verbindung benötigt. Diese wird durch Anstauchung eines Bolzens hergestellt. Damit aber die Verbindung noch drehbar bleibt, muss etwas axiales Spiel vorhanden sein. Bestimmen Sie das entsprechende Schließmaß unter den Voraussetzungen einer Großserienfertigung.

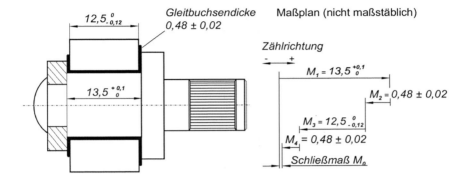

Arbeitsprogramm:

A) Arithmetische Kontrolle $(N_0, P_O, P_U, T_A, M_0)$

B) Statistische Kontrolle $\left(T_q/T_S, x_0, P_O, P_U, M_0\right)$

C) Erweitern Sie die Toleranzfelder der Einzelteile und legen Sie die Teile $\left(G_{uS_i}, G_{oS_i}\right)$ maßlich neu fest

Musterlösung zu Fallbeispiel 4:

zu A) Arithmetische Kontrollrechnung

Nennmaß: $N_0 = N_1 - N_2 - N_3 - N_4 = 0{,}04$ mm

Höchstmaß: $P_O = G_{ol} - (G_{u2} + G_{u3} + G_{u4}) = 0{,}3$ mm

Mindestmaß: $P_U = G_{ul} - (G_{o2} + G_{o3} + G_{o4}) = 0$ mm

Toleranzfeld: $T_A = 0{,}3$ mm

Schließmaß: $M_0 = N_0 \begin{smallmatrix} P_O - N_0 \\ P_U - N_0 \end{smallmatrix} = 0{,}04^{+0,26}_{-0,04}$

zu B) Statistische Kontrollrechnung

Toleranzfeld: $T_q \equiv T_S = \sqrt{T_1^2 + T_2^2 + T_3^2 + T_4^2} = 0{,}166$ mm

Erwartungswert: $x_0 = x_1 - x_2 - x_3 - x_4 = 0{,}15$ mm

Schließmaß: $M_0 = x_0 \pm \dfrac{T_S}{2} = 0{,}15 \pm \dfrac{0{,}166}{2} = 0{,}15^{\pm 0,083}$ mm

Höchstmaß: $P_O = 0{,}233$ mm

Mindestmaß: $P_U = 0{,}067$ mm

Erweiterungsfaktor: $e = \dfrac{T_A}{T_S} = 1{,}8$

zu C) Erweiterung der Einzeltoleranzen

$$\begin{aligned} G_{uS_i} &= G_{u_i} - \frac{(e-1)}{2} \cdot t_{a_i} \\ G_{oS_i} &= G_{o_i} + \frac{(e-1)}{2} \cdot t_{a_i} \end{aligned}$$

$$G_{uS_1} = 13,5 - \frac{1,8-1}{2} \cdot 0,1 = 13,46 \text{ mm}$$

$$G_{oS_1} = 13,6 + \frac{1,8-1}{2} \cdot 0,1 = 13,64 \text{ mm}$$

$$G_{uS_2} = 0,46 - \frac{1,8-1}{2} \cdot 0,04 = 0,44 \text{ mm}$$

$$G_{oS_2} = 0,50 + \frac{1,8-1}{2} \cdot 0,04 = 0,52 \text{ mm}$$

$$G_{uS_3} = 12,38 - \frac{1,8-1}{2} \cdot 0,12 = 12,33 \text{ mm}$$

$$G_{oS_3} = 12,5 + \frac{1,8-1}{2} \cdot 0,12 = 12,55 \text{ mm}$$

$$G_{uS_4} \equiv G_{uS_2}$$

$$G_{oS_4} \equiv G_{oS_2}$$

Fallbeispiel 5: Die Skizze zeigt eine Situation aus einem ABS-Steuerventil. In einem Bremssystem sind vier Steuerventile in Aktion. Da aber nur ein Behälter mit Bremsflüssigkeit vorgesehen ist, ist von Interesse, welches Flüssigkeitsvolumen mitgeführt werden muss.

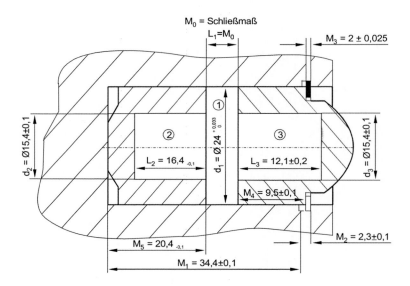

Arbeitsprogramm:

A) Bestimmen Sie das arithmetische Schließmaß M_0 (als Längenmaß)

B) Bestimmen Sie das statistische Schließmaß M_0

C) Bestimmen Sie das Speichervolumen unter arithmetischen Verhältnissen

D) Bestimmen Sie das Speichervolumen unter statistischen Verhältnissen

Musterlösung zu Fallbeispiel 5

zu A) Arithmetisches Schließmaß

$$M_0 = N_0 \begin{matrix} P_O - N_0 \\ P_U - N_0 \end{matrix} = 4{,}8 \begin{matrix} 5{,}225 - 4{,}8 \\ 4{,}475 - 4{,}8 \end{matrix} = 4{,}8 \begin{matrix} +0{,}425 \\ -0{,}325 \end{matrix} \text{ mm mit } T_A = 0{,}75 \text{ mm}$$

zu B) Statistisches Schließmaß

$$T_q \equiv T_S = \sqrt{\sum T_{a_i}{}^2} = 0{,}364 \text{ mm}$$

$$M_0 = x_0 \pm \frac{T_S}{2} = 4{,}85 \pm 0{,}182 \text{ mm}$$

zu C) Speichervolumen unter arithmetischen Verhältnissen

$$V_0 = V_1 + V_2 + V_3$$

$$V_{0_{max}} = 7.785{,}70 \text{ mm}^3, \quad V_{0_{min}} = 7.209{,}12 \text{ mm}^3$$

Volumentoleranz

$$T_{VA} = 576{,}58 \text{ mm}^3$$

zu D) Speichervolumen unter statistischen Verhältnissen

$$V_0 = f(d_1, d_2, d_3, M_0, L_2, L_3) = \frac{d_1{}^2 \cdot \pi}{4} M_0 + \frac{d_2{}^2 \cdot \pi}{4} L_2 + \frac{d_3{}^2 \cdot \pi}{4} L_3$$

$$s_0{}^2 = \left(\frac{\partial V_0}{\partial d_1}\right)^2 \cdot s_{d_1}{}^2 + \left(\frac{\partial V_0}{\partial M_0}\right)^2 \cdot s_{M_0}{}^2 + \left(\frac{\partial V_0}{\partial d_2}\right)^2 \cdot s_{d_2}{}^2 + \left(\frac{\partial V_0}{\partial L_2}\right)^2 \cdot s_{L_2}{}^2$$

$$+ \left(\frac{\partial V_0}{\partial d_3}\right)^2 \cdot s_{d_3}{}^2 + \left(\frac{\partial V_0}{\partial L_3}\right)^2 \cdot s_{L_3}{}^2 = 1.189{,}14 \text{ mm}^6$$

mit

$$s_{d_1}{}^2 = 0{,}00003 \text{ mm}^2, \qquad s_{M_0}{}^2 = 0{,}00368 \text{ mm}^2,$$

$$s_{d_2}{}^2 = 0{,}001 \text{ mm}^2, \qquad s_{L_2}{}^2 = 0{,}00028 \text{ mm}^2,$$

$$s_{d_3}{}^2 = 0{,}001 \text{ mm}^2, \qquad s_{L_3}{}^2 = 0{,}0044 \text{ mm}^2$$

$$s_0^2 = \left(\frac{d_1 \cdot \pi}{2} M_0\right)^2 \cdot s_{d_1}^2 + \left(\frac{d_1^2 \cdot \pi}{4}\right)^2 \cdot s_{M_0}^2 + \left(\frac{d_2 \cdot \pi}{2} L_2\right)^2 \cdot s_{d_2}^2$$

$$+ \left(\frac{d_2^2 \cdot \pi}{4}\right)^2 \cdot s_{L_2}^2 + \left(\frac{d_3 \cdot \pi}{2} L_3\right)^2 \cdot s_{d_3}^2 + \left(\frac{d_3^2 \cdot \pi}{4}\right)^2 \cdot s_{L_3}^2 = 1.189{,}14 \text{ mm}^6$$

$$s_0 = 34{,}48 \text{ mm}^3$$

$$T_{VS} = 2 \cdot 3 \cdot s_o = 206{,}90 \text{ mm}^3$$

Fallbeispiel 6: Im Kapitel 12.7 wurde eine Reibschlussverbindung als Beispiel für ein vielparametriges, nichtlineares Problem dargestellt. In der Praxis geht es bei derartigen Problemen regelmäßig um die Auffindung einer optimalen Lösung. Dies ist heute insbesondere eine Aufgabenstellung des „Tolerance-Designs" innerhalb von SIX-SIGMA. Hierbei wird ToD mit DoE (Design of Experiments) verknüpft.

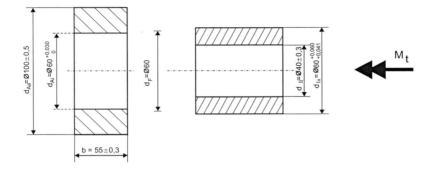

Das Problem optimale maßliche Abstimmung für ein hohes zu übertragendes Drehmoment wird nach S. 146 durch 11 Parameter bestimmt. Für DoE ist dies schon ein „großes" Problem, bei dem $3^{11} = 177.147$ Kombinationen[*] durchgespielt werden müssten. Um Probleme zu verkleinern, unterscheidet man gemäß dem Block-Bild:

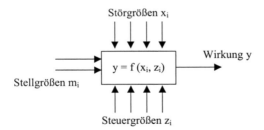

– *Stellgrößen* (m_i) sind in der Regel nicht variabel, sondern können aus dem Kenntnisstand über das Problem sofort richtig bzw. innerhalb der vorgegebenen Restriktionen eingestellt werden.

– *Steuergrößen* (z_i) können meist frei spezifiziert werden, und zwar so, bis die Wirkungsfunktion den gewünschten Optimalwert erreicht. Falls die Steuergrößen direkten Einfluss auf die Herstellkosten haben, sind große Toleranzen anzustreben.

---

[*] Anmerkung: $(3)^n$ bedeutet drei Einstellungen (G_u, N_o, G_o) bei jedem Parameter.

- *Störgrößen* (x_i) lassen sich in der Realität nicht oder nur sehr schwer beeinflussen. Sie erzeugen regelmäßig Abweichungen von der Soll-Wirkungsgröße und verursachen somit einen Qualitätsverlust.

Unter den 11 Parametern können insgesamt nur 4 Steuergrößen (auf den Stufen G_u, G_o) ausgemacht werden. Diese sind:

Maß	phys. Größe	unter Stufe (-)	obere Stufe (+)
M_1	d_{I_a} [mm]	60,041	60,060
M_2	d_{A_i} [mm]	60,000	60,030
M_3	d_{A_a} [mm]	99,500	100,500
M_4	b[mm]	54,700	55,300

Mittels DoE kann die optimale Parameterkonstellation über einen Standardversuchsplan ermittelt werden. Bei dem vorliegenden nichtlinearen Problem müsste insofern ein 3^4-Plan mit 81 Kombinationen (sprich Versuchen) bearbeitet werden. Innerhalb des Tolerance-Designs geht es aber nur um das „Aussieben" der hinsichtlich der Wirkung wesentlichen Parameter. Dies wird gewöhnlich mit so genannten Screening-Plänen probiert. Hiernach könnte ein vollfaktorieller Versuchsplan 2^4 mit einem Umfang von 16 Versuchen bzw. simultanen Kombinationen zur Bestimmung der Bedeutung der Parameter und deren gegenseitige Beeinflussung (Wechselwirkung) herangezogen werden.

Das zu analysierende Problem weist aber die Besonderheit auf, dass mit Sicherheit der Parameter M_4 = b unabhängig von den Parametern, M_1, M_2 und M_3 ist. Genau dann kann ein kleinerer 2^{4-1}-Teilfaktorenplan[*] mit einem Umfang von 8 Versuchen die gleichen Informationen wie ein vollfaktorieller Plan erbringen. Der entsprechende Plan lautete:

Exp.	HW M_1	HW M_2	HW M_3	(1,3-WW) M_4	$y \equiv M_t/[N_m]$
1	-	-	-	-	1.122,99
2	+	-	-	+	1.796,99
3	-	+	-	+	90,49
4	+	+	-	-	743,64
5	-	-	+	+	1.148,16
6	+	-	+	-	1.797,61
7	-	+	+	-	90,53
8	+	+	+	+	760,32

Die erste Erkenntnis aus den durchgeführten Variationen ist, dass die Wirkungsfunktion maximal wird, wenn die folgenden Parametereinstellungen vorliegen:

---

[*] Anmerkung: In Versuchsplänen existieren Hauptwirkungs- (HW) und Wechselwirkungsspalten (WW), wenn keine Wechselwirkungen vorliegen, kann die Spalte auch mit einer HW belegt werden.

$$M_1 \equiv d_{I_a} = G_{o1}, \quad M_3 \equiv d_{A_a} = G_{o3},$$
$$M_2 \equiv d_{A_i} = G_{u2}, \quad M_4 \equiv \quad b \quad = G_{u4}.$$

Des Weiteren kann aus den Einstellungen auch der Effekt oder die „Stärke" jedes Parameters auf die Wirkungsfunktion bestimmt werden. Die Effekte berechnen sich zufolge

$$\text{Effekt} = \frac{2}{n} \sum_{i=1}^{n} (\text{Vorzeichen}) \cdot y_i \quad \text{mit } n = \text{Versuchsumfang}$$

$$E_{M_1} = 2\left(\frac{-y_1 + y_2 - y_3 + y_4 - y_5 + y_6 - y_7 + y_8}{8}\right) = |661,26| \text{ Nm}$$

$$E_{M2} = 2\left(\frac{-y_1 - y_2 + y_3 + y_4 - y_5 - y_6 + y_7 + y_8}{8}\right) = |-1.044,64| \text{ Nm}$$

bzw. entsprechend

$$E_{M_1} = 661,26 \text{ Nm}, \qquad E_{M_3} = 10,61 \text{ Nm},$$
$$E_{M_2} = -1.044,64 \text{ Nm}, \quad E_{M_4} = 10,29 \text{ Nm}.$$

Hieraus folgt maßgeblich für das Problem ein hohes Drehmoment zu erzeugen sind die Parameter M_2 und M_1, während M_3 und M_4 völlig ohne Bedeutung sind. Dies lässt sich auch eindrucksvoll in einem Effektediagramm darstellen.

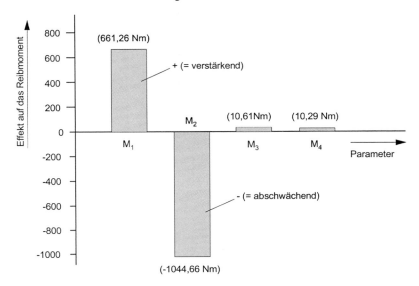

Bild: Auswertung der Parameterbedeutung

D Einige Softwareprogramme zur Tolerierung

1. 3DCS Analyst: 3-D-Toleranzsimulation und Fertigungsprozessanalyse
   www.cenit.de/3DCS

   3DCS ist für die 3-D-Toleranzanalysen in der deutschen Automobil- und Luftfahrtindustrie weit verbreitet.
   3DCS ermöglicht neben den üblichen Toleranzanalysen auch die Simulation und Analyse der Fertigungsprozesse hinsichtlich der zu erwartenden Qualität und Funktionssicherheit. Hierzu werden neben den Bauteiltoleranzen auch die Einflüsse der Fertigungs- und Montageprozesse mit allen Einstellvorgängen und eingesetzten Betriebsmittel simuliert.
   Besondere Produktmerkmale sind:
   - verfügbar als Standalone Lösung oder in integriert in CATIA V5,
   - Toleranzanalysen über die Methode der Monte-Carlo-Simulation, über linearisierte Gleichungsmodelle, sowie Worst-Case Analysen,
   - Beitragsleister- und Sensitivitätsanalyse,
   - Toleranzoptimierung mittels der Toleranzsynthese,
   - Simulation von komplexen kinematischen Baugruppen,
   - Berücksichtigung von flexiblen Bauteilen und Temperaturausdehnungen über die Integration der FEM mit Kopplungen zu Nastran, Abaqus und Ansys,
   - Nutzung von realen Messdaten für die Toleranz- und Beitragsleisteranalyse,
   - grafische Animation der Toleranzlagen und des Montageprozesses,
   - Specification Study zur schnellen Darstellung von Grenzlagenmodellen,
   - Übernahme der CATIA FTA Toleranzen in der integrierten Version,
   - Excel-Kopplung zum Ex- und Import von Toleranzdefinitionen,
   - Berechnungen im Batch-Modus möglich.
   Über die Integration der FEM werden auch Einflüsse durch Einspannen, Schweißen, Schrauben, Nieten, Entspannen sowie die Blechrückfederung berücksichtigt.

2. TOL1/TOL2 : Toleranzprogramme für Konstrukteure
   Fa. Hexagon Industriesoftware, Kirchheim/Teck
   www.hexagon.de/tol_d.htm
   Mit TOL1 können Bauteilmerkmale ausgelegt und mit TOL2 der Zusammenbau von Baugruppen simuliert werden. Die Einschränkung ist, dass nur normalverteilte Maße verarbeitet werden können. Insofern ist diese Software nur für die Simulation einer Serienfertigung geeignet, womit die Anwendungsbreite sehr eingeschränkt ist. Nicht sehr ansprechend ist die Maßeingabe gelöst, die eine vom gängigen Formalismus abweichende Konvention benutzt, welches eine unnötige Fehlerquelle darstellt.

3. Tolerance Designer : Tolerierung von Maßen und Maßketten
   Fa. TEQ, Chemnitz
   www.teq.de/chemnitz/tol-desg.htm
   Das Programm Tolerance Designer bietet vielfältige Möglichkeiten zur Toleranzanalyse im Maschinen- und Fahrzeugbau. Herauszustellen sind die alternativen Eingabemöglichkeiten (Abmaße, Passungen, Histogramme) sowie das breite Spektrum an Verteilungen, welches Normalverteilung, Rechteckverteilung, Dreickverteilung, Beta- und Gamma-Verteilung, Exponentialverteilung und Weibull-Verteilung umfasst. Hiermit kann ein weites Spektrum an mechanischen und elektrotechnischen Tolerierungsfällen in Klein- und Großserie abgedeckt werden.

4. VisVSA: 3-D-Toleranzsimulation
www.vsa-ing.com oder www.ttc3.com
Die VSA-Software ist die wohl älteste Rechnerlösung zur Statistischen Tolerierung und in der amerikanischen, europäischen und deutschen Automobilindustrie weit verbreitet. Während die Ursprungsidee nur darin bestand, die Toleranz- und Montagesimulation in einem 2-D-CAD-System zu verknüpfen, ermöglicht der heute verfügbare VisVSA-Stand eine vollständige 3-D-Toleranzsimulation. VisVSA definiert damit einen Stand, den bisher keine andere Software erreicht.
Das Programmpaket ermöglicht es, in allen Phasen des Produktentstehungsprozesses die Einflüsse von Fertigungstoleranzen und Zusammenbaueffekten (Fügefolge, Betriebsmittel etc.) auf einzelne Qualitätsmerkmale zu untersuchen. Zum Leistungsspektrum von VISVSA gehören:
– Abbildung 3-dimensionaler Geometrieeffekte,
– Simulation komplexer kinematischer Zusammenhänge,
– Simulation und Handhabung großer Analysemodelle (z. B. vollständige Karosserien),
– Koppelung von Toleranzsimulationen mit Ergebnissen aus FEM-Analysen,
– Rückführung realer Messdaten,
– nominale und toleranzbehaftete Kollisionsuntersuchungen
und
– umfangreiche Lösungen zur Visualisierung, Animation und Dokumentation.
Bisher ist die volle Funktionalität aber nur im Zusammenwirken mit den CAE-Paketen I-DEAS und MSC.Nastran geben. An weiteren Integrationen (z. B. CATIA) wird gearbeitet.

5. VALISYS – Assembly: Montagesimulation
Fa. TECNOMATRIX, Frankfurt
www.valisys.com
Das VALISYS-Paket besteht aus neun Einzelmodulen, die gewöhnlich in CAD/CAM-Systeme integriert werden. Für die Tolerierung stehen die Module VALISYS/DESIGN, GD+T sowie ASSEMBLY zur Verfügung. Als Kernmodul ist hier sicherlich ASSEMBLY herauszustellen, mit dem Montagepläne erstellt und von dieser Struktur ausgehend dann statistische Toleranzsimulationen mit normalverteilten Maßen durchgeführt werden können.

6. PROTOBE: Toleranzprogramm für Konstrukteure
Haumaier-GmbH@t-online.de
Das Programm PROTOBE versteht sich als Tolerierungsprogramm für Konstrukteure bzw. Werkzeugbauer und deckt die Toleranzanalyse und -optimierung von der Konzeptphase bis zum Serienanlauf ab. Die Berechnung des Schließmaßes erfolgt auf der Vorgabe von Simulationsverteilungen (Rechteck-, Dreieck-, Trapez- und Normalverteilung). Als Erweiterung kann das Programm auch Form- und Lagetoleranzen (Betragsnormal-Verteilung, Rayheigh-Verteilung) simulieren.

7. Convolution Builder
harald.friedl@zf-group.de
Fa. ZF Lemförder Fahrwerktechnik AG & Co. KG, Lemförde
Ein in der Praxis weit bekanntes Programm stellt die Realisierung „Convolution Builder" dar. Das Programm ist vor vielen Jahren in der Konstruktionsumgebung von Pkw-Fahrwerken entstanden und wird kontinuierlich weiterentwickelt. Insofern zeichnet sich das Programm durch eine große Vollständigkeit hinsichtlich Verteilungen und QS-Dokumentation aus und berücksichtigt auch Form- und Lagetoleranzen. Hervorzuheben ist die gute Dokumentation mit Beispielen, welches die Anwendung erleichtert.

E Literatur

/AUT 01/   Autorenkollektiv:
Anwendung der Normen über Form- und Lagetoleranzen in der Praxis
DIN-Normenheft 7, Beuth-Verlag, Berlin 2001

/BEC 01/   Becker, N.; Hüster, T.:
Statistische Tolerierung von Serienbauteilen
Studienarbeit, Universität Gesamthochschule Kassel, 2001

/BOH 98/   Bohn, M.:
Toleranzmanagement im Entwicklungsprozeß – Reduzierung der Auswirkungen von Toleranzen auf Zusammenbauten der Automobil-Karosserie
Dissertation, Universität Karlsruhe, 1998

/BRO 95/   Bronstein, Semendajew; Musiol, Mühlig:
Taschenbuch der Mathematik, 2. Aufl.
Frankfurt am Main, Deutsch 1995

/HAR 00/   Harry, M.; Schroeder, R.:
SIX SIGMA
Campus Verlag, Frankfurt - New York 2000

/HEN 99/   Henzold, G.:
Form und Lage
Beuth-Verlag, Berlin 1999

/HER 94/   Hering, E.; Triemel, J.; Blank, H.-P.:
Qualitätssicherung für Ingenieure
VDI-Verlag, Düsseldorf 1994

/JOR 01/   Jorden, W.:
Form- und Lagetoleranzen
Hanser-Verlag, München 2001

/KLE 93a/   Klein, B.:
Prozeßgerechtere Konstruktion von Bauteilen durch statistische Tolerierung
Konstruktion, 25 (1993) 5, S. 176-184

/KLE 93b/   Klein, B.:
Volumenorientierung – Der Einsatz von Gummidichtelementen
Technica, 42 (1993) 22, S. 25-28

/KLE 94a/   Klein, B.:
Mit statistischer Tolerierung die Herstellkosten senken
Konstruktion, 46 (1994) 12, S. 405-410

/KLE 94b/   Klein, B.; Li, Z.:
Statistisches Toleranzmodell mit approximierender Gesamtdichtefunktion
Qualität und Zuverlässigkeit, 39 (1994) 10, S. 1127-1132

/KLE 99/   Klein, B.:
           Montagesimulation in der virtuellen Produktentwicklung
           Automobiltechnische Zeitschrift 101 (1999) 7/8, S. 492-499

/LEH 00/   Lehn, J.; Wegmann, H.:
           Einführung in die Statistik
           Teubner-Verlag, Stuttgart - Leipzig 2000

/LIU 97/   Lui, S. C., Hu, S. J.: Variation Simulation for Deformable Sheet Metal
           Assemblies Using Finite Element Methods
           Journal of Manufacturing Science Engineering - Transactions of ASME, 1997,
           Vol. 119

/MAG 01/   Magnusson, K.; Kroslid, D.; Bergman, B.:
           Six Sigma umsetzen
           Hanser-Verlag, München - Wien 2001

/NUS 98/   Nusswald, M.
           Fertigung von Produkten mit Maßkettenoptimierung nach Kosten und Durch-
           laufzeiten
           Dissertation, Universität Dortmund, 1998

/PAP 97/   Papula, L.:
           Mathematik für Ingenieure und Naturwissenschaftler
           Vieweg-Verlag, Braunschweig - Wiesbaden 1997

/PFA 68/   Pfanzagl, J.:
           Allgemeine Methodenlehre der Statistik
           Verlag Gruyter, Berlin 1968

/STA 96/   Starke,: L.
           Toleranzen, Passungen und Oberflächengüte in der Kunststofftechnik
           Hanser-Verlag, München 1996

/STR 92/   Streinz, H.; Hausberger, H.; Anghel, C.:
           Unsymmetriegrößen erster und zweiter Art richtig auswerten
           Qualität und Zuverlässigkeit 37 (1992) 12, S. 755-758

/SZY 93/   Szyminski, S.:
           Toleranzen und Passungen
           Vieweg-Verlag, Braunschweig - Wiesbaden 1993

/TAG 89/   Taguchi, G.:
           Einführung in Quality Engineering
           qfmt – Gesellschaft für Management und Technologie-Verlag, München 1989

/TAV 91/   Tavangarian, D. (Hrsg.):
           Simulationstechnik
           Tagungsband, 7. Symposium in Hagen, Vieweg-Verlag, Wiesbaden 1991

/TGL 19115/   Berechnung von Maß- und Toleranzketten Wahrscheinlichkeitstheoretische Methode
ehem. Verlag für Standardisierung, Leipzig 1983

/TRU 97/   Trumpold, H.; Beck, Ch.; Richter, G.:
Toleranzsysteme und Toleranzdesign
Hanser-Verlag, München 1997

/VDA 86/   Autorenkollektiv:
Qualitätsmanagement in der Automobilindustrie – Sicherung der Qualität vor Serieneinsatz
VDA, Bd. 4/2. Auflage, Frankfurt 1986

/VDI 2242/   E/VDI 2242:
Qualitätsmanagement in der Produktentwicklung
VDI-Verlag, Düsseldorf 1994

/VDI 2620/   VDE/VDI 2620:
Fortpflanzung von Fehlergrenzen bei Messungen
Beuth-Verlag, Berlin 1998

/WOM 97/   Womack, J. P.; Jones, D. T.; Roos, D.:
Die zweite Revolution in der Autoindustrie
Heyne-Verlag, München 1997

/ZÄH 03/   Zäh, M. F.; Carnevale, M.:
Toleranzanalyse nachgiebiger Bauteile: Simulation zur Qualitätserhöhung im Produktentstehungsprozess
wt-online, Springer VDI Verlag, 09-2003, Seite 614.

Firmendruckschriften

/BOS 85/   N. N.:
Technische Statistik (SPC)
Bd. 6 Qualitätssicherung in der Bosch-Gruppe
Fa. R. Bosch, Stuttgart 1985

/BOS 93/   N.N.:
Statistische Tolerierung
Bd. 5 Qualitätssicherung in der Bosch-Gruppe
Fa. R. Bosch, Stuttgart 1993

/FOR 85/   N.N.:
Statistische Prozeßregelung – Leitfaden
Fa. Ford, Köln 1985

/LEM 90/   Friede, H.:
Statistische Tolerierung
Lemförder Metallwaren, Lemförde 1990

/MER 91/   N.N.:
            Statistische Prozeßregelung (SPC) – Planen, Einführen, Betreiben
            Mercedes Benz AG, Stuttgart 1991

/NEU 93/   Neupert, F.:
            Statistische Toleranzbestimmung von Maßketten
            Schulungsunterlage der VW AG, Wolfsburg 1993

Ergänzende Normen

/ISO 286/   DIN ISO 286:
            ISO-System für Grenzmaße und Passungen
            Beuth-Verlag, Berlin 1988

/ISO 1101/ DIN ISO 1101:
            Geometrische Produktspezifikation – Geometrische Tolerierung – Tolerierung
            von Form, Richtung, Ort und Lauf
            Beuth-Verlag, Berlin 2006

/ISO 5459/ DIN ISO 5459:
            Bezüge und Bezugssysteme
            Beuth-Verlag, Berlin 1982

/ISO 8015/ DIN ISO 8015:
            Tolerierungsgrundsatz
            Beuth-Verlag, Berlin 1986

/ISO 14660/ DIN EN ISO 14660:
            Geometrieelemente (GPS), Teil 1: Grundbegriffe und Definitionen
            Beuth-Verlag, Berlin 1999

/DIN 7167/ DIN 7167:
            Zusammenhang zwischen Maß-, Form- und Parallelitätstoleranzen
            Beuth-Verlag, Berlin 1987

/DIN 7186/ DIN 7186, Blatt 1: Statistische Tolerierung – Begriffe, Anwendungsrichtlinien
            und Zeichnungsangaben
            Beuth-Verlag, Berlin 1974
            Blatt 2: Statistische Tolerierung – Grundlagen für Rechenverfahren
            Beuth-Verlag, Berlin 1980 (zurückgezogen)

/DIN 16901/ DIN 16901:
            Kunststoff – Formteile – Toleranzen und Abnahmebedingungen für Längen-
            maße
            Beuth-Verlag, Berlin 1982

/DIN 16749/ DIN 16749:
            Preßwerkzeuge und Spritzgußwerkzeuge – Maßtoleranzen für formgebende
            Werkzeugteile
            Beuth-Verlag, Berlin 1986

/DIN 32950/ DIN V 32950:
Geometrische Produktspezifikation (GPS) – Übersicht
Beuth-Verlag, Berlin 1997

F Stichwortverzeichnis

expert verlag®
Erlesene Weiterbildung®

Prof. Dr.-Ing. Bernd Klein

Wertanalyse-Praxis für Konstrukteure

Ein effizientes Werkzeug für die Produktentwicklung

2010, 205 S., € 39,80, CHF 66,00
Reihe Technik
ISBN 978-3-8169-3030-3

Zum Buch:
Es zeigt die Theorie und Praxis der Wertanalyse im Konstruktions- und »Fabrikprozess« Es wird die Vorgehensweise nach den neuesten DIN-Normen sowie den VDI-Richtlinien des VDI-Wertanalyse-Zentrums dargestellt. Neben einfachen Leitbeispielen werden WA und einige ergänzende Hilfstechniken an drei umfangreicheren Fallstudien aus der Industrie eingeübt.

Inhalt:
Vorgeschichte – Perspektiven der WA-Anwendung – Chancen mit WA – Einsatzfelder von WA – Notwendigkeiten für WA-Arbeit – WA-Moderation – Das System »Wertanalyse« – Funktionen – Schwerpunktbildungen – Kundenforderungen erfüllen – Zielgerichtete Kostensenkung – Zielbezogene WA-Arbeitspläne – Leitbeispiel Produkt-WA – WA-Arbeitsplan-Struktur – Kurzkalkulationsverfahren – Reverse Engineering und Benchmarking – Zusammenwirken WA mit QE-Strategien – Gemeinkosten-Wertanalyse – Anwendung kreativer Techniken – WA-Einführung im Unternehmen – Anhang: Unterstützende Arbeitstechniken, Fallstudien

Die Interessenten:
Das Buch wendet sich an Industriepraktiker (Designer, Konstrukteure, Fertigungsplaner) und Studierende technischer Fachrichtungen, die in einer kompakten Darstellung gesicherte Kenntnisse über Wertanalyse erwerben möchten.

Der Autor:
Univ.-Prof. Dr.-Ing. Bernd Klein (Jahrgang 1947) deckt seit 25 Jahren an der Universität Kassel die Fachgebiete Leichtbau/FEM, Konstruktionstechnik und Betriebsfestigkeit ab. Er verfügt über zwölf Jahre Industrieerfahrung im Maschinen- und Fahrzeugbau. Mehr als 10 Jahre war er Obmann E&K im VDI und ist seit sechs Jahren 1. Vorsitzender. des VDI/BV-Nordhessen. Weiterhin ist er mit vielfältigen Aktivitäten in der beruflichen Weiterbildung von Technikern und Ingenieuren engagiert.

Fordern Sie unser Verlagsverzeichnis auf CD-ROM an!
Telefon: (0 71 59) 92 65-0, Telefax: (0 71 59) 92 65-20
E-Mail: expert@expertverlag.de
Internet: www.expertverlag.de

expert verlag GmbH · Postfach 2020 · D-71268 Renningen

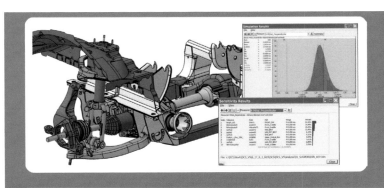

Erlesene Weiterbildung®

Dipl.-Ing. u. MBB Axel K. Bergbauer,
mit Beiträgen von Dipl.-Ing. u. MBB Bernhard Kleemann
und Dr.-Ing. u. MBB Dieter Raake

Six Sigma in der Praxis

Das Programm für nachhaltige Prozessverbesserungen und Ertragssteigerungen

3. Aufl. 2008, 239 S., 137 Abb., 16 Tab., € 49,00, CHF 81,00
Kontakt & Studium 654
ISBN 978-3-8169-2800-3

Zum Buch:
Six Sigma ist eine Methode zur Optimierung von Prozessketten – mit dem anspruchsvollen Ziel, die Anzahl der Fehler auf 3,4 pro einer Million Vorgänge zu drücken. Sie ist gekennzeichnet durch die Kombination eines sehr systematischen, phasenweisen Vorgehens mit der Erledigung der Arbeit in Teams, in denen Methoden- und Prozesskenner zusammengebracht werden.
Immer mehr Großfirmen verlangen von ihren Lieferanten die Anwendung von Six Sigma.
Der Themenband stellt die Methode praxisorientiert dar und bietet damit Anhaltspunkte für eine systematische, faktenbasierte und überschaubare Vorgehensweise bei der Aufdeckung von Fehlerursachen und Ursachen-Wirkungs-Zusammenhängen – zur Reduzierung der Fehlleistungskosten – zur nachhaltigen Eliminierung von Fehlerquellen – und damit zur Verbesserung der Kundenorientierung und Kunden-Lieferanten-Beziehungen.

Inhalt:
Was ist Six Sigma, und was unterscheidet Six Sigma von anderen Methoden? – Der Nutzen von Six Sigma – Die Systematik und Durchgängigkeit des Verfahrens – Die fünf Schritte und Werkzeuge des DMAIC-Zyklus – Die Rollen der Beteiligten und des Managements – Die praktische Anwendung der Werkzeuge

Die Interessenten:
Alle die mehr über Six Sigma wissen wollen:
– Unternehmer, Geschäftsführer, Controller aus Industrie, Gewerbe, Handel und Dienstleistung
– Leiter aller Unternehmenseinheiten, wie z.B. Planung, Einkauf, Entwicklung, Konstruktion,
  Fertigung, Prüfung, Verkauf, Personal, Buchhaltung, Service
– Strategieplaner, Prozessverantwortliche
– Qualitätsleiter, -beauftragte
– Einkäufer, Lieferantenbetreuer
– Studenten

Fordern Sie unser Verlagsverzeichnis auf CD-ROM an!
Telefon: (0 71 59) 92 65-0, Telefax: (0 71 59) 92 65-20
E-Mail: expert@expertverlag.de
Internet: www.expertverlag.de

expert verlag GmbH · Postfach 2020 · D-71268 Renningen